Michael Leinert

Integration und Maß

W0264122

Michael Leinert

Integration und Maß

Prof. Dr. Michael Leinert
Institut für Angewandte Mathematik
Ruprecht-Karls-Universität Heidelberg
Im Neuenheimer Feld 294

69120 Heidelberg

Alle Rechte vorbehalten
© Springer Fachmedien Wiesbaden 1995

Ursprünglich erschienen bei Friedr. Vieweg & Sohn Verlagsgesellschaft mbH, Braunschweig/Wiesbaden 1995.

Das Werk einschließlich aller seiner Teile ist urheberrechtlich geschützt. Jede Verwertung außerhalb der engen Grenzen des Urheberrechtsgesetzes ist ohne Zustimmung des Verlags unzulässig und strafbar. Das gilt insbesondere für Vervielfältigungen, Übersetzungen, Mikroverfilmungen und die Einspeicherung und Verarbeitung in elektronischen Systemen.

Gedruckt auf säurefreiem Papier

ISBN 978-3-528-06385-6   ISBN 978-3-663-14080-1 (eBook)
DOI 10.1007/978-3-663-14080-1

Dem Andenken

meiner Eltern

Vorwort

Dieses Buch soll in die Integrations- und Maßtheorie einführen. Wie ich hoffe, eignet es sich für Studenten zum Gebrauch neben der Vorlesung oder zum Eigenstudium, am besten mit Papier und Bleistift, aber auch für fortgeschrittenere Mathematiker zum Nachschlagen. Vorausgesetzt werden die mathematischen Grundvorlesungen. Gelegentlich benutzte topologische oder funktionalanalytische Tatsachen sind im Anhang zusammengestellt. In 3.28 werden Ordinalzahlen benutzt, da ich keinen anderen Beweis der dortigen Resultate kenne.

Ausgangspunkt der Betrachtungen ist die Integrationstheorie, die auch innerhalb der Maßtheorie immer wieder als Hilfsmittel benutzt wird, was der größeren Durchsichtigkeit und Einfachheit der Darstellung dienen soll. Die Integrationstheorie ist so angelegt, daß vieles auch ohne die Voraussetzung der Verbandseigenschaft gültig bleibt, die Theorie also auch auf Beispiele anwendbar ist, die mit der üblich formulierten Integrationstheorie nicht erfaßt werden können.

Jedes Kapitel schließt mit einem Abschnitt „Übungen, Beispiele, Ergänzungen", der als integraler Bestandteil des Ganzen zu sehen ist.

Es schien mir manchmal zweckmäßig, der natürlichen Entwicklung gegenüber dem systematischen Aufbau den Vorzug zu geben, z. B. indem ein Begriff erst definiert wird, wenn er gebraucht wird, oder indem ein konkretes Beispiel Anlaß zu einer Definition gibt. In einer Vorlesung kann man in dieser Richtung wesentlich weiter gehen, z. B. indem man die Integrationstheorie am Beispiel des elementaren Integrals auf den Treppenfunktionen durchführt, also Lebesgue-$\mathcal{L}^1$ und das Lebesgue-Integral konstruiert und danach feststellt, daß das betrachtete Beispiel schon den allgemeinen Fall enthält, da die gesamte Konstruktion einschließlich der benutzten Beweise auch im allgemeinen Fall gültig bleibt. Ich habe dies vor langer Zeit sehr überzeugend in einer Vorlesung von W. Parry erlebt. Ebenso bietet sich an, die Begriffe von Ring, σ-Algebra und Maß aus den Eigenschaften der integrierbaren bzw. meßbaren Mengen und des Oberintegrals auf den meßbaren Mengen zu abstrahieren und so in natürlicher Weise von der Integrations- zur Maßtheorie zu gelangen. Für ein Buch schien mir eine solche Vorgehensweise gewagt, aber eine Tendenz in dieser Richtung wird der Leser in diesem Text vorfinden.

In Kapitel 13c habe ich Netze weitgehend vermieden, um weniger erfahrene Leser nicht durch dieses technische Hilfsmittel unnötig abzuschrecken. Der erfahrene Leser wird aber bei der Lektüre sofort sehen, daß fast alle dort für Folgen getroffenen Aussagen analog für Netze gelten (Ausnahmen siehe 13.87).

Durch die Rezension von H. König im Jahresbericht der DMV 95(3), 1993 wurde ich auf die Arbeiten von F. Topsoe aufmerksam und möchte deshalb darauf hinweisen, daß das fundamentale Theorem 1 in [T], S. 198, und der topologische Darstellungssatz 2.2 in [BCR], S. 35 (die Voraussetzungen liefern hier de facto ein Bourbaki-Integral auf einem Stoneschen Vektorverband) sich auch aus den Resultaten dieses Buches gewinnen lassen.

Dem Literaturverzeichnis vorangestellt sind Literaturhinweise. Sollte dort ein Hinweis fehlen, so ist dies nicht als Anspruch auf Originalität zu deuten, denn die meisten der in diesem Buch behandelten Tatsachen sind ohnehin allgemein bekannt und finden sich in dieser oder jener Form in vielen Büchern.

Frau D. Neubauer danke ich für das sorgfältige und geduldige Tippen des Manuskripts mit all seinen Veränderungen und Überarbeitungen. Die Abbildungen wurden freundlicherweise von M. Trunzer angefertigt. Für verschiedene Beiträge zu Form und Inhalt dieses Buches danke ich G. Fendler, D.H. Fremlin, H. Kapp, R. Lang, J. Linke, R. M. Solovay, R. Szwarc und K. Werner. Herr Fendler und Herr Werner haben mir auch bei den abschließenden Korrekturen geholfen, wofür ich ihnen sehr zu Dank verpflichtet bin.

Besonderer Dank gebührt meinen verehrten Lehrern H. Leptin und W. Parry , denen ich meine Sicht dieser Dinge und ohne Zweifel auch ungezählte Details verdanke.

Heidelberg, im März 1995   Michael Leinert

Inhaltsverzeichnis

0   Einige Bezeichnungen

Seien $\mathbb{N}$, $\mathbb{Q}$, $\mathbb{R}$ die Mengen der natürlichen, rationalen bzw. reellen Zahlen. Sind f und g reellwertige Funktionen auf einer nichtleeren Menge X, so definieren wir die Funktionen f $\vee$ g, f $\wedge$ g und |f| durch $(f \vee g)(x) = \max\{f(x),g(x)\}$, $(f \wedge g)(x) = \min\{f(x),g(x)\}$ und $|f|(x) = |f(x)|$ für $x \in X$. Mit f^+ bzw. f^- bezeichnen wir die Funktionen f $\vee$ 0 bzw. $-(f \wedge 0)$. Offensichtlich gilt $f^+, f^- \geq 0$ und $f = f^+ - f^-$ sowie $|f| = f^+ + f^-$. Ist $\mathcal{G}$ eine Menge reeller Funktionen auf X, so sei $\mathcal{G}^+ = \{g \in \mathcal{G} \mid g \geq 0\}$. Für $A \subset X$ sei χ_A die charakteristische Funktion von A. Sind X und Y Mengen mit Ordnungsrelationen $\geq_X$ und $\geq_Y$, so nennen wir eine Abbildung f: $X \to Y$ **isoton** bzw. **antiton** bezüglich dieser Ordnungen, wenn $a \geq_X b \Rightarrow f(a) \geq_Y f(b)$ bzw. $a \geq_X b \Rightarrow f(b) \geq_Y f(a)$ gilt. Oft, nämlich wenn man sich auf allgemein übliche Ordnungen bezieht (z.B. $\geq$ auf $\mathbb{N}$ oder $\mathbb{R}$), werden diese nicht explizit erwähnt. Ist $\{f_n\}$ eine isotone bzw. antitone, also wachsende bzw. fallende Folge reellwertiger Funktionen mit $f_n \to f$ (punktweise), so schreiben wir hierfür $f_n \uparrow f$ bzw. $f_n \downarrow f$. Ist P eine Eigenschaft, die für jeden Punkt einer betrachteten Grundmenge X zutrifft oder nicht zutrifft, so bezeichnen wir die Menge $\{x \in X \mid P$ trifft für x zu$\}$ kurz mit $\{P\}$. Zum Beispiel steht $\{f > 0\}$ für die Menge $\{x \in X \mid f(x) > 0\}$. Die Symbole $\forall$ und $\exists$ bedeuten „für alle" und „es gibt". Mit „abzählbar" ist „höchstens abzählbar" gemeint, sofern aus dem Zusammenhang nichts anderes hervorgeht. Die in diesem Abschnitt eingeführten Notationen für reellwertige Funktionen werden später auch sinngemäß für Funktionen auf X mit Werten in den erweiterten reellen Zahlen $\overline{\mathbb{R}} = \mathbb{R} \cup \{\infty\} \cup \{-\infty\}$ benutzt.

Teil I: Integrationstheorie

1 Das elementare Integral auf den Treppenfunktionen und andere Daniell-Integrale

Treppenfunktionen, Funktionenraum, Vektorverband, Stonesche Bedingung, Charakterisierung der Verbandseigenschaft. Elementares Integral auf den Treppenfunktionen, σ-Stetigkeit, Daniell-Integral, Charakterisierung der σ-Stetigkeit. Ergänzend: Beispiele von Daniell-Integralen auf Stoneschen Vektorverbänden, approximativen Stoneschen Verbänden bzw. Funktionenräumen.

(1.1) Definition. Eine Funktion f: $\mathbb{R} \to \mathbb{R}$ heißt **Treppenfunktion**, wenn es $\alpha_1, \ldots, \alpha_n \in \mathbb{R}$ und Intervalle $A_1, \ldots, A_n$ gibt, so daß $f = \sum_{i=1}^{n} \alpha_i \chi_{A_i}$ gilt. Die Menge der Treppenfunktionen bezeichnen wir mit $\mathcal{T}$.

Bemerkung. Unter „Intervallen" verstehen wir endliche Intervalle. Diese dürfen offen, halboffen oder abgeschlossen sein. Auch eine einpunktige Menge $\{a\} = [a,a]$ ist ein Intervall.

(1.2) Definition. Sind $A_1, \ldots, A_n$ und $B_1, \ldots, B_m$ Teilmengen einer Menge X, so heißt $B_1, \ldots, B_m$ eine **disjunkte Verfeinerung** von $A_1, \ldots, A_n$, wenn die B_k paarweise disjunkt sind, jedes B_k in einem A_i enthalten ist und für jedes i die Identität

$$A_i = \bigcup_{B_k \subset A_i} B_k \quad \text{gilt.}$$

Da der Durchschnitt und die Differenz zweier Intervalle wieder ein Intervall oder die Vereinigung von zwei disjunkten Intervallen oder leer ist, existiert zu jeder endlichen Folge von Intervallen eine wieder aus Intervallen bestehende disjunkte Verfeinerung (Übung 1.10a). Wir benutzen dies im Folgenden, um zu zeigen, daß $\mathcal{T}$ ein Stonescher Verband ist und das Integral, das wir noch definieren werden, wohldefiniert und additiv ist.

(1.3) Eigenschaften von $\mathcal{T}$.
   (a) $\alpha, \beta \in \mathbb{R}$, $f, g \in \mathcal{T} \Rightarrow \alpha f + \beta g \in \mathcal{T}$
   (b) $f, g \in \mathcal{T} \Rightarrow f \cdot g \in \mathcal{T}$
   (c) $f, g \in \mathcal{T} \Rightarrow f \vee g \in \mathcal{T}$ und $f \wedge g \in \mathcal{T}$
   (d) $f \in \mathcal{T} \Rightarrow f \wedge 1 \in \mathcal{T}$ (wo 1 die konstante Funktion mit Funktionswert 1 bezeichnet).

Beweis. (a) ist klar.

(b) folgt aus $\chi_A \cdot \chi_B = \chi_{A \cap B}$.

(d) gilt, weil jedes $f \in \mathcal{T}$ sich in der Form $f = \sum \alpha_i \, \chi_{A_i}$ mit disjunkten Intervallen A_i schreiben läßt (vgl. Übung 1.10).

(c) gilt, weil zwei Funktionen $f, g \in \mathcal{T}$ sich mit denselben disjunkten Intervallen schreiben lassen (vgl. Übung 1.10). ∎

(1.4) Definition. Sei X eine nichtleere Menge und $\mathcal{E}$ eine Menge auf X definierter reeller Funktionen. Ist $\mathcal{E}$ mit punktweisen Operationen ein reeller Vektorraum, so nennen wir $\mathcal{E}$ einen (reellen) **Funktionenraum** auf X. Hat $\mathcal{E}$ die Eigenschaft $f, g \in \mathcal{E} \Rightarrow f \vee g \in \mathcal{E}$ und $f \wedge g \in \mathcal{E}$, so heißt $\mathcal{E}$ ein **Verband** und, falls zusätzlich die **Stonesche Bedingung** $f \in \mathcal{E} \Rightarrow f \wedge 1 \in \mathcal{E}$ gilt, ein **Stonescher Verband**. Ein Funktionenraum, der zugleich ein Verband bzw. Stonescher Verband ist, heißt **Vektorverband** bzw. **Stonescher Vektorverband**.

Die Treppenfunktionen bilden also einen Stoneschen Vektorverband.

(1.5) Proposition. Ist $\mathcal{E}$ ein reeller Funktionenraum, so sind folgende Eigenschaften äquivalent:

(a)	$\mathcal{E}$ ist ein Verband
(b)	$f, g \in \mathcal{E} \Rightarrow f \vee g \in \mathcal{E}$
(c)	$f, g \in \mathcal{E} \Rightarrow f \wedge g \in \mathcal{E}$
(d)	$f \in \mathcal{E} \Rightarrow f^+ \in \mathcal{E}$
(e)	$f \in \mathcal{E} \Rightarrow f^- \in \mathcal{E}$
(f)	$f \in \mathcal{E} \Rightarrow |f| \in \mathcal{E}$

Beweis. Wegen $f \wedge g = -[(-f) \vee (-g)]$ und daher auch $f \vee g = -[(-f) \wedge (-g)]$ sind die Implikationen (a) $\Leftrightarrow$ (b) $\Leftrightarrow$ (c) $\Rightarrow$ (d) $\Leftrightarrow$ (e) klar. Wegen $|f| = f + 2f^-$ und somit auch $f^- = \frac{1}{2}(|f| - f)$ folgt (e) $\Leftrightarrow$ (f). Wegen $f \vee g = (f - g)^+ + g$ gilt (d) $\Rightarrow$ (b). ∎

(1.6) Definition (Integral für Treppenfunktionen). Ist $f = \sum_1^n \alpha_i \, \chi_{A_i}$ eine **disjunkte** Darstellung von f, d.h. eine Darstellung von f mit paarweise disjunkten Intervallen A_i, so setzen wir

$$S(f) = \sum_1^n \alpha_i \, \ell(A_i) \, ,$$

wo $\ell(A_i)$ die Länge des Intervalls A_i bezeichnet, und nennen S(f) das **Integral von f.** Für S(f) schreiben wir auch kurz Sf .

(1.7) Eigenschaften von S. Für das Funktional $S : f \mapsto S(f)$ gilt:

    (a) S ist wohldefiniert

    (b) S ist **positiv**, d.h. $f \geq 0 \Rightarrow S(f) \geq 0$

    (c) S ist linear

    (d) S ist σ-**stetig**, d.h. es gilt: $f_n \in \mathcal{T}^+ , f \in \mathcal{T}, \sum_1^\infty f_n \geq f \Rightarrow \sum_1^\infty S(f_n) \geq S(f)$.

Wir fordern hierbei nicht, daß die vorkommenden Reihen konvergieren, sondern lassen auch den Wert $+ \infty$ zu.

Bemerkung. Wegen der Linearität (c) ist die Positivität von S äquivalent zu:

    (e) S ist isoton , d.h. $f,g \in \mathcal{T}, f \geq g \Rightarrow S(f) \geq S(g)$.

Beweis der Eigenschaften von S.

    (a) Gilt $f = \sum_1^n \alpha_i \chi_{A_i} = \sum_1^m \beta_k \chi_{B_k}$ mit paarweise disjunkten A_i und paarweise disjunkten B_k und ist $C_1, \dots , C_r$ eine aus Intervallen bestehende disjunkte Verfeinerung von $A_1, \dots ,A_n , B_1 , \dots ,B_m$, so gilt $f = \sum_1^r \gamma_j \chi_{C_j}$ mit $\gamma_j = \alpha_i$, wenn $C_j \subset A_i$, also $\sum_1^n \alpha_i \, \ell(A_i) = \sum_{i=1}^n \alpha_i \sum_{C_j \subset A_i} \ell(C_j) = \sum_{j=1}^r \gamma_j \, \ell(C_j)$, und ebenso erhalten wir $\sum_1^m \beta_k \, \ell(B_k) = \sum_1^r \gamma_j \, \ell(C_j)$. Also ist $S(f)$ wohldefiniert.

    (b) Ist $f = \sum_1^n \alpha_i \chi_{A_i} \geq 0$ und die Intervalle A_i disjunkt, so sind alle $\alpha_i \geq 0$, also auch $\sum \alpha_i \, \ell(A_i) \geq 0$.

    (c) Die Homogenität von S ist klar: für $\alpha \in \mathbb{R}$, $f \in \mathcal{T}$ gilt $S(\alpha f) = \alpha S(f)$ nach Definition. Die Additivität von S ist auch klar, denn sind $f,g \in \mathcal{T}$, so können wir beide Funktionen über denselben disjunkten Intervallen darstellen: $f = \sum_1^n \alpha_i \chi_{A_i} , g = \sum_1^n \beta_i \chi_{A_i}$. Wir erhalten so
$$S(f + g) = S(\sum_1^n (\alpha_i + \beta_i) \chi_{A_i}) = \sum (\alpha_i + \beta_i) \, \ell(A_i) = \sum \alpha_i \, \ell(A_i) + \sum \beta_i \, \ell(A_i)$$
$$= S(f) + S(g).$$

    (d) Ohne Einschränkung können wir annehmen, daß $f = \alpha \chi_A$ und $f_n = \sum_{i=1}^{k_n} \alpha_{n,i} \chi_{A_{n,i}}$ mit $\alpha_{n,i} \geq 0$ für alle n und i. Ferner sei A abgeschlossen (sonst verkleinere man das Intervall ein wenig), die Intervalle $A_{n,i}$ offen (sonst vergrößere man $A_{n,i}$ ein wenig) und $\sum_1^\infty f_n > f = \alpha \chi_A$ auf A (sonst verkleinere man α ein wenig). Bei diesen drei Änderungen läßt sich der resultierende Fehler für $\sum_1^\infty Sf_n$ und Sf beliebig klein halten, die Annahmen sind also zulässig. Nun gibt es zu jedem $x \in A$ ein $n_x \in \mathbb{N}$ mit $\sum_1^{n_x} f_k(x) > f(x)$, und diese Ungleichung gilt dann auch für die Punkte einer ganzen

Umgebung U_x von x (da alle $A_{n,i}$ offen und $\alpha_{n,i} \geq 0$). Zum Beispiel wähle man
$U_x = \bigcap \{A_{n,i} \mid x \in A_{n,i}, n \leq n_x\}$. Da A kompakt ist und von den U_x, $x \in A$, überdeckt wird,
wird es von endlich vielen $U_{x_1}, \ldots, U_{x_r}$ überdeckt. Sei $n_0 = \max\{n_{x_1}, \ldots, n_{x_r}\}$. Es gilt
$\sum_1^{n_0} f_k > f$ auf A, also $\sum_1^{n_0} f_k \geq f$ auf $\mathbb{R}$, denn $f = 0$ außerhalb A. Da nach (b) und (c)
S positiv und linear ist, folgt $\sum_1^{n_0} Sf_k \geq Sf$ und somit $\sum_1^{\infty} Sf_k \geq Sf$. ∎

Bemerkung. Aus 1.7 (c) folgt die Gültigkeit der Formel in 1.6 auch für nicht disjunkte
Darstellungen von f.

(1.8) Definition. Ein positives lineares σ-stetiges Funktional auf einem reellen
Funktionenraum nennen wir ein **Daniell-Integral**.

Das Funktional S auf den Treppenfunktionen ist also ein Daniell-Integral.

Von der nun folgenden Charakterisierung eines Daniell-Integrals werden wir später, im Fall
eines Vektorverbandes $\mathcal{E}$, vor allem (f) benutzen.

(1.9) Proposition. Sei I ein positives lineares Funktional auf einem reellen
Funktionenraum $\mathcal{E}$. Von den folgenden Eigenschaften sind die ersten drei (a), (b), (c)
untereinander äquivalent und implizieren jede der letzten drei (d), (e), (f), welche auch
untereinander äquivalent sind. Ist $\mathcal{E}$ ein Vektorverband, so sind alle sechs Eigenschaften
äquivalent.

(a) $f_n \in \mathcal{E}^+$, $f \in \mathcal{E}$, $\sum_1^{\infty} f_n \geq f \Rightarrow \sum_1^{\infty} If_n \geq If$

(b) $f, f_n \in \mathcal{E}$, $f_{n+1} \geq f_n$, $\lim f_n \geq f \Rightarrow \lim If_n \geq If$ $\Big\}$ σ-Stetigkeit

(c) $f_n \in \mathcal{E}$, $f_{n+1} \geq f_n$, $\lim f_n \geq 0 \Rightarrow \lim If_n \geq 0$

(d) $f_n, f \in \mathcal{E}$, $f_n \uparrow f \Rightarrow If_n \uparrow If$

(e) $f_n, f \in \mathcal{E}$, $f_n \downarrow f \Rightarrow If_n \downarrow If$ $\Big\}$ monotone Folgenstetigkeit (= σ-Stetigkeit, falls $\mathcal{E}$ ein Verband ist).

(f) $f_n \in \mathcal{E}$, $f_n \downarrow 0 \Rightarrow If_n \downarrow 0$

Beweis. (a) $\Rightarrow$ (b): Sind f, f_n wie in der Voraussetzung von (b), so sei $g_n = f_{n+1} - f_n$ für
$n \in \mathbb{N}$. Es gilt $g_n \in \mathcal{E}^+$, $\sum_1^{\infty} g_n \geq f - f_1$, also nach (a) $\sum_1^{\infty} Ig_n = \sum_1^{\infty} (If_{n+1} - If_n) \geq If - If_1$,
also $\lim If_n \geq If$.

(b) $\Rightarrow$ (c) ist klar, man wählt f = 0.

(c) $\Rightarrow$ (a): Sind f, f_n wie in der Voraussetzung von (a) , so sei $g_n = (\sum_1^n f_k) - f$. Es gilt $g_n \in \mathcal{E}$, $g_{n+1} \geq g_n$, $\lim g_n \geq 0$, also nach (c) $\lim Ig_n \geq 0$, d.h. $\sum_1^\infty If_k \geq If$.

(d) $\Leftrightarrow$ (e): Beide Richtungen dieser Äquivalenz ergeben sich, indem man f_n und f durch $- f_n$ bzw. $- f$ ersetzt.

(e) $\Leftrightarrow$ (f): Man spezialisiert f = 0 bzw. betrachtet $f_n - f$.

(b) $\Rightarrow$ (d): Die noch fehlende Ungleichung $\lim If_n \leq If$ folgt aus $f_n \leq f$ und der Isotonie von I. (Daß $If_{n+1} \geq If_n$ gilt, ist wegen der Isotonie ebenfalls klar).

(d) $\Rightarrow$ (b) falls $\mathcal{E}$ ein Verband ist: Sind f, f_n wie in der Voraussetzung von (b), so sei $g_n = f_n \wedge f$ für $n \in \mathbb{N}$. Es gilt $g_n \in \mathcal{E}$, $g_n \uparrow f$, also nach (d) $Ig_n \uparrow If$ und somit $\lim If_n \geq \lim Ig_n = If$. ∎

Übungen, Beispiele, Ergänzungen

(1.10) (a) Man zeige, daß es zu jeder endlichen Folge von Intervallen in $\mathbb{R}$ eine aus Intervallen bestehende disjunkte Verfeinerung gibt.

(b) Seien f,g Treppenfunktionen auf $\mathbb{R}$. Man zeige, daß es disjunkte Intervalle $A_1, \dots, A_k$ gibt, so daß $f = \sum_1^k \alpha_i \chi_{A_i}$ und $g = \sum_1^k \beta_i \chi_{A_i}$ gilt.

(1.11) (a) Eine Funktion f: $\mathbb{R} \to \mathbb{R}$ heißt **Riemann-integrierbar**, wenn es zu jedem $\varepsilon > 0$ Treppenfunktionen $g, h \in \mathcal{T}$ gibt mit $g \leq f \leq h$ und $S(h - g) < \varepsilon$. Die Menge der Riemann-integrierbaren Funktionen bezeichnen wir mit $\mathcal{R}$. Man zeige, daß $\mathcal{R}$ ein Stonescher Vektorverband ist.

(b) Für $f \in \mathcal{R}$ ist $\inf\{Sh \mid h \in \mathcal{T}, h \geq f\} = \sup\{Sg \mid g \in \mathcal{T}, g \leq f\}$ eine endliche Zahl, die das **Riemann-Integral** von f genannt und mit $\int_{-\infty}^{\infty} f(x)dx$ bezeichnet wird. Man zeige, daß das Riemann-Integral als Funktional auf $\mathcal{R}$ ein Daniell-Integral ist.

(1.12) (a) Für eine Funktion f: $\mathbb{R} \to \mathbb{R}$ heißt der Abschluß der Menge $\{f \neq 0\}$ der **Träger** von f. Den Raum der stetigen reellen Funktionen auf $\mathbb{R}$ mit kompaktem Träger bezeichnen wir mit $\mathcal{K}(\mathbb{R})$. Man zeige, daß $\mathcal{K}(\mathbb{R})$ ein Stonescher Vektorverband ist.

(b) Man zeige, daß jedes positive lineare Funktional auf $\mathcal{K}(\mathbb{R})$ σ-stetig, also ein Daniell-Integral auf $\mathcal{K}(\mathbb{R})$ ist. Insbesondere ist das Riemann-Integral $f \mapsto \int_{-\infty}^{\infty} f(x)dx$ ein Daniell-Integral auf $\mathcal{K}(\mathbb{R})$. (Tatsächlich gilt eine noch stärkere Stetigkeitseigenschaft, siehe 14.3).

(1.13) Der Raum $C(\mathbb{R})$ der stetigen reellen Funktionen auf $\mathbb{R}$ ist ein Stonescher Vektorverband. Man zeige, daß jedes positive lineare Funktional auf $C(\mathbb{R})$ σ-stetig ist (Hinweis in 13.33). Übrigens ist die entsprechende Aussage für
$$C_b(\mathbb{R}) = \{f \in C(\mathbb{R}) \mid f \text{ beschränkt}\} \text{ falsch! (Siehe 1.15(b)).}$$

(1.14) Sei $C_0(\mathbb{R})$ der Stonesche Vektorverband $\{f \in C(\mathbb{R}) \mid \lim_{x \to -\infty} f(x) = \lim_{x \to \infty} f(x) = 0\}$. Man zeige, daß jedes positive lineare Funktional φ auf $C_0(\mathbb{R})$ ein Daniell-Integral ist. Hinweis: Seien $f_n \in C_0(\mathbb{R})$ mit $f_n \downarrow 0$. Zu $\varepsilon > 0$ gibt es $e \in \mathcal{K}(\mathbb{R})$ mit $0 \le e \le 1$ und $|f_1 - ef_1| \le \varepsilon \sqrt{f_1}$. (Man wählt $e = 1$ auf $\{f_1 \ge \varepsilon^2\}$). Setzen wir $g_n = ef_n$, so gilt $g_n \downarrow 0$ und $|f_n - g_n| = f_n(1 - e) \le f_1(1 - e) \le \varepsilon \sqrt{f_1}$, also $|\, I\, f_n - I\, g_n\, | \le \varepsilon\, I\, \sqrt{f_1} = \varepsilon \cdot \text{const}$. Nun 1.12(b).

(1.15) (a) Auf dem Stoneschen Vektorverband $\mathcal{V} = \{f \in C(\mathbb{R}) \mid \lim_{x \to \infty} f(x) \text{ existiert (in } \mathbb{R})\}$ gibt es positive lineare Funktionale, die nicht σ-stetig sind: Setzen wir $\varphi(f) = \lim_{x \to \infty} f(x)$ für $f \in \mathcal{V}$, so ist φ linear und positiv. Sind f_n, $n \in \mathbb{N}$, stetige Funktionen mit $0 \le f_n \le 1$, $f|_{(-\infty,n]} = 1$, $f|_{[n+1,\infty)} = 0$, so gilt $f_n \uparrow 1$, aber $0 = \varphi(f_n) \not\to \varphi(1) = 1$.

(b) Auch auf dem Stoneschen Vektorverband $C_b(\mathbb{R})$ der stetigen beschränkten Funktionen von $\mathbb{R}$ nach $\mathbb{R}$ gibt es positive lineare Funktionale, die nicht σ-stetig sind. Zum Beispiel: ist φ wie in (a), so läßt sich $\varphi|_{\mathcal{V} \cap C_b(\mathbb{R})}$ mit dem Satz von Hahn-Banach A19 zu einem linearen Funktional auf $C_b(\mathbb{R})$ mit Norm 1 fortsetzen. Diese Fortsetzung ist (automatisch) positiv und wie in (a) nicht σ-stetig.

(1.16) Für $f \in \mathcal{T}$ sei $Lf = \lim_{x \downarrow 0} f(x)$. Man zeige: das Funktional L auf $\mathcal{T}$ ist positiv und linear, aber nicht σ-stetig , also kein Daniell-Integral auf $\mathcal{T}$.

(1.17) Analog zu den Treppenfunktionen auf $\mathbb{R}$ kann man auch Treppenfunktionen auf einem Intervall [a,b] betrachten. Wir bezeichnen den Raum dieser Treppenfunktionen mit $\mathcal{T}$[a,b] . Es ist ein Stonescher Vektorverband. Definieren wir ein Funktional S wie in 1.6, so ist S ein Daniell-Integral auf $\mathcal{T}$[a,b]. Für eine auf [a,b] definierte reelle Funktion f wird Riemann-Integrierbarkeit auf [a,b] und das Riemann-Integral $\int_a^b f(x)dx$ analog wie in 1.11 definiert. Den Raum der Riemann-integrierbaren Funktionen auf [a,b] bezeichnen wir mit $\mathcal{R}$[a,b]. Es ist ein Stonescher Vektorverband. Das Funktional $f \longmapsto \int_a^b f(x)dx$ ist ein Daniell-Integral auf $\mathcal{R}$[a,b]. Für $f \in \mathcal{R}$ gilt $f|_{[a,b]} \in \mathcal{R}$[a,b]   und $\int_a^b f(x)\, dx = \int_{-\infty}^\infty \chi_{[a,b]}(x)\, f(x)dx$.

(1.18) Sei C[a,b] der Stonesche Vektorverband der stetigen reellen Funktionen auf [a,b]. Wie in 1.12 sieht man, daß jedes positive lineare Funktional, insbesondere also das Riemann - Integral $f \longmapsto \int_a^b f(x)dx$, ein Daniell - Integral auf C[a,b] ist.

(1.19) Sei k der Raum aller reellen Folgen $\{a_n\}_{n \in \mathbb{N}}$ mit $a_n \neq 0$ für höchstens endlich viele Indizes $n \in \mathbb{N}$. Der Raum k ist ein Stonescher Vektorverband auf $\mathbb{N}$. Jedes positive lineare Funktional auf k ist ein Daniell-Integral. Insbesondere ist die Abbildung $\{a_n\} \longmapsto \sum_1^\infty a_n$ ein Daniell-Integral auf k.

(1.20) Sei $\mathcal{P}$[a,b] der Funktionenraum der reellen Polynome auf [a,b] mit dem Funktional
$$I\left(\sum_0^n a_k x^k\right) = \left[\sum_0^n \frac{a_k}{k+1} x^{k+1}\right]_a^b = \sum_0^n \frac{a_k}{k+1}(b^{k+1} - a^{k+1}).$$
Obwohl $\mathcal{P}$[a,b] kein Verband ist (zum Beispiel ist $x \vee \frac{b+a}{2}$ kein Polynom mehr), ist diese Eigenschaft, gemessen mit I, doch fast erfüllt. Es gilt nämlich:

(AV) Zu $f,g \in \mathcal{P}$[a,b] und $\varepsilon > 0$ gibt es h, $k \in \mathcal{P}$[a,b] mit $h \leq f \vee g \leq k$ und $I(k - h) < \varepsilon$. (Hieraus folgt die entsprechende Aussage für $f \wedge g$).

Für den Sachverhalt (AV) sagen wir: $\mathcal{P}$[a,b] erfüllt bezüglich I die **approximative Verbandsbedingung**. Da $\mathcal{P}$[a,b] die Konstante 1 enthält, gilt insbesondere

(AS) Zu $f \in \mathcal{P}$[a,b] und $\varepsilon > 0$ gibt es h, $k \in \mathcal{P}$[a,b] mit $h \leq f \wedge 1 \leq k$ und $I(k-h) < \varepsilon$.

Für den Sachverhalt (AS) sagen wir: $\mathcal{P}$[a,b] erfüllt bezüglich I die **approximative Stone-Bedingung**.

Ein Funktionenraum, der bezüglich eines positiven linearen Funktionals F die approximative Verbandsbedingung erfüllt, heißt ein **approximativer Vektorverband** bezüglich F. Erfüllt er außerdem die approximative Stone-Bedingung bezüglich F, so heißt er ein **approximativer Stonescher Vektorverband** bezüglich F.

$\mathcal{P}$[a,b] ist also ein approximativer Stonescher Vektorverband bezüglich I.

    (a) Man zeige, daß I ein Daniell-Integral auf $\mathcal{P}$[a,b] ist.

    (b) Man zeige, daß (AV) gilt.

(1.21) Für $f,g \in \mathcal{K}(\mathbb{R})$ sei $f \otimes g: \mathbb{R}^2 \to \mathbb{R}$ definiert durch $(f \otimes g)(x,y) = f(x) g(y)$. Der Raum $\mathcal{K}(\mathbb{R}) \otimes \mathcal{K}(\mathbb{R}) \stackrel{\text{def}}{=} \{ \sum_1^n f_i \otimes g_i | n \in \mathbb{N}; f_i, g_i \in \mathcal{K}(\mathbb{R}) \}$ ist ein Funktionenraum auf $\mathbb{R}^2$, aber kein Verband (vgl. [Fl], S. 182). Sind I,J Daniell-Funktionale auf $\mathcal{K}(\mathbb{R})$ (z.B. I = J = Riemann-Integral), so wird durch $K(\sum_1^n f_i \otimes g_i) = \sum_1^n If_i \, Jg_i$ ein Daniell-Integral K auf $\mathcal{K}(\mathbb{R}) \otimes \mathcal{K}(\mathbb{R})$ definiert. Bezüglich K ist $\mathcal{K}(\mathbb{R}) \otimes \mathcal{K}(\mathbb{R})$ ein approximativer Stonescher Vektorverband.

(1.22) Sei $\mathcal{A}$[0,1] die Menge der Funktionen $f: [0,1] \to \mathbb{R}$, welche eine Stammfunktion, also eine auf [0,1] definierte differenzierbare Funktion F mit $F' = f$, besitzen. $\mathcal{A}$[0,1] ist ein Funktionenraum, aber kein Verband. Durch If = F(1) − F(0), wo F eine Stammfunktion von f ist, wird auf $\mathcal{A}$[0,1] ein Daniell-Integral I definiert. $\mathcal{A}$[0,1] ist bezüglich I kein approximativer Vektorverband.

(1.23) Sei $\mathcal{U}$ der Funktionenraum der stetigen reellen Funktionen f auf $\mathbb{R}$, für die

$$Jf \stackrel{\text{def}}{=} \lim_{\substack{a \to -\infty \\ b \to \infty}} \int_a^b f(x)dx \quad \text{existiert. Man zeige}$$

    (a) das Funktional J: $f \mapsto Jf$ ist ein Daniell-Integral auf $\mathcal{U}$.

    (b) $\mathcal{U}$ ist kein Vektorverband, nicht einmal ein approximativer Vektorverband bezüglich J.

2 Fortsetzung eines Daniell-Integrals

Erweiterte reelle Zahlen, Fortsetzung eines Daniell-Integrals auf den zugehörigen $\mathcal{L}^1$-Raum, Konvergenzsätze, Charakterisierung integrierbarer Funktionen und des Integrals, Inklusion von $\mathcal{L}^1$-Räumen, der Quotientenraum L^1, Integration ohne Verbandsbedingung, Integration vektorwertiger Funktionen.

2a Die erweiterten reellen Zahlen

Mit $\overline{\mathbb{R}}$ bezeichnen wir die **erweiterten reellen Zahlen** $\mathbb{R} \cup \{(+)\infty\} \cup \{-\infty\}$. Die gewöhnliche Ordnung auf $\mathbb{R}$ wird fortgesetzt auf $\overline{\mathbb{R}}$ durch die Definition $-\infty < r < \infty$ für alle $r \in \mathbb{R}$. Addition und Multiplikation auf $\mathbb{R}$ werden fortgesetzt auf $\overline{\mathbb{R}}$ durch die üblichen Definitionen $(\pm\infty) + (\pm\infty) = \pm\infty$, $(\pm\infty) + r = r + (\pm\infty) = \pm\infty$ für $r \in \mathbb{R}$,
$p \cdot (\pm\infty) = (\pm\infty) \cdot p = \pm\infty$ für $0 < p \leq \infty$, $n \cdot (\pm\infty) = (\pm\infty) \cdot n = \mp\infty$ für $-\infty \leq n < 0$, sowie zusätzlich

$$(2.1) \qquad \infty \cdot 0 = 0 \cdot \infty = (-\infty) \cdot 0 = 0 \cdot (-\infty) = 0$$

und

$$(2.2) \qquad \infty + (-\infty) = (-\infty) + \infty = \infty .$$

Während 2.1 in der Maß- und Integrationstheorie aus mehrfachem Grund allgemein üblich ist, ist 2.2 weniger üblich, aber ebenfalls nützlich.

Mit diesen Definitionen sind Addition und Multiplikation auf $\overline{\mathbb{R}}$ kommutativ und assoziativ. Das Distributivgesetz gilt nicht, aber immerhin

$$p(a+b) = pa + pb \quad \text{für } p,a,b \in \overline{\mathbb{R}} , \quad 0 \leq p < \infty .$$

Mit der üblichen Notation $a - b = a + (-b)$ erhalten wir für $a,b,c \in \overline{\mathbb{R}}$ durch Fallunterscheidung

$$(2.3) \quad \text{(i)} \qquad a < b \Leftrightarrow a - b < 0$$
$$\text{(ii)} \qquad a \geq b \Leftrightarrow a - b \geq 0$$
$$\text{(iii)} \qquad a + b \leq c \Leftrightarrow a \leq c - b .$$

Man beachte, daß in 2.3 nicht $<$ durch $\leq$ (oder $\leq$ durch $<$) ersetzt werden darf (z. B. gilt $\infty \leq \infty$, aber nicht $\infty - \infty \leq 0$, wegen 2.2). Mit $|\infty| = |-\infty| = \infty$ gilt für den Betrag auf $\overline{\mathbb{R}}$

(2.4) (i) $|ab| = |a|\,|b|$

    (ii) $|a + b| \leq |a| + |b|$

    (iii) $|a - b| \leq |a - c| + |c - b|\,,$

wobei (iii) im Fall $c \in \mathbb{R}$ aus (ii) folgt und im Fall $c = \pm\,\infty$ ohnehin richtig ist: rechts steht dann $+\,\infty$.

Funktionen auf X mit Werten in $\overline{\mathbb{R}}$ werden auch **erweiterte reelle Funktionen** auf X genannt. Aus 2.4 folgt für solche Funktionen weiter unten 2.8 und 2.9 sowie die öfter benutzte Ungleichung $\|f - g\| \leq \|f - h\| + \|h - g\|$.

(2.5) Wir versehen $\overline{\mathbb{R}}$ mit der üblichen durch die Ordnung definierten Topologie (die $\overline{\mathbb{R}}$ zu einem kompaktem Raum macht). Jedes endliche $c \in \overline{\mathbb{R}}$ hat also eine Umgebungsbasis der Form $\{(c - \frac{1}{n}, c + \frac{1}{n}) \mid n \in \mathbb{N}\}$, ∞ bzw. $-\infty$ hat eine Umgebungsbasis der Form $\{(n,\infty] \mid n \in \mathbb{N}\}$ bzw. $\{[-\infty, -n) \mid n \in \mathbb{N}\}$. Damit ist klar, was Konvergenz in $\overline{\mathbb{R}}$ bedeutet. Für eine Folge $\{f_n\}$ reeller oder erweiterter reeller Funktionen bedeuten Symbole wie $f_n \to f$ oder $f = \lim\limits_n f_n$ ohne weitere Zusätze stets punktweise Konvergenz in $\overline{\mathbb{R}}$.

2b   Fortsetzung eines Daniell-Integrals

Sei $\mathcal{E}$ ein Vektorverband von Funktionen auf der Menge X und sei I ein Daniell-Integral auf $\mathcal{E}$. Auf der Menge aller Funktionen $f\colon X \to [0,\infty]$ definieren wir ein Oberintegral $\overline{I}$ durch

$$(2.6) \qquad \overline{I}(f) = \inf\Big\{ \sum_1^\infty If_n \mid f_n \in \mathcal{E}^+, \ \sum_1^\infty f_n \geq f \Big\}\,.$$

Man beachte, daß $\overline{I}f$ unendlich sein kann (z. B. wenn es keine $f_n \in \mathcal{E}^+$ mit $\sum_1^\infty f_n \geq f$ gibt, denn $\inf \emptyset = \infty$).

(2.7) Eigenschaften von $\overline{I}$ (das auf der Menge aller nichtnegativen erweiterten reellen Funktionen definiert ist).

    (a) $\overline{I}$ ist isoton und positiv

    (b) $\overline{I}$ ist **positiv homogen**, d.h. $\overline{I}(\alpha f) = \alpha \overline{I}f$ für reelles $\alpha \geq 0$

(c) $\bar{I}$ ist **abzählbar subadditiv**, d.h. $\bar{I}(\sum_1^\infty f_n) \le \sum_1^\infty \bar{I}f_n$

(d) $\bar{I}f = If$ für $f \in \mathcal{E}^+$.

Beweis. Isotonie und Positivität von $\bar{I}$ sind klar (letzteres wegen der Positivität von I). Die positive Homogenität folgt aus der Tatsache, daß $\bar{I}0 = 0$ gilt und für $\alpha > 0$ die Ungleichung $\sum f_n \ge f$ gleichbedeutend ist mit $\sum \alpha f_n \ge \alpha f$. Beim Beweis von (c) können wir offenbar $\sum \bar{I}f_n < \infty$ annehmen. Für beliebiges $\varepsilon > 0$ und $n \in \mathbb{N}$ gibt es dann $f_{n,k} \in \mathcal{E}^+$ mit $\sum_k f_{n.k} \ge f_n$ und $\sum_k If_{n.k} < \bar{I}f_n + \frac{\varepsilon}{2^n}$. Da $\sum_{n.k} f_{n.k} \ge \sum f_n$, gilt definitionsgemäß $\bar{I}(\sum f_n) \le \sum_{n,k} If_{n,k} \le \sum \bar{I}f_n + \varepsilon$, woraus die Behauptung folgt. Nun zum Beweis von (d): Nach Definition gilt $\bar{I}f \le If$ für $f \in \mathcal{E}^+$. Die umgekehrte Ungleichung folgt aus der σ-Stetigkeit (welche Eigenschaft von I wir übrigens für (a), (b), (c) nicht benötigt haben).∎

Für beliebiges $g: X \to \bar{\mathbb{R}}$ setzen wir $\|g\| = \bar{I}(|g|)$. Wegen $|\alpha g| = |\alpha|\,|g|$ für $\alpha \in \mathbb{R}$ und $|f+g| \le |f| + |g|$ erhalten wir

$$(2.8) \qquad \|\alpha g\| = |\alpha| \cdot \|g\|$$

und

$$(2.9) \qquad \|f + g\| \le \|f\| + \|g\| .$$

Insbesondere ist $\|\ \|$ eine Halbnorm auf dem Raum $\mathcal{F}$ der reellen Funktionen f auf X mit $\|f\| < \infty$.

(2.10) Definition. Eine Funktion $g: X \to \bar{\mathbb{R}}$ heißt **Nullfunktion**, wenn $\|g\| = 0$ gilt. Eine Menge $A \subset X$ heißt **Nullmenge**, wenn χ_A eine Nullfunktion ist. Wir sagen, eine Eigenschaft P gelte **fast überall** (f.ü.) auf X, wenn die Menge der Punkte, für die P nicht zutrifft, eine Nullmenge ist. Zwei Funktionen $f,g: X \to \bar{\mathbb{R}}$ heißen **äquivalent** (in Zeichen: $f \sim g$), wenn $f = g$ fast überall gilt. Da alle diese Begriffe von I abhängen, fügt man bei Bedarf „I–" oder „bezüglich I" hinzu, spricht also zum Beispiel von einer I-Nullmenge oder einer Nullmenge bezüglich I.

Gemäß unseren Konventionen (vgl. S. XII) bezeichnen wir im Folgenden die Mengen $\{x \in X \mid |g(x)| = \infty\}$ bzw. $\{x \in X \mid g(x) \ne 0\}$ kurz mit $\{|g| = \infty\}$ bzw. $\{g \ne 0\}$.

(2.11) Einige Eigenschaften von Norm, Nullfunktionen, Nullmengen und Gleichheit fast überall. Für beliebige erweiterte reelle Funktionen $f, g: X \to \overline{\mathbb{R}}$ gilt:

(a) $\|g\| < \infty \;\Rightarrow\; \{|g| = \infty\}$ ist eine Nullmenge.

(b) $\|g\| = 0 \;\Leftrightarrow\; g = 0$ f.ü.

(c) $f = g$ f.ü. $\Rightarrow\;\; \|f\| = \|g\|$.

(d) Jede Teilmenge einer Nullmenge ist eine Nullmenge. Die abzählbare Vereinigung von Nullmengen ist eine Nullmenge.

Beweis. (a) Sei $\|g\| < \infty$ und $A = \{|g| = \infty\}$. Für $n \in \mathbb{N}$ gilt $n\chi_A \leq |g|$, also $n\,\|\chi_A\| \leq \|g\| < \infty$, folglich $\|\chi_A\| = 0$.

(b) Sei $\|g\| = 0$ und $A = \{g \neq 0\}$. Wegen $\chi_A \leq \sum_1^\infty |g|$ erhalten wir $\overline{I}\chi_A \leq \sum \overline{I}(|g|) = 0$, A ist also eine Nullmenge. Die umgekehrte Implikation ergibt sich aus der Ungleichung $|g| \leq \sum_1^\infty \chi_A$.

(c) Es genügt zu zeigen: Ist N eine Nullmenge und $M = X \setminus N$, so gilt $\|g\chi_M\| = \|g\|$. Dies folgt aber aus $|g\chi_M| \leq |g| \leq |g\chi_M| + \sum_1^\infty \chi_N$, wenn man auf diese Ungleichung $\overline{I}$ anwendet.

(d) Ist A eine Nullmenge und $B \subset A$, so gilt $0 \leq \overline{I}(\chi_B) \leq \overline{I}(\chi_A) = 0$, also ist B eine Nullmenge. Ist $\{A_i\}$ eine Folge von Nullmengen und $A = \cup_1^\infty A_i$, so gilt $\overline{I}\chi_A \leq \sum \overline{I}\chi_{A_i} = 0$. Also ist A eine Nullmenge. ∎

(2.12) Definition. Eine erweiterte reelle Funktion f heißt (I-)**integrierbar**, wenn sie sich in $\| \;\; \|$ durch Elemente aus $\mathcal{E}$ approximieren läßt, d.h. wenn es zu jedem $\varepsilon > 0$ ein $g \in \mathcal{E}$ mit $\|f - g\| < \varepsilon$ gibt (anders gesagt: wenn es $f_n \in \mathcal{E}$ mit $\|f - f_n\| \to 0$ gibt). Die Menge der integrierbaren Funktionen bezeichnen wir mit $\mathcal{L}^1(X, \mathcal{E}, I)$ oder kurz $\mathcal{L}^1$, die Teilmenge der integrierbaren Funktionen mit Werten in $\mathbb{R}$ bezeichnen wir mit $\mathcal{L}^1_e$ (e für „endlichwertig").

(2.13) Eigenschaften von $\mathcal{L}^1$.

(a) $f \in \mathcal{L}^1, \alpha \in \mathbb{R} \;\Rightarrow\; \alpha f \in \mathcal{L}^1$.

(b) $f, g \in \mathcal{L}^1 \;\Rightarrow\; f + g \in \mathcal{L}^1$.

(c) $f, g \in \mathcal{L}^1 \;\Rightarrow\; f \vee g, f \wedge g \in \mathcal{L}^1$, also auch $|f| = f^+ + f^- \in \mathcal{L}^1$.

(d) $f \in \mathcal{L}^1 \;\Rightarrow\; f \wedge 1 \in \mathcal{L}^1$, falls $\mathcal{E}$ ein Stonescher Verband ist.

(e) Sind f, g erweiterte reelle Funktionen mit $f \sim g$, d. h. $f = g$ fast überall, so gilt:
$f \in \mathcal{L}^1 \Leftrightarrow g \in \mathcal{L}^1$.

(f) Zu jedem $f \in \mathcal{L}^1$ gibt es ein $g \in \mathcal{L}^1_e$ mit $f \sim g$.

(g) Für $f \in \mathcal{L}^1$ gilt $\|f\| < \infty$.

Beweis. (a) Ist $g \in \mathcal{E}$ mit $\|f - g\| < \varepsilon$, so gilt $\|\alpha f - \alpha g\| = |\alpha| \; \|f - g\| \le |\alpha| \; \varepsilon$.

(b) Sind h, $k \in \mathcal{E}$ mit $\|f - h\| < \varepsilon$, $\|g - k\| < \varepsilon$, so gilt

$\|f + g - (h + k)\| \le \|f - h\| + \|g - k\| < 2\varepsilon$.

(c) Sind $f, g \in \mathcal{L}^1$ und h, $k \in \mathcal{E}$ mit $\|f - h\| < \varepsilon$, $\|g - k\| < \varepsilon$, so gilt $h \vee k \in \mathcal{E}$ und wegen $|f \vee g - h \vee k| \le |f - h| + |g - k|$ (was durch Fallunterscheidung leicht nachzuprüfen ist) $\|f \vee g - h \vee k\| \le \|f - h\| + \|g - k\| < 2\varepsilon$. Analog ergibt sich auch $\|f \wedge g - h \wedge k\| < 2\varepsilon$ mit $h \wedge k \in \mathcal{E}$.

(d) Ist $f \in \mathcal{L}^1$ und $g \in \mathcal{E}$ mit $\|f - g\| < \varepsilon$, so gilt wegen $|f \wedge 1 - g \wedge 1| \le |f - g|$ die Ungleichung $\|f \wedge 1 - g \wedge 1\| < \varepsilon$, und falls $\mathcal{E}$ ein Stonescher Verband ist, gilt $g \wedge 1 \in \mathcal{E}$.

(e) Gilt $f \sim g$ und $h \in \mathcal{E}$, so folgt $f - h \sim g - h$, also nach 2.11(c) $\|f - h\| = \|g - h\|$. Somit gilt $f \in \mathcal{L}^1$ genau dann, wenn $g \in \mathcal{L}^1$ gilt.

(f) Ist $f \in \mathcal{L}^1$ und $h \in \mathcal{E}$ mit $\|f - h\| < \varepsilon$, so ist nach 2.11(a) $f - h$ und damit f fast überall endlichwertig. Ändern wir f zu einer Funktion g ab, indem wir die Werte $\pm \infty$ durch 0 ersetzen, so ist g äquivalent zu f, also nach (e) in $\mathcal{L}^1$ und damit in $\mathcal{L}_e^1$, wegen seiner endlichen Werte.

(g) Ist $f \in \mathcal{L}^1$ und $h \in \mathcal{E}$ mit $\|f - h\| < \varepsilon$, so gilt $\|f\| \le \|f - h\| + \|h\| < \varepsilon + I(|h|) < \infty.$ ∎

(2.14) Bemerkung. Aus 2.13 folgt insbesondere, daß $\mathcal{L}_e^1$ ein Vektorverband ist (sogar ein Stonescher Verband, falls $\mathcal{E}$ es ist). Wegen 2.8, 2.9 und 2.13(g) ist $\mathcal{L}_e^1$ mit $\| \; \|$ auch ein halbnormierter Raum (übrigens gerade der Abschluß von $\mathcal{E}$ im nach 2.9 erwähnten halbnormierten Raum $\mathcal{F}$). Setzen wir $N = \{ f \in \mathcal{L}_e^1 \mid \|f\| = 0 \}$, so ist $L^1 \overset{\text{def}}{=} \mathcal{L}_e^1 /_N$ also ein normierter Raum.

Wir wollen nun das Funktional I auf $\mathcal{E}$ zu einem Funktional auf ganz $\mathcal{L}^1$, dem Integral, fortsetzen. Da $\mathcal{L}^1$ in der Regel kein Vektorraum ist (f − f braucht wegen 2.2 nicht null zu sein), können wir das bekannte Resultat über die Fortsetzung eines linearen stetigen Funktionals von einem dichten Teilraum auf den Gesamtraum nicht zitieren sondern argumentieren direkt (aber auf gleiche Weise). Ausgangspunkt ist die $\| \; \|$-Stetigkeit von I auf $\mathcal{E}$:

(2.15) Proposition. Für $f \in \mathcal{E}$ gilt $|If| \le \|f\|$.

Beweis. Sind $f_n \in \mathcal{E}^+$ mit $\sum_1^\infty f_n \geq |f|$, so gilt auch $\sum_1^\infty f_n \geq f$, also $If \leq \sum_1^\infty If_n$, da I σ-stetig ist. Durch Infimumsbildung folgt $If \leq \|f\|$. Da $- If = I(- f) \leq \| - f \| = \|f\|$, erhalten wir insgesamt $|If| \leq \|f\|$. ∎

Sei nun $f \in \mathcal{L}^1$ und seien $f_n \in \mathcal{E}$ mit $\|f - f_n\| \to 0$. Gilt $\|f - f_n\| < \varepsilon$ für $n > n_0$, so erhalten wir $\|f_n - f_m\| \leq \|f_n - f\| + \|f - f_m\| < 2\varepsilon$ für $n,m > n_0$, $\{f_n\}$ ist also eine Cauchy-Folge bezüglich $\| \ \|$. Wegen 2.15 und der Linearität von I auf $\mathcal{E}$ ist $\{If_n\}$ Cauchy in $\mathbb{R}$, also konvergent in $\mathbb{R}$. Den Grenzwert nennen wir das **Integral von f bezüglich I** und bezeichnen ihn mit $\int f dI$ oder kurz $\int f$. Also

$$(2.16) \qquad\qquad \int f\, d\, I \stackrel{\text{def}}{=} \lim If_n .$$

Definitionsgemäß ist $\int fdI$ endlich. Es bleibt zu zeigen, daß das Integral wohldefiniert ist. Sei $\{g_n\}$ eine andere Folge in $\mathcal{E}$ mit $\|f - g_n\| \to 0$. Dann gilt $\|f_n - g_n\| \leq \|f_n - f\| + \|f - g_n\| \to 0$, also wegen 2.15 $If_n - Ig_n \to 0$ und somit $\lim If_n = \lim Ig_n$, was die Wohldefiniertheit beweist.

(2.17) Grundlegende Eigenschaften des Integrals auf $\mathcal{L}^1$

(a) $f,g \in \mathcal{L}^1$, $f \sim g \Rightarrow \int f = \int g$.

(b) $f,g \in \mathcal{L}^1$, $\alpha,\beta \in \mathbb{R} \Rightarrow \int (\alpha f + \beta g) = \alpha \int f + \beta \int g$.
    Insbesondere ist $\int$ linear auf $\mathcal{L}_e^1$.

(c) Für $f \in (\mathcal{L}^1)^+$ gilt $\int f = \|f\| = \bar{I} f$. Insbesondere ist $\int$ positiv.

(d) $\int$ ist isoton.

(e) $|\int f| \leq \|f\|$ für alle $f \in \mathcal{L}^1$.

Bemerkung. Aus (b) und (c) folgt $\int f = \bar{I}f^+ - \bar{I}f^-$ für $f \in \mathcal{L}^1$. Andere Beschreibungen des Integrals findet sich in 2.33 und 2.36.

Beweis. (a) Sind $h_n \in \mathcal{E}$ mit $\|f - h_n\| \to 0$, so gilt $\|g - h_n\| = \|f - h_n\| \to 0$, also $\int f = \lim I h_n = \int g$.

(b) Sind $h_n, k_n \in \mathcal{E}$ mit $\|f - h_n\| \to 0$, $\|g - k_n\| \to 0$, so gilt $\| \alpha f + \beta g - (\alpha h_n + \beta k_n) \| \to 0$, also $\int (\alpha f + \beta g) = \alpha \lim Ih_n + \beta \lim I k_n = \alpha \int f + \beta \int g$.

(c) Ist $f \in \mathcal{L}^1$ und sind $f_n \in \mathcal{E}$ mit $\|f - f_n\| \to 0$, so erhalten wir aus $\|f\| \leq \|f - f_n\| + \|f_n\|$ und $\|f_n\| \leq \|f_n - f\| + \|f\|$ die Gleichung

(2.18) $\lim \|f_n\| = \|f\|$.

Ist nun $f \geq 0$, so können wir $f_n \geq 0$ annehmen (da $| f - f_n \vee 0 | \leq |f - f_n|$ und $f_n \vee 0 \in \mathcal{E}$).
Dann gilt $If_n = \|f_n\| \to \|f\|$, aber definitionsgemäß auch $If_n \to \int f$, also $\int f = \|f\| = \bar{I}f$.

   (d) Seien $f, g \in \mathcal{L}^1$ mit $f \leq g$. Wegen 2.3(ii) gilt $g - f \geq 0$, wegen (c) und (b) folgt
$0 \leq \int (g - f) = \int g - \int f$, also $\int f \leq \int g$.

   (e) Sei $f \in \mathcal{L}^1$ und seien $f_n \in \mathcal{E}$ mit $\|f - f_n\| \to 0$. Es gilt $If_n \to \int f$, also
$| \int f | = \lim |If_n| \leq \lim \|f_n\| = \|f\|$ wegen 2.15 und 2.18 . ∎

(2.19) Bemerkung. Seien $\mathcal{E} \subset \mathcal{F}$ Vektorverbände auf X mit Daniell-Integralen I bzw. J
auf $\mathcal{E}$ bzw. $\mathcal{F}$ und gelte $J|_{\mathcal{E}} = I$. Dann gilt für beliebiges $f: X \to [0,\infty]$ definitionsgemäß
$\bar{J}f \leq \bar{I}f$, also auch $\| \ \|_J \leq \| \ \|_I$, woraus $\mathcal{L}^1(X, \mathcal{E}, I) \subset \mathcal{L}^1(X, \mathcal{F}, J)$ und $\int g dI = \int g dJ$ für
$g \in \mathcal{L}^1(X, \mathcal{E}, I)$ folgt.

Wir wollen noch Integrierbarkeit und Integral über Teilmengen von X definieren.

(2.20) Definition. f heißt **integrierbar über** $E \subset X$, wenn $\chi_E f$ integrierbar ist. Wir
definieren dann

$$\int_E f = \int \chi_E f .$$

Ist f integrierbar über E und über F und gilt $E \cap F = \emptyset$, so ist f wegen $\chi_E f + \chi_F f = \chi_{E \cup F} f$
über $E \cup F$ integrierbar und $\int_{E \cup F} f = \int_E f + \int_F f$. Auch im Falle $E \cap F \neq \emptyset$ zeigt man ohne
Schwierigkeiten, daß f über $E \cup F$ und über $E \cap F$ integrierbar ist (Übung 2.61). Die
Eigenschaften von $\mathcal{L}^1$ und $\int$ gelten sinngemäß auch für die über E integrierbaren
Funktionen und $\int_E$. Die Isotonie für $\int_E$ lautet dann z.B. f,g integrierbar über E, $f \leq g$ auf
$E \Rightarrow \int_E f \leq \int_E g$.

Die folgenden sogenannten Konvergenzsätze bleiben alle richtig, wenn wir f und f_n durch
$f\chi_E$ und $f_n\chi_E$ ersetzen.

2c   Konvergenzsätze

(2.21) Bemerkung. Ist f eine erweiterte reelle Funktion auf X und sind $f_n \in \mathcal{L}^1$ mit $\|f - f_n\| \to 0$, so gilt $f \in \mathcal{L}^1$ und $\int f_n \to \int f$.

Beweis. Gilt $\|f - f_{n_0}\| < \varepsilon$ und ist $g \in \mathcal{E}$ mit $\|f_{n_0} - g\| < \varepsilon$, so folgt $\|f - g\| < 2\varepsilon$. Also ist f in $\mathcal{L}^1$. Daß $\int f_n \to \int f$ gilt, folgt aus 2.17(e) und (b). ∎

Im Gegensatz zu 2.21 folgt aus $f_n \in \mathcal{L}^1$ und punktweiser Konvergenz $f_n \to f$ keineswegs $f \in \mathcal{L}^1$. Man sieht das am Beispiel $\mathcal{L}^1 = \mathcal{L}^1(\mathbb{R}, \mathcal{T}, S)$ mit $f_n(x) = \chi_{[-n,n]}(x)$. Es gilt $f_n(x) \to f(x) = 1$ punktweise, aber $f \notin \mathcal{L}^1$. Anders sieht die Sache unter geeigneten Zusatzvoraussetzungen wie in 2.25 oder 2.30 aus. Dort impliziert punktweise Konvergenz Normkonvergenz, also nach 2.21 auch $f \in \mathcal{L}^1$ und $\int f_n \to \int f$.

(2.22) Satz von Beppo Levi. Seien $f_n \in \mathcal{L}^1$ mit $\sum_1^\infty \|f_n\| < \infty$. Dann konvergiert $\sum f_n$ punktweise fast überall absolut und es gilt $\|\sum_1^\infty f_n - \sum_1^k f_n\| \to 0$ für $k \to \infty$.

Insbesondere liegt $\sum_1^\infty f_n$ in $\mathcal{L}^1$ und $\int \sum_1^\infty f_n = \sum_1^\infty \int f_n$. Die Bedingung $\sum \|f_n\| < \infty$ ist also hinreichend für die Vertauschbarkeit von Summe und Integral.

Zusatzbemerkung. Da $\sum f_n$ nicht überall zu konvergieren braucht, ist die Notation $\sum_1^\infty f_n$ nachlässig. Gemeint ist hier der Grenzwert der Reihe $\sum f_n$ in den Punkten, wo diese Reihe absolut konvergiert, fortgesetzt zu einer überall definierten Funktion durch den Wert Null in den übrigen Punkten (Übrigens: wenn wir statt durch Null auf irgendeine andere Weise fortsetzen, bleibt die Behauptung auch richtig, denn nach 2.11(c) hat die Abänderung auf einer Nullmenge keinen Einfluß auf die Norm einer Funktion).

Beweis des Satzes. Für jedes $n \in \mathbb{N}$ gibt es $h_{n,k} \in \mathcal{E}^+$ mit $|f_n| \le \sum_k h_{n,k}$ und $\sum_k Ih_{n,k} < \|f_n\| + 2^{-n}$. Da $\sum_n |f_n| \le \sum_{n,k} h_{n,k}$, erhalten wir $\|\sum_n |f_n|\| \le \sum_{n,k} Ih_{n,k} \le \sum_n \left(\|f_n\| + 2^{-n} \right) < \infty$. Nach 2.11(a) gilt $\sum_1^\infty |f_n| < \infty$ fast überall. Die Menge U der Punkte von X, in denen $\sum f_n$ nicht absolut konvergiert, ist also eine Nullmenge. Sei f die reelle Funktion auf X, welche auf $X \setminus U$ gleich $\sum_1^\infty f_n$ ist und auf U verschwindet. Für $k \in \mathbb{N}$ gilt $|f - \sum_1^k f_n| \le \sum_{k+1}^\infty |f_n| + \infty \cdot \chi_U$, also $\|f - \sum_1^k f_n\| \le \sum_{k+1}^\infty \|f_n\|$ wegen 2.7(a), (c) und 2.11(b), somit $\|f - \sum_1^k f_n\| \to 0$. Wegen 2.21 liegt f in $\mathcal{L}^1$ und es gilt $\int f = \sum_1^\infty \int f_n$. ∎

(2.23) Folgerung. Ist $\{g_k\}$ eine Cauchyfolge in $\mathcal{L}^1$ (bezüglich der Halbmetrik $d(u,v) = \|u - v\|$), so gibt es ein $g \in \mathcal{L}^1$ mit $\|g - g_k\| \to 0$ und $g_{k_n} \to g$ f.ü. für eine geeignete Teilfolge $\{g_{k_n}\}$. Insbesondere konvergiert jede Cauchyfolge in $\mathcal{L}^1$, d.h. $\mathcal{L}^1$ (und damit auch $\mathcal{L}_e^1$) ist als halbmetrischer Raum vollständig.

Beweis. Wir können $g_k \in \mathcal{L}_e^1$ annehmen, weil das höchstens eine Abänderung der Funktionen auf einer Nullmenge bedeutet. Sei $\{g_{k_n}\}$ eine Teilfolge von $\{g_k\}$ mit $\|g_{k_n} - g_{k_{n+1}}\| \le 2^{-n}$. Für $f_n = g_{k_n} - g_{k_{n+1}}$ gilt $\sum \|f_n\| < \infty$. Nach dem vorangehenden Satz konvergiert $g_{k_n} = g_{k_1} - \sum_1^{n-1} f_m$ fast überall und in Norm gegen $g = g_{k_1} - \sum_1^\infty f_m \in \mathcal{L}^1$. Da $\{g_n\}$ Cauchy ist und $\|g - g_{k_n}\| \to 0$ gilt, gilt auch $\|g - g_k\| \to 0$. ∎

(2.24) Folgerung. Sind $f, f_n \in \mathcal{L}^1$ mit $\|f - f_n\| \to 0$, so gibt es eine Teilfolge $\{f_{n_k}\}$ mit $f_{n_k} \to f$ f.ü.

(2.25) Satz von der monotonen Konvergenz. Sind $f_n \in \mathcal{L}^1$ mit $f_n \uparrow f$ und $\sup_n \int f_n \; (= \lim \int f_n) < \infty$, so gilt $\|f - f_n\| \to 0$, also insbesondere $f \in \mathcal{L}^1$ und $\int f = \lim \int f_n$. Analog gilt die Behauptung auch für $f_n \in \mathcal{L}^1$ mit $f_n \downarrow f$ und $\inf_n \int f_n \; (= \lim \int f_n) > - \infty$.

Beweis. Aus der Ungleichung $|f - f_n| \le \sum_{k=n}^\infty |f_{k+1} - f_k|$ erhalten wir wegen der abzählbaren Subadditivität von $\bar{I}$ und 2.17(c)
$$\|f - f_n\| \le \sum_n^\infty \bar{I}(f_{k+1} - f_k) = \sum_n^\infty \left(\int f_{k+1} - \int f_k \right) \le \sup_k \int f_k - \int f_n \; ,$$
was wegen $\int f_n \uparrow \sup_k \int f_k < \infty$ für $n \to \infty$ gegen null geht. Im Falle $f_n \downarrow f$, $\inf \int f_n > - \infty$ wende man das eben Bewiesene auf $- f_n$ an. ∎

(2.26) Folgerung. Sind $f_n \in (\mathcal{L}^1)^+$ und ist f eine erweiterte reelle Funktion mit $f_n \uparrow f$, so gilt $\bar{I}f = \lim \int f_n$.

Beweis. Ist $\lim \int f_n = \infty$, so trifft die Behauptung zu, denn wegen $f \ge f_n$ gilt $\bar{I}f \ge \lim \bar{I}f_n = \lim \int f_n = \infty$. Ist $\lim \int f_n < \infty$, so folgt die Behauptung aus dem Satz von der monotonen Konvergenz. ∎

(2.27) Bemerkung. Aus dem Satz von der monotonen Konvergenz folgt insbesondere, daß das Integral auf $\mathcal{L}_e^1(X, \mathcal{E}, I)$ ein Daniell-Integral ist. Führt man für dieses Integral noch einmal den Fortsetzungsprozeß durch, so erhält man nichts Neues sondern das alte $\mathcal{L}^1 = \mathcal{L}^1(X,\mathcal{E},I)$ und sein Integral (vgl. 2.60).

(2.28) Lemma von Fatou (1. Fassung). Seien $f_n \in \mathcal{L}^1$ mit $|f_n| \le g \in \mathcal{L}^1$. Dann gilt $\liminf f_n \in \mathcal{L}^1$ und $\int \liminf f_n \le \liminf \int f_n$. Analog gilt auch $\limsup f_n \in \mathcal{L}^1$ und $\int \limsup f_n \ge \limsup \int f_n$.

Beweis. Für $k \ge n$ sei $f_{n,k} = f_n \wedge \ldots \wedge f_k$ und $g_n = \inf_k f_{n,k}$. Es gilt $f_{n,k} \in \mathcal{L}^1$ und $f_{n,k} \downarrow g_n$ für $k \to \infty$, sowie $\int f_{n,k} \ge \int (-g) > -\infty$ für alle k. Nach dem Satz von der monotonen Konvergenz 2.25 folgt $g_n \in \mathcal{L}^1$. Wegen $g_n \uparrow \liminf f_n$ und $\int g_n \le \int g < \infty$ gilt wieder nach 2.25 $\liminf f_n \in \mathcal{L}^1$ und $\int g_n \to \int \liminf f_n$. Wegen $g_n \le f_n$ erhalten wir $\int \liminf f_n = \lim \int g_n \le \liminf \int f_n$. Die Aussage über $\limsup f_n$ ergibt sich, indem wir f_n durch $-f_n$ ersetzen und $\limsup (-f_n) = -\liminf f_n$ benutzen. ∎

(2.29) Lemma von Fatou (2. Fassung). Seien $f_n \in (\mathcal{L}_1)^+$. Dann gilt $\bar{I}(\liminf f_n) \le \liminf \int f_n$. Falls $\liminf \int f_n < \infty$, gilt $\liminf f_n \in \mathcal{L}^1$. Wir können dann $\int$ statt $\bar{I}$ schreiben.

Beweis. Sind $f_{n,k}$ und g_n wie im Beweis der 1. Fassung, so gilt $f_{n,k} \in \mathcal{L}^1$, $f_{n,k} \downarrow g_n$ für $k \to \infty$, sowie $\int f_{n,k} \ge 0$ für alle k, also $g_n \in \mathcal{L}^1$ nach 2.25. Da $g_n \uparrow \liminf f_n$, erhalten wir nach 2.26 $\bar{I}(\liminf f_n) = \lim \int g_n$, woraus wegen $g_n \le f_n$ die Behauptung folgt. Falls $\liminf \int f_n < \infty$, ist auch $\sup \int g_n = \lim \int g_n \le \liminf \int f_n < \infty$, also nach 2.25 $\lim g_n = \liminf f_n \in \mathcal{L}^1$. ∎

Als Folgerung aus dem Lemma von Fatou (1. Fassung) erhalten wir den

(2.30) Satz von Lebesgue (oder: **Satz von der dominierten Konvergenz**). Seien $f_n \in \mathcal{L}^1$ mit $|f_n| \le g \in \mathcal{L}^1$ und sei f eine erweiterte reelle Funktion mit $f_n \to f$ fast überall. Dann ist $f \in \mathcal{L}^1$ und $\int f = \lim \int f_n$. Mehr noch: es gilt $\|f - f_n\| \to 0$.

Beweis. Da $\liminf f_n = \limsup f_n = f$ f.ü., erhalten wir nach 2.28 $f \in \mathcal{L}^1$ und $\int f = \int \liminf f_n \le \liminf \int f_n \le \limsup \int f_n \le \int \limsup f_n = \int f$, also $\int f = \lim \int f_n$. Um die Normkonvergenz zu zeigen, brauchen wir nur das soeben gewonnene Ergebnis auf $|f - f_n|$ statt f_n anzuwenden: Es gilt $|f - f_n| \in \mathcal{L}^1$, $|f - f_n| \le 2g \in \mathcal{L}^1$ und $|f - f_n| \to 0$ f.ü., also $\|f - f_n\| = \int |f - f_n| \to \int 0 = 0$. ∎

2d Anderer Zugang zu $\mathcal{L}^1$ und dem Integral

(2.31) Sei $\mathcal{E}^\uparrow$ die Menge der erweiterten reellen Funktionen, die Grenzwert einer aufsteigenden Folge aus $\mathcal{E}$ sind (anders gesagt: die sich in der Form $\sum_1^\infty f_n$ mit $f_1 \in \mathcal{E}$ und $f_n \in \mathcal{E}^+$ für $n > 1$ schreiben lassen). Sind $f, g \in \mathcal{E}^\uparrow$ mit $f \geq g$ und sind $f_n, g_n \in \mathcal{E}$ mit $f_n \uparrow f$, $g_n \uparrow g$, so gilt für zunächst festes $k \in \mathbb{N}$ $\lim f_n \geq g_k$, also nach 1.9(b) (I ist σ-stetig) $\lim If_n \geq Ig_k$ und somit

$$(1) \qquad\qquad \lim_n If_n \geq \lim_k Ig_k.$$

Im Fall $f = g$ folgt aus Symmetriegründen $\lim If_n = \lim Ig_n$. Wir können deshalb I eindeutig von $\mathcal{E}$ auf $\mathcal{E}^\uparrow$ fortsetzen durch die Definition

$$(2) \qquad\qquad If = \lim If_n, \quad \text{wo } f \in \mathcal{E}^\uparrow \text{ und } f_n \in \mathcal{E} \text{ mit } f_n \uparrow f.$$

Eigenschaften von I auf $\mathcal{E}^\uparrow$

(a) Aus (1) folgt die Isotonie und, indem wir $g_k = 0 \; \forall k$ wählen, die Positivität von I auf $\mathcal{E}^\uparrow$. Nach Definition gilt $-\infty < If \leq \infty$. Ist $If < \infty$, so gilt $f \in \mathcal{L}^1$ und $If = \int f$ nach dem Satz von der monotonen Konvergenz (oder direkt nach Definition: siehe Übung 2.62).

(b) Für $\alpha \geq 0$, $f, g \in \mathcal{E}^\uparrow$ gilt $\alpha f \in \mathcal{E}^\uparrow$, $f + g \in \mathcal{E}^\uparrow$ und $I(\alpha f) = \alpha If$, $I(f + g) = If + Ig$.

(c) Da $\mathcal{E}$ ein Verband ist, gilt für jedes $f \geq 0$ in $\mathcal{E}^\uparrow$, daß f in $(\mathcal{E}^+)^\uparrow$ liegt, d.h. Limes einer aufsteigenden Folge in $\mathcal{E}^+$ ist, anders gesagt: $f = \sum_1^\infty f_n$ mit $f_n \in \mathcal{E}^+$. Sind $g_n \in \mathcal{E}^+$ mit $\sum g_n \geq f = \sum f_n$, so folgt nach (1) $\sum Ig_n \geq \sum If_n = If$, also, weil wir auch speziell $g_n = f_n$ wählen können, $If = \inf \{ \sum Ig_n \mid g_n \in \mathcal{E}^+, \sum g_n \geq f \}$, d.h. nach Definition 2.6

$$(d) \qquad\qquad If = \bar{I}f \quad \text{für } f \in \mathcal{E}^\uparrow, f \geq 0.$$

(e) Für $u, v \in \mathcal{E}^\uparrow$ mit $-u \leq v$ gilt $-Iu \leq Iv$. Erstere Ungleichung ist nämlich nach 2.3(ii), auch wenn Werte $\pm\infty$ auftreten, gleichbedeutend mit $0 \leq u + v$, woraus wegen der Positivität und Additivität von I auf $\mathcal{E}^\uparrow$ $0 \leq Iu + Iv$ folgt, also $-Iu \leq Iv$.

Wir definieren ein Ober- bzw. Unterintegral I^* bzw. I_* auf allen erweiterten reellen Funktionen durch

$$I^*f = \inf \{ Ig \mid g \in \mathcal{E}^\uparrow, g \geq f \}$$

$$I_* f = \sup\{-Ih \mid h \in \mathcal{E}^{\uparrow}, -h \le f\} = -I^*(-f).$$

Wegen (e) gilt $I_* f \le I^* f$.

Natürlich kann man I^* und somit auch I_* definieren, ohne von I auf $\mathcal{E}^{\uparrow}$ zu reden, nämlich analog zu 2.6:

$$I^* f = \inf\Big\{\sum_1^{\infty} If_n \mid f_1 \in \mathcal{E},\ f_n \in \mathcal{E}^+ \text{ für } n > 1,\ \sum_1^{\infty} f_n \ge f\Big\},$$

$$I_* f = -I^*(-f) = \sup\Big\{-\sum_1^{\infty} If_n \mid f_1 \in \mathcal{E},\ f_n \in \mathcal{E}^+ \text{ für } n > 1,\ -\sum_1^{\infty} f_n \le f\Big\}.$$

(2.32) Bemerkung. (a) Für $g \in \mathcal{E}^{\uparrow}$ gilt $I^* g = Ig$ wegen 2.31(1) und $I_* g = Ig$ wegen $\mathcal{E} \subset -\mathcal{E}^{\uparrow}$ und 2.31(2).

(b) Für jedes $g: X \to [0,\infty]$ stimmen die Oberintegrale $I^* g$ und $\bar{I} g$ überein. Dies folgt aus den ersten beiden Zeilen von 2.31(c) (oder alternativ aus der offensichtlichen Ungleichung $I^* g \le \bar{I} g$ und 2.31(d)).

(2.33) Charakterisierung von $\mathcal{L}^1$ und $\int$. Für eine erweiterte reelle Funktion f auf X sind äquivalent:

(i) $I^* f = I_* f \in \mathbb{R}$.

(ii) Zu $\varepsilon > 0$ gibt es $u, v \in \mathcal{E}^{\uparrow}$ mit $-u \le f \le v$ und $I(u+v) < \varepsilon$.

(iii) $f \in \mathcal{L}^1$.

Ist eine (und damit jede) der Bedingungen (i) – (iii) erfüllt, so gilt $\int f = I^* f = I_* f$.

Beweis. (i) $\Rightarrow$ (ii) ist klar. (ii) $\Rightarrow$ (i) folgt aus $I^* f - I_* f \le Iv - (-Iu) = I(u+v) < \varepsilon$. Nun zu (ii) $\Rightarrow$ (iii): Sind u,v wie in (ii) und sind $v_n \in \mathcal{E}$ mit $v_n \uparrow v$, so gilt

$$|f - v_n| \le |f - v| + |v - v_n| \le (v + u) + (v - v_n) \in (\mathcal{E}^{\uparrow})^+,$$

also wegen (d) und (b) oben

$$\|f - v_n\| \le \bar{I}(v + u + v - v_n) = I(v + u) + I(v - v_n) \le 2\varepsilon$$

für genügend großes n.

(iii) $\Rightarrow$ (ii): Ist $f \in \mathcal{L}^1$ und $g \in \mathcal{E}$ mit $\|f - g\| < \varepsilon$, so gibt es $h_n \in \mathcal{E}^+$ mit $|f - g| \le \sum_1^{\infty} h_n$ und $\sum_1^{\infty} Ih_n < \varepsilon$. Also gilt $-u \overset{\text{def}}{=} g - \sum h_n \le f \le g + \sum h_n \overset{\text{def}}{=} v$, wobei $u, v \in \mathcal{E}^{\uparrow}$ und $I(u+v) = 2\sum Ih_n < 2\varepsilon$.

Die Identität $\int f = I^* f$ ergibt sich aus (ii): Wegen $\int = I$ auf $\mathcal{E}^\uparrow$ ist $0 \le Iv - \int f \le$ $Iv + Iu < \varepsilon$, also $\int f = \inf \{ Iv \mid v \in \mathcal{E}^\uparrow, v \ge f, \} = I^* f.$ ■

(2.34) Inklusion von $\mathcal{L}^1$-Räumen. Seien $\mathcal{E}, \mathcal{F}$ Vektorverbände auf X mit Daniell-Integralen I bzw. J.

(a) Gilt $I^* \le J^*$, so auch $J_* \le I_*$, d.h. für jedes f: $X \to \overline{\mathbb{R}}$ gilt dann

$J_* f \le I_* f \le I^* f \le J^* f$. Aus 2.33 folgt $\mathcal{L}^1(X, \mathcal{F}, J) \subset \mathcal{L}^1(X, \mathcal{E}, I)$ und $\int f dJ = \int f dI$ für $f \in \mathcal{L}^1(X, \mathcal{F}, J)$.

(b) Gilt $\mathcal{F} \subset \mathcal{L}^1(X, \mathcal{E}, I)$ und $Jf = \int f dI$ für $f \in \mathcal{F}$, so gilt $I^* \le J^*$ (vgl. die letzten vier Zeilen des Beweises von 2.60), und nach (a) erhalten wir $\mathcal{L}^1(X, \mathcal{F}, J) \subset \mathcal{L}^1(X, \mathcal{E}, I)$ und $\int f dJ = \int f dI$ für $f \in \mathcal{L}^1(X, \mathcal{F}, J)$.

(2.35) Monotone Darstellung für $\mathcal{L}^1$-Funktionen. Die Formeln $\int f = I^* f$ bzw. $\int f = \bar{I} f$ für f aus $\mathcal{L}^1$ bzw. $(\mathcal{L}^1)^+$ erlauben es, eine Funktion aus $\mathcal{L}^1$ bzw. $(\mathcal{L}^1)^+$ von oben durch Funktionen aus $\mathcal{E}^\uparrow$ bzw. $(\mathcal{E}^+)^\uparrow$ mit beliebig kleinem Fehler im Integral zu approximieren. Indem man zunächst f und danach sukzessiv die Differenz von f zur schon gewonnenen Approximation immer besser approximiert (unter Berücksichtigung des Vorzeichens der Differenz, f wird also „eingeschachtelt"), gewinnt man die **monotone Darstellung** von f:

Satz. Ist $f \in \mathcal{L}^1$ und $\varepsilon > 0$, so gibt es $u \in \mathcal{E}^\uparrow$ und $v \in (\mathcal{E}^+)^\uparrow$ mit $Iu < \infty$, $Iv < \varepsilon$ so daß $f \sim u - v$ gilt. Für $f \in (\mathcal{L}^1)^+$ kann auch u in $(\mathcal{E}^+)^\uparrow$ gewählt werden.

Beweis. (a) Seien $\varepsilon_i > 0$ mit $\sum_{i=1}^\infty \varepsilon_i = \varepsilon$. Da $\int = I^*$ auf $\mathcal{L}^1$, gibt es ein $h_1 \in \mathcal{E}^\uparrow$ mit $h_1 \ge f$ und $Ih_1 < \int f + \varepsilon_1$. Für $f_1 \overset{\text{def}}{=} h_1 - f$ gilt dann $f_1 \in (\mathcal{L}^1)^+$ und $\int f_1 < \varepsilon_1$. Wir fahren mit Induktion fort: Ist $i \ge 2$ und $f_{i-1} \in (\mathcal{L}^1)^+$ schon gewählt, so gibt es wegen $\int = \bar{I}$ auf $(\mathcal{L}^1)^+$ ein $h_i \in (\mathcal{E}^+)^\uparrow$ mit $h_i \ge f_{i-1}$ und $Ih_i < \int f_{i-1} + \varepsilon_i$. Für $f_i \overset{\text{def}}{=} h_i - f_{i-1}$ gilt dann $f_i \in (\mathcal{L}^1)^+$ und $\int f_i < \varepsilon_i$. Wir erhalten so induktiv Folgen $\{h_n\}$ und $\{f_n\}$.

(b) Wegen $\sum \bar{I} f_i < \sum \varepsilon_i < \infty$ gilt $\sum f_i < \infty$ f.ü., also $f_i \to 0$ f.ü.

(c) Es gilt $f - h_1 + h_2 \ldots + (-1)^k h_k = (-1)^k f_k$ (wie leicht mit Induktion nachzuprüfen), also $f - \sum_1^k (-1)^{n+1} h_n \to 0$ f.ü. wegen (b).

(d) Wegen (a) gilt $h_1 \in \mathcal{E}^\uparrow$ und $Ih_1 < \int f + \varepsilon_1$, sowie $h_i \in (\mathcal{E}^+)^\uparrow$, $Ih_i = \int f_i + \int f_{i-1}$

$< \varepsilon_i + \varepsilon_{i-1}$ für $i \geq 2$. Insbesondere konvergiert $\sum h_i$ nach Beppo Levi f.ü. absolut. Setzen wir $u = \sum_1^\infty h_{2k-1}$, $v = \sum_1^\infty h_{2k}$, so gilt $u \in \mathcal{E}^\uparrow$, $v \in (\mathcal{E}^+)^\uparrow$, $Iu < \int f + \varepsilon$, $Iv < \varepsilon$, und wegen (c) $f = u - v$ f.ü. Falls $f \geq 0$ gilt, kann h_1 in (a) aus $(\mathcal{E}^+)^\uparrow$ gewählt werden, was zu $u \in (\mathcal{E}^+)^\uparrow$ führt. ∎

Man könnte vermuten, daß in obiger Darstellung stets Gleichheit von f und u – v (anstelle der Gleichheit f. ü.) erreicht werden kann. Das ist aber nicht der Fall (siehe 2.68). Als Folgerung aus der monotonen Darstellung von $\mathcal{L}^1$-Funktionen erhalten wir:

(2.36) Weitere Charakterisierung von $\mathcal{L}^1$ und $\int$. Eine erweiterte reelle Funktion f auf X liegt genau dann in $\mathcal{L}^1$, wenn es $u, v \in \mathcal{E}^\uparrow$ mit $Iu, Iv < \infty$ und $f \sim u - v$ gibt. Es gilt dann $\int f = Iu - Iv$.

(2.37) Der Raum L^1 der Klassen integrierbarer Funktionen. Da Funktionen aus $\mathcal{L}^1$ auch unendliche Werte annehmen dürfen, ist wie schon erwähnt in der Regel $\mathcal{L}^1$ mit punktweisen Operationen kein Vektorraum. Dieser Mangel läßt sich beheben, indem man zum Raum $\mathcal{L}^1/_\sim$ der Äquivalenzklassen von $\mathcal{L}^1$ bezüglich der Relation $\sim$ übergeht. Man definiert die Operationen sowie die Norm mit Hilfe von Repräsentanten aus $\mathcal{L}^1_e$ (vgl. 2.13(f)). Der so erhaltene normierte Raum ist wegen 2.23 vollständig. Er ist isometrisch isomorph zum in 2.14 definierten Raum $L^1 = \mathcal{L}^1_e/_N$ vermöge der Abbildung $\mathcal{L}^1_e/_N \ni f + N \mapsto \tilde{f} \in \mathcal{L}^1/_\sim$ (wo $\tilde{f}$ die Äquivalenzklasse von f bezeichne).

Man würde übrigens dasselbe (im Sinne isometrischer Isomorphie) erhalten, wenn man den Raum der Klassen von integrierbaren Funktionen betrachtet, die nur fast überall definiert sind (wobei natürlich eine f.ü. definierte Funktion integrierbar heißen soll, wenn nach beliebiger Ergänzung zu einer überall definierten Funktion die ergänzte Funktion integrierbar ist).

In der Literatur wird häufig zwischen integrierbaren Funktionen und ihren Äquivalenzklassen nicht genau unterschieden. Man entnimmt dann dem Zusammenhang, was jeweils gerade gemeint ist. Ferner wird in der Literatur des öfteren mit $\mathcal{L}^1$ der Raum bezeichnet, den wir $\mathcal{L}^1_e$ genannt haben, also der Raum der integrierbaren Funktionen mit Werten in $\mathbb{R}$. Wenn man äquivalente Funktionen identifiziert (also eigentlich mit Klassen rechnet) macht das keinen Unterschied (s.o.).

2e   Integration ohne Verbandsbedingung

(2.38) In diesem Kapitel haben wir, ausgehend von einem Daniell-Integral I auf dem Vektorverband von Funktionen $\mathcal{E}$, den $\mathcal{E}$ umfassenden Raum $\mathcal{L}^1$ konstruiert und das Funktional I zu $\int$ auf $\mathcal{L}^1$ fortgesetzt sowie einige Eigenschaften von $\mathcal{L}^1$ und $\int$ gezeigt. Wir wollen festhalten, daß fast alle Behauptungen einschließlich ihrer Beweise unverändert gültig bleiben, wenn $\mathcal{E}$ kein Vektorverband mehr aber wenigstens bezüglich I ein approximativer Vektorverband ist. Lediglich die Beweise von 2.13(c), (d) und 2.17(c) sind zu modifizieren. Es muß dort z.B. statt $h \vee k \in \mathcal{E}$, $h \wedge k \in \mathcal{E}$, $g \wedge 1 \in \mathcal{E}$ jeweils ... $\in \mathcal{L}^1$ lauten, im Fall von $g \wedge 1$ natürlich unter Voraussetzung der approximativen Stone-Bedingung bezüglich I. Bei 2.17(c) bedarf es eines kleinen Zusatzarguments. 2.31(c) braucht nicht zu gelten, aber das daraus gefolgerte (d) ergibt sich auch aus 2.17(c).

Im Falle, daß $\mathcal{E}$ lediglich ein reeller Funktionenraum ist, gilt immer noch die Konstruktion von $\mathcal{L}^1$ und die Fortsetzung von I zum Integral auf $\mathcal{L}^1$ sowie der Satz von Beppo Levi, und $\mathcal{L}^1_e$ (bzw. $\mathcal{L}^1$ mit Identifizierung äquivalenter Funktionen) ist ein vollständiger halbnormierter (bzw. normierter) Raum im erweiterten Sinne (d.h. die Norm $\| \ \|$ kann auch den Wert ∞ annehmen). Die Gleichheit $\int f = \bar{I}f$ für $f \in (\mathcal{L}^1)^+$ braucht nicht mehr zu gelten, ist für „natürliche" Beispiele aber erfüllt. In diesem Fall bleibt der Satz von der monotonen Konvergenz sowie 2.31 (außer (c)) bis 2.36 richtig. Falls außerdem $\mathcal{L}^1$ ein Verband ist (was auch der Fall sein kann, wenn $\mathcal{E}$ kein Verband ist), gelten das Lemma von Fatou und der Satz von Lebesgue.

2f   Vektorwertige Integration

(2.39) (a) Wir können praktisch ohne Mehrarbeit ein wichtiges Beispiel von Integration vektorwertiger Funktionen miterledigen. Sei B mit $\| \ \|_B$ ein vollständiger normierter Raum, also ein Banach-Raum, und sei $\mathcal{T}_B$ der Raum der Treppenfunktionen auf $\mathbb{R}$ mit Werten in B, also der Raum der Funktionen $f = \sum_1^n a_i \chi_{A_i}$ mit $a_i \in B$ und reellen Intervallen A_i. Offenbar ist $\mathcal{T}_B$ ein Vektorraum. Für beliebiges $g: \mathbb{R} \to B$ setzen wir $\|g\| = \bar{S}(|g|)$ wobei $|g|(x) \overset{\text{def}}{=} \|g(x)\|_B$ und $\bar{S}$ das vom elementaren Integral S auf den reellwertigen Treppenfunktionen herrührende Oberintegral ist. Definieren wir $\mathcal{L}^1_B$ oder genauer: $\mathcal{L}^1_B(\mathbb{R}, \mathcal{T}, S)$ als den Raum der B-wertigen Funktionen g auf $\mathbb{R}$, die sich in $\| \ \|$ durch

Funktionen aus $\mathcal{T}_B$ approximieren lassen, so ist $\mathcal{L}_B^1$ ein vollständiger halbnormierter Raum (denn der erste Teil von 2.22 und die Folgerung 2.23 gelten auch für B-wertige Funktionen f_n). Im Spezialfall $B = \mathbb{R}$ ist $\mathcal{L}_B^1$ gerade $\mathcal{L}_e^1 = \mathcal{L}_e^1(\mathbb{R},\mathcal{T},S)$, gemäß 2.44(a) der Raum der endlichwertigen Lebesgue-integrierbaren Funktionen auf $\mathbb{R}$.

Definieren wir das Funktional $S_B : \mathcal{T}_B \to B$ durch $S_B(\sum_1^n a_i \chi_{A_i}) = \sum a_i \ell(A_i)$ (Wohldefiniertheit und Linearität sind wie früher bei S zu zeigen), so gilt $\|S_B f\|_B \leq \|f\|$, wir können also wie im Abschnitt nach 2.15 S_B zu einem Funktional auf ganz $\mathcal{L}_B^1$, dem Integral $\int : \mathcal{L}_B^1 \to B$, fortsetzen: Gilt $\|f - f_n\| \to 0$, $f_n \in \mathcal{T}_B$, so ist $\int f dS \overset{\text{def}}{=} \lim_n S_B f_n$. Es gilt 2.17(a),(b),(e) sinngemäß, d.h. äquivalente Funktionen haben gleiches Integral, das Integral ist linear, und $\| \int f \|_B \leq \|f\|$.

(b) Wir wollen noch den allgemeinen Fall Banach-Raum-wertiger Integration skizzieren. Sei also B weiterhin ein Banach-Raum, $\mathcal{E}$ ein Stonescher Vektorverband auf X und sei I ein Daniell-Integral auf $\mathcal{E}$. Mit $\mathcal{E}_B$ bezeichnen wir den Raum $B \otimes \mathcal{E}$ aller Funktionen $f = \sum_1^n a_k \cdot f_k$ mit $a_k \in B$, $f_k \in \mathcal{E}$, wobei $(a_k \cdot f_k)(x) \overset{\text{def}}{=} a_k \cdot f_k(x)$. Für beliebiges $g : X \to B$ setzen wir $\|g\| = \bar{I}(|g|)$, wo $|g|(x) \overset{\text{def}}{=} \|g(x)\|_B$. Definieren wir $\mathcal{L}_B^1$ oder genauer $\mathcal{L}_B^1(X,\mathcal{E},I)$ als den Raum aller B-wertigen Funktionen g auf X, die sich in $\| \ \|$ durch Funktionen aus $\mathcal{E}_B$ approximieren lassen, so ist $\mathcal{L}_B^1$ ein vollständiger halbnormierter Raum. Setzen wir für $f = \sum_1^n a_k \cdot f_k \in \mathcal{E}_B$ nun $I_B f = \sum_1^n a_k \cdot I f_k$, so ist $I_B : \mathcal{E}_B \to B$ wohldefiniert und linear und erfüllt $\| I_B f \| \leq \|f\|$. Wie im Abschnitt nach 2.15 läßt sich I_B zu $\int : \mathcal{L}_B^1 \to B$ fortsetzen: Gilt $\|f - f_n\| \to 0$, $f_n \in \mathcal{E}_B$, so ist $\int f dI \overset{\text{def}}{=} \lim_n I_B f_n$. Es gilt 2.17(a), (b), (e) sinngemäß.

Anders als das Beispiel in (a) hat der allgemeine Fall einen Haken: es scheint, daß die Ungleichung $\|I_B f\| \leq \|f\|$ für $f \in \mathcal{E}_B$ nicht leicht direkt eingesehen werden kann. Die Ungleichung ist nur klar, wenn man schon weiß, daß $\mathcal{L}_B^1 (X,\mathcal{E},I)$ als projektives Tensorprodukt von B und $\mathcal{L}^1(X,\mathcal{E},I)$ dargestellt werden kann und daß die hierdurch auf $\mathcal{L}_B^1$ erhaltene Norm mit der oben definierten $\| \ \|$ übereinstimmt. Das braucht uns aber nicht zu stören, denn das in (a) beschriebene Beispiel erlaubt nach geringfüger Modifikation (es fehlt noch der Begriff des Maßes) einen direkten Zugang zu $\mathcal{L}_B^1$ auch im allgemeinen Fall. Wir werden darauf später zurückkommen (siehe 4.29).

Übungen, Beispiele, Ergänzungen

(2.40) Man prüfe nach: ersetzt man die „asymmetrische" Definition 2.2 durch die „symmetrische" $\infty + (-\infty) = (-\infty) + \infty = 0$, so geht das Assoziativgesetz der Addition für $\overline{\mathbb{R}}$ verloren.

(2.41) Man zeige, daß 2.7(b) auch für $\alpha = \infty$ gilt: $\overline{I}(\infty \cdot f) = \infty \cdot \overline{I}f$ für $f \geq 0$.

(2.42) Man zeige:

(a) Ist f eine Nullfunktion und $|g| \leq \alpha|f|$ mit $\alpha \geq 0 \in \overline{\mathbb{R}}$, so ist auch g eine Nullfunktion. Insbesondere ist mit f auch αf für jedes $\alpha \in \overline{\mathbb{R}}$ eine Nullfunktion.

(b) Ist $\{f_n\}$ eine Folge von Nullfunktionen, so ist $\sum_1^\infty f_n$ (mit willkürlich festgesetzten Funktionswerten in den Punkten, wo die Reihe nicht konvergiert) eine Nullfunktion. Ebenso sind $\sup_n f_n$ und $\inf_n f_n$ Nullfunktionen.

(2.43) Sei $\mathcal{T}$ der Vektorverband der Treppenfunktionen auf $\mathbb{R}$ und sei S das elementare Integral auf $\mathcal{T}$. Ist $A \subset \mathbb{R}$ eine Nullmenge bezüglich S d.h. gilt $\overline{S}(\chi_A) = 0$, so heißt A eine **Lebesgue-Nullmenge**. Man zeige:

(a) Die Menge der rationalen Zahlen $\mathbb{Q}$ ist eine Lebesgue-Nullmenge.

(b) Die (klassische) Cantor-Menge auf $[0,1]$ ist eine Lebesgue-Nullmenge.

(c) Ist $f: \mathbb{R} \to \mathbb{R}$ gegeben durch $f(x) = x$ für $x \in [0,1]$ und $f(x) = 0$ sonst, so gilt
$$\overline{S}f = \frac{1}{2}\,.$$

(d) Für die „Diagonale" $f(x) = x$, $x \in \mathbb{R}$, gilt $\|f\| = \infty$ (Norm bezüglich S, also $\|f\| = \overline{S}(|f|)$.

(2.44) Seien $\mathcal{T}$,S wie soeben und sei I das Riemann-Integral auf dem Verband $\mathcal{K}(\mathbb{R})$ der stetigen Funktionen mit kompakten Träger auf $\mathbb{R}$ (vgl. 1.12). Man zeige:

(a) Es gilt $\mathcal{L}^1(\mathbb{R},\mathcal{T},S) = \mathcal{L}^1(\mathbb{R},\mathcal{K}(\mathbb{R}),I)$. Man nennt diesen Raum den Raum der **Lebesgue-integrierbaren** Funktionen auf $\mathbb{R}$ und bezeichnet ihn kurz mit $\mathcal{L}^1(\mathbb{R})$.

(b) Für $f \in \mathcal{L}^1(\mathbb{R})$ gilt $\int f dS = \int f dI$. Man nennt dies das **Lebesgue-Integral** von f und bezeichnet es mit $\int_{-\infty}^\infty f(x)\,dx$ oder $\int_{\mathbb{R}} f(x)\,dx$ oder $\int f(x)\,dx$. Die Notation $\int_{-\infty}^\infty f(x)\,dx$ ist konsistent mit der in 1.11(b), denn:

(c) Der Raum $\mathcal{R}$ der Riemann-integrierbaren Funktionen auf $\mathbb{R}$ ist enthalten in $\mathcal{L}^1(\mathbb{R})$, und die Restriktion des Lebesgue-Integrals auf $\mathcal{R}$ stimmt mit dem Riemann-Integral überein.

Hinweis: Für (a), (b) zeige man $S^* = I^*$ und benutze 2.33. Aussage (c) folgt aus $\mathcal{T} \subset \mathcal{T}^\uparrow$ und 2.33.

(2.45) (a) Für f: $\mathbb{R} \to \overline{\mathbb{R}}$ und $a \in \mathbb{R}$ sei die mit a verschobene Funktion $_a$f definiert durch $_a$f(x) = f(a + x). Man zeige, daß das Lebesgue-Integral translationsinvariant, d.h. invariant unter Verschiebung ist: für $f \in \mathcal{L}^1(\mathbb{R})$ und $a \in \mathbb{R}$ gilt $_a$f $\in \mathcal{L}^1(\mathbb{R})$ und $\int {}_a$f(x)dx $= \int$ f(x)dx (Hinweis: man betrachte zunächst $f \in \mathcal{T}$).

(b) Man zeige: für $f \in \mathcal{L}^1(\mathbb{R})$ und $b \in \mathbb{R} \setminus \{0\}$ ist x $\mapsto$ f(bx) in $\mathcal{L}^1(\mathbb{R})$ und $\int$ f(bx)dx $= \frac{1}{|b|} \int$ f(x)dx, also $|b| \int$ f(bx) dx $= \int$ f(x)dx.

(2.46) Sei A eine (allgemeine) Cantor-Menge, d.h. eine Menge, die aus einem abgeschlossenen Intervall [a,b] durch sukzessives Entfernen offener Teilintervalle A_i entsteht (nach dem gleichen Verfahren wie bei der klassischen Cantor-Menge), wobei die Summe der Längen $\ell(A_i)$ kleiner oder gleich b − a sei. Man zeige, daß χ_A Lebesgue-integrierbar ist und $\int \chi_A(x)$ dx $= (b − a) − \sum_1^\infty \ell(A_i)$ gilt. Falls $\int \chi_A(x)$dx > 0 gilt, spricht man von einer Cantor-Menge positiven Maßes. In diesem Fall ist übrigens χ_A nicht Riemann-integrierbar.

(2.47) Man zeige, daß die Funktion $f(x) = \frac{1}{x^2}$ über $(1,\infty)$ Lebesgue-integrierbar ist.

(2.48) Man zeige, daß die Funktion $f(x) = \frac{\sin x}{x}$ über $(1,\infty)$ nicht Lebesgue-integrierbar ist, obwohl das uneigentliche Riemann-Integral $\int_1^\infty \frac{\sin x}{x}$ dx existiert.

(2.49) Seien $\mathcal{U}$ und J wie in 1.23 . Man zeige:

(a) $\mathcal{L}^1(\mathbb{R}, \mathcal{U}, J)$ enthält alle Lebesgue-integrierbaren Funktionen sowie alle bei $-\infty$ und ∞ uneigentlich Riemann-integrierbaren Funktionen (genauer: alle Funktionen f auf $\mathbb{R}$, die über jedes endliche Intervall Riemann-integrierbar sind und für die $\lim\limits_{a \to -\infty} \int_a^0$ f(x)dx und $\lim\limits_{b \to \infty} \int_0^b$ f(x)dx (in $\mathbb{R}$) existieren).

(b) Jedes $f \in \mathcal{L}^1(\mathbb{R}, \mathcal{U}, J)$ läßt sich in der Form f = g + h schreiben mit Lebesgue-integrierbarem g und uneigentlich Riemann-integrierbarem h. Dabei kann h sogar in $\mathcal{U}$ gewählt werden. Es gilt also $\mathcal{L}^1(\mathbb{R}, \mathcal{U}, J) = \mathcal{L}^1(\mathbb{R}) + \mathcal{U} \overset{\text{def}}{=} \{ g+h \mid g \in \mathcal{L}^1(\mathbb{R}), h \in \mathcal{U}\}$.

(2.50) Ist S das elementare Integral auf dem Raum der Treppenfunktionen $\mathcal{T}[a,b]$, so bezeichnen wir den zugehörigen $\mathcal{L}^1$-Raum kurz mit $\mathcal{L}^1[a,b]$ und nennen ihn Raum der Lebesgue-integrierbaren Funktionen auf $[a,b]$. Das zugehörige Integral heißt Lebesgue-Integral auf $[a,b]$ und wird für $f \in \mathcal{L}^1[a,b]$ mit $\int_a^b f(x)dx$ bezeichnet. Letzteres ist konsistent mit der Notation in 1.17, denn $\mathcal{R}[a,b]$ ist in $\mathcal{L}^1[a,b]$ enthalten und das Lebesgue-Integral stimmt auf $\mathcal{R}[a,b]$ mit dem Riemann-Integral überein (analog zu 2.44(c)). Man erhält denselben $\mathcal{L}^1$-Raum $\mathcal{L}^1[a,b]$ (mit demselben Integral), wenn man vom Riemann-Integral auf dem Raum der stetigen Funktionen $C[a,b]$ ausgeht (vgl. 2.44). $\mathcal{L}^1[a,b]$ ist in $\mathcal{L}^1(\mathbb{R})$ enthalten, genauer gesagt: bezeichnen wir für $f \in \mathcal{L}^1[a,b]$ mit Af die Funktion auf $\mathbb{R}$, welche auf $[a,b]$ mit f übereinstimmt und sonst 0 ist, so bildet $A \colon f \mapsto Af$ den Raum $\mathcal{L}^1[a,b]$ isometrisch in $\mathcal{L}^1(\mathbb{R})$ ab, wobei die linearen Operationen erhalten werden. Das Integral von f in $\mathcal{L}^1[a,b]$ ist gleich dem Integral von Af in $\mathcal{L}^1(\mathbb{R})$. Für $g \in \mathcal{L}^1(\mathbb{R})$ gilt umgekehrt $g|_{[a,b]} \in \mathcal{L}^1[a,b]$ und $\int_a^b g|_{[a,b]}(x)dx = \int_{-\infty}^{\infty} \chi_{[a,b]}(x)g(x)dx$ (Übung). Wenn man aus Bequemlichkeit statt $g|_{[a,b]}$ wieder g schreibt (was man in diesem Zusammenhang meistens tut), bedeutet die letzte Gleichung, daß das Integral von g auf $[a,b]$ gleich dem (auf $\mathbb{R}$ genommenen) Integral von g über $[a,b]$ ist.

(2.51) Sei $g \colon [0,1] \to \mathbb{R}$ definiert durch $g(x) = x^2 \sin \dfrac{1}{x^2}$ für $x \in (0,1]$, $g(0) = 0$. Die Ableitung g' liegt nicht in $\mathcal{L}^1[0,1]$, natürlich aber in $\mathcal{A}[0,1] \subset \mathcal{L}^1([0,1], \mathcal{A}[0,1], I)$ (vgl. 1.22).

(2.52) Seien $\mathcal{P}[a,b]$ und I wie in 1.20. Da wir im Folgenden auch andere Intervalle als $[a,b]$ betrachten, sollten wir eigentlich $I_{a,b}$ statt I schreiben, können aber darauf verzichten, weil wir bei den jeweiligen Integralen das zugehörige Intervall durch Angabe der Grenzen kenntlich machen. Nach 1.20 bilden die Polynome auf $[a,b]$ einen approximativen Stoneschen Vektorverband bezüglich I. Also ist $\mathcal{L}^1([a,b], \mathcal{P}[a,b],I)$ ein Stonescher Verband, den wir kurz mit $\mathcal{L}^1\langle a,b\rangle$ bezeichnen. Man zeige:

(a) (i) Jede stückweise lineare stetige Funktion auf $[a,b]$ liegt in $\mathcal{L}^1\langle a,b\rangle$.

   (ii) $\mathcal{T}[a,b] \subset \mathcal{L}^1\langle a,b\rangle$

   (iii) $C[a,b] \subset \mathcal{L}^1\langle a,b\rangle$

(b) Ist $f \in \mathcal{L}^1\langle a,b\rangle$ und $a < c < b$, so gilt $f|_{[a,c]} \in \mathcal{L}^1\langle a,c\rangle$, $f|_{[c,b]} \in \mathcal{L}^1\langle c,b\rangle$ und

$$\int_a^b f\,dI = \int_a^c f|_{[a,c]}\,dI + \int_c^b f|_{[c,b]}\,dI.$$

(c) (i) Ist f stückweise linear auf [a,b] und hat die Knickstellen $x_1 < \ldots < x_n$, so gilt
$$\int fdI = \sum_{i=0}^{n} \frac{f(x_i) + f(x_{i+1})}{2} \cdot (x_{i+1} - x_i) \text{ wobei } x_0 = a, x_{n+1} = b \text{ sei.}$$

   (ii) Ist $[c,d] \subset [a,b]$, so gilt $\int_a^b \chi_{[c,d]}\, dI = d - c$.

   (iii) Für $f \in C[a,b]$ ist die Funktion $F(x) = \int_a^x fdI$ in [a,b] differenzierbar und hat
       die Ableitung $F' = f$.

(d) Es gilt $\mathcal{L}^1\langle a,b \rangle = \mathcal{L}^1[a,b]$, und für $f \in \mathcal{L}^1\langle a,b \rangle$ ist $\int_a^b fdI$ das Lebesgue-Integral
   $\int_a^b (x)dx$. (Hinweis: man benutze, daß I das Riemann-Integral auf $\mathcal{P}[a,b]$ ist und
   daß jede stetige Funktion auf [a,b] sich gleichmäßig durch Polynome
   approximieren läßt).

(2.53) Sei $\mathcal{R}_u[a,b]$ die Menge der reellwertigen Funktionen f auf [a,b], die über jedes
Intervall $[c,d] \subset (a,b)$ Riemann-integrierbar sind und für die $\lim\limits_{\substack{c \to a \\ d \to b}} \int_c^d f(x)dx$ existiert (die
also bei a und bei b uneigentlich Riemann-integrierbar sind). Man gebe einen
Funktionenraum $\mathcal{E}$ auf [a,b] und ein Daniell-Integral auf $\mathcal{E}$ an, so daß der zugehörige
$\mathcal{L}^1$-Raum sowohl $\mathcal{L}^1[a,b]$ als auch $\mathcal{R}_u[a,b]$ enthält und das Integral das Lebesgue-Integral
wie auch das uneigentliche Riemann-Integral fortsetzt.

(2.54) Nimmt man auf dem Intervall [a,b] den Funktionenraum $\mathcal{E}_d$ der „diagonalen
Ableitungen" f' von „diagonal differenzierbaren" Funktionen f mit dem Daniell-Integral
$If' = f(b) - f(a)$, so erhält man als $\mathcal{L}^1$ den Raum der Denjoy-integrierbaren Funktionen auf
[a,b] mit dem Denjoy-Integral. (Für Details siehe [Lk]). Geht man vom Funktionenraum
$\mathcal{E}_d^* = \mathcal{E}_d \cap ACG^*$ (siehe [S] für die Definition von ACG^*) mit demselben Funktional
$If' = f(b) - f(a)$ aus, so ergibt sich für $\mathcal{L}^1$ der Raum der Perron-integrierbaren Funktionen
auf [a,b] mit dem Perron-Integral. Dies ist in [Lk] nicht ausgeführt, folgt aber direkt aus
dem dort Gezeigten.

(2.55) In 2.49, 2.53 und 2.54 gibt es Funktionen in $\mathcal{L}^1$, die unendliche Norm haben. Die
$\mathcal{L}^1$-Funktionen mit endlicher Norm sind dort gerade die Lebesgue-integrierbaren
Funktionen.

(2.56) Sei I ein Daniell-Integral auf einem Funktionenraum $\mathcal{E}$ auf X. Wird $\mathcal{E}$ von seinem
positiven Teil erzeugt, gilt also $\mathcal{E} = \mathcal{E}^+ - \mathcal{E}^+ \overset{\text{def}}{=} \{g - h \mid g, h \in \mathcal{E}^+\}$, so hat jedes

$f \in \mathcal{L}^1(X,\mathcal{E},I)$ endliche Norm. Das gleiche gilt, wenn $\mathcal{E}$ bezüglich I ein approximativer Vektorverband ist (vgl. 2.38).

(2.57) Auf dem Vektorverband $\mathcal{K}(\mathbb{R})$ sei I die Auswertung in einem festen Punkt $p \in \mathbb{R}$, d.h. $If = f(p)$. Offenbar ist I ein Daniell-Integral auf $\mathcal{K}(\mathbb{R})$. Man zeige: Die Menge $\mathbb{R} \setminus \{p\}$ ist eine Nullmenge bezüglich I. Zwei erweiterte reelle Funktionen f,g auf $\mathbb{R}$ sind genau dann äquivalent, wenn $f(p) = g(p)$ gilt. $\mathcal{L}^1$ ist der Raum der f: $\mathbb{R} \to \overline{\mathbb{R}}$ mit $f(p) \in \mathbb{R}$. Das Integral auf $\mathcal{L}^1$ ist wieder die Auswertung in p.

(2.58) Sei k wie in 1.19 der Vektorverband der reellen Folgen $\{a_n\}$ mit $a_n \neq 0$ für höchstens endlich viele $n \in \mathbb{N}$. Wie schon erwähnt, ist das Funktional $\Sigma : \{a_n\} \mapsto \sum_1^\infty a_n$ ein Daniell-Integral auf k. Der zugehörige $\mathcal{L}^1$-Raum wird üblicherweise mit $\ell^1(\mathbb{N})$ oder kurz ℓ^1 bezeichnet. Er besteht aus allen absolut summierbaren Folgen. Das Integral von $\{g_n\} \in \ell^1$ ist $\sum_1^\infty g_n$.

(2.59) Sei $\mathcal{E}$ ein reeller Funktionenraum auf X und I ein Daniell-Integral auf $\mathcal{E}$. Sei $\mathcal{N}$ der Raum der Nullfunktionen auf X (mit Werten in $\overline{\mathbb{R}}$). Man zeige, daß $\mathcal{L}^1 = \mathcal{L}^1_{\mathcal{E}} + \mathcal{N}$ gilt.

(2.60) Sei I ein Daniell-Integral auf einem Vektorverband $\mathcal{E}$ auf X (es genügt ein Funktionenraum $\mathcal{E}$ und die Annahme $\int = \bar{I}$ auf $(\mathcal{L}^1)^+$ für das Daniell-Integral I) und sei $\mathcal{L}^1 = \mathcal{L}^1(X,\mathcal{E},I)$.

  (a) Die Einschränkung des Integrals $\int$ auf $\mathcal{L}^1_{\mathcal{E}}$ ist ein Daniell-Integral auf $\mathcal{L}^1_{\mathcal{E}}$.

  (b) Es gilt $\mathcal{L}^1(X,\mathcal{L}^1_{\mathcal{E}},\int) = \mathcal{L}^1(X,\mathcal{E},I)$ mit Gleichheit der Integrale, d.h. die Wiederholung der Fortsetzungsprozedur ausgehend von $\mathcal{L}^1_{\mathcal{E}}$ mit dem Daniell-Integral $Jf = \int f$ liefert nichts Neues, sondern das gleiche $\mathcal{L}^1$ und Integral wie zuvor.

Beweis. (a) Es ist zu zeigen, daß für $f \in \mathcal{L}^1_{\mathcal{E}}$, $f_n \in (\mathcal{L}^1_{\mathcal{E}})^+$ mit $\sum f_n \geq f$ stets $\sum \int f_n \geq \int f$ gilt. Falls $\sum \int f_n = \infty$, ist die Behauptung richtig. Ist $\sum \int f_n < \infty$, so gilt nach dem Satz von der monotonen Konvergenz $\sum f_n \in \mathcal{L}^1$ und $\sum \int f_n = \int \sum f_n \geq \int f$.

  (b) Nach 2.33 genügt es $J^* = I^*$ zu zeigen. Wegen $\mathcal{E} \subset \mathcal{L}^1_{\mathcal{E}}$ und $J_{|\mathcal{E}} = I$ ist die Ungleichung $J^* \leq I^*$ klar. Wir zeigen $I^* \leq J^*$. Ist f eine erweiterte reelle Funktion mit $J^* f < \infty$ und ist $\varepsilon > 0$, so gibt es $g \in (\mathcal{L}^1_{\mathcal{E}})^\uparrow$ mit $g \geq f$ und $Jg < J^* f + \varepsilon < \infty$. Nach dem Satz von der monotonen Konvergenz gilt $g \in \mathcal{L}^1$ und $\int g = Jg$. Es folgt $I^* f \leq I^* g = \int g = Jg \leq J^* f + \varepsilon$, also $I^* \leq J^*$. ∎

(2.61) Sei $\mathcal{E}$ ein Vektorverband auf X und I ein Daniell-Integral auf $\mathcal{E}$. Man zeige, daß für E,F $\subset$ X und f: X$\to \overline{\mathbb{R}}$ folgendes gilt: Ist f integrierbar über E und über F, so ist es auch integrierbar über E $\cap$ F und über E $\cup$ F.

(2.62) Seien $f_n \in \mathcal{E}$ und sei f eine erweiterte reelle Funktion mit $f_n \uparrow f$. Man zeige ohne Benutzung des Satzes von der monotonen Konvergenz: Ist $\lim If_n < \infty$, so gilt $\|f - f_n\| \to 0$, also insbesondere $f \in \mathcal{L}^1$ und $\int f = \lim If_n$.

(2.63) Zu $f \in \mathcal{L}^1$ gibt es nach Definition eine Folge $\{f_n\}$ in $\mathcal{E}$ mit $\|f - f_n\| \to 0$. Ist es möglich, die f_n so zu wählen, daß $|f_n| \leq |f|$ fast überall gilt?

Hinweis: man betrachte $\mathcal{L}^1(\mathbb{R})$ und die charakteristische Funktion einer Cantor-Menge positiven Maßes (definiert in 2.46).

(2.64) (a) Man zeige an einem Beispiel, daß für f, $f_n \in \mathcal{L}^1$ mit $\|f - f_n\| \to 0$ nicht $f_n \to f$ f.ü. zu gelten braucht. Normkonvergenz impliziert also nicht punktweise Konvergenz f.ü. In 2.24 kann also auf die Auswahl einer geeigneten Teilfolge nicht verzichtet werden.

(b) Man zeige an einem Beispiel, daß für f, $f_n \in \mathcal{L}^1$ mit $f_n \to f$ punktweise nicht $\|f - f_n\| \to 0$, sogar nicht einmal $\|f - f_{n_k}\| \to 0$ für irgendeine Teilfolge $\{f_{n_k}\}$ zu gelten braucht.

(2.65)   Man zeige, daß $\frac{\sin x}{x}$ über $(0,1)$ Lebesgue-integrierbar ist, und berechne $\int_0^1 \frac{\sin x}{x}\, dx$ als Reihe.

(2.66) Sei I ein Daniell-Integral auf dem Vektorverband $\mathcal{E}$ auf X und sei A $\subset$ X. Sei J ein offenes Intervall und $\{f_t\}_{t \in J}$ eine Familie von über A integrierbaren Funktionen. Man zeige:

Wenn für jedes $s \in J$ und $a \in A$ die Ableitung $\left(\dfrac{\partial f_t}{\partial t}\right)_s(a)$ existiert und $\left|\left(\dfrac{\partial f}{\partial t}\right)_s\right| \leq g$ auf A mit einer über A integrierbaren Funktion g gilt, so ist $\int_A f_t$ nach t differenzierbar und für $s \in J$ gilt

$$\left(\frac{d}{dt}\int_A f_t\right)_s = \int_A \left(\frac{\partial f_t}{\partial t}\right)_s$$

(Hinweis: $\left|\dfrac{f_s - f_t}{s - t}\right| \leq g$ (Mittelwertsatz), dann den Satz von Lebesgue benutzen).

(2.67) Sei f die charakteristische Funktion einer Cantor-Menge positiven Maßes. Nach 2.46 liegt f in $\mathcal{L}^1(\mathbb{R}) = \mathcal{L}^1(\mathbb{R},\mathcal{T},S)$. Man zeige, daß f zu keinem $g \in \mathcal{T}^{\uparrow}$ äquivalent ist. Hieraus ersieht man, daß bei der monotonen Darstellung für $\mathcal{L}^1$-Funktionen in 2.35 die Differenzbildung $u - v$ nicht überflüssig ist. Selbst für $f \in (\mathcal{L}^1)^+$ braucht es kein $u \in \mathcal{E}^{\uparrow}$ mit $u \sim f$ zu geben.

(2.68) (a) Für $f \in \mathcal{L}^1(X,\mathcal{E},I)$ ist eine Darstellung $f = u - v$ mit $u,v \in \mathcal{E}^{\uparrow}$ nicht immer möglich (obwohl $f \sim u - v$ nach 2.35 stets erreicht werden kann). Zum Beispiel sei $X = \mathbb{R}$, $\mathcal{E} = \mathcal{K}(\mathbb{R})$ und I das Riemann-Integral, also $\mathcal{L}^1(X,\mathcal{E},I) = \mathcal{L}^1(\mathbb{R})$ der Raum der Lebesgue-integrierbaren Funktionen und sei $f = \chi_A$, wo A eine nicht Borelsche Lebesgue-Nullmenge ist (vgl. 3.3 und 4.20). Für alle $u,v \in \mathcal{K}(\mathbb{R})^{\uparrow}$ gilt $f \neq u - v$, weil $u - v$ Borelsch ist (vgl. 6.30), χ_A aber nicht.

(b) Das folgende Beispiel zeigt, daß auch „einfache" Funktionen sich nicht notwendig als Differenz $u - v$ mit $u,v \in \mathcal{E}^{\uparrow}$ darstellen lassen. Sei wie soeben $X = \mathbb{R}$, $\mathcal{E} = \mathcal{K}(\mathbb{R})$ und I das Riemann-Integral. Sei $f = \chi_{\mathbb{Q}}$ die charakteristische Funktion der rationalen Zahlen. Es gilt $f \in \mathcal{L}^1(X,\mathcal{E},I) = \mathcal{L}^1(\mathbb{R})$, aber $f \neq u - v$ für alle $u,v \in \mathcal{K}(\mathbb{R})^{\uparrow}$, wie wir nun zeigen: Seien $u_n,v_n \in \mathcal{K}(\mathbb{R})$ mit $u_n \uparrow u$, $v_n \uparrow v$. Gilt $\chi_{\mathbb{Q}} = u - v$, so kann weder u noch v unendliche Werte annehmen, es folgt also $\chi_{\mathbb{Q}} = \lim(u_n - v_n)$. Da der Grenzwert nur die Werte 0 und 1 annimmt, ist $\mathbb{R} \setminus \mathbb{Q}$ die Menge der Punkte x, in denen $u_n(x) - v_n(x) \leq 1/2$ ab einem gewissen Index n(x) gilt, d.h. $\mathbb{R} \setminus \mathbb{Q} = \bigcup_{n=1}^{\infty} \left(\bigcap_{k=n}^{\infty} \{u_k - v_k \leq \tfrac{1}{2}\} \right) = \bigcup_{1}^{\infty} A_n$, wobei die A_n offenbar abgeschlossen sind und leeres Inneres haben, denn sie enthalten keine rationalen Punkte. Indem wir noch die einpunktigen Teilmengen von $\mathbb{Q}$ hinzufügen, erhalten wir $\mathbb{R}$ als Vereinigung von abzählbar vielen abgeschlossenen Mengen mit leerem Innerem, was nach dem Kategoriensatz von Baire A 20 nicht möglich ist.

(2.69) Sei B ein Banach-Raum und sei $\mathcal{L}_B^1$ wie in 2.39(a). Man zeige, daß jede stetige Funktion $f: \mathbb{R} \to B$ mit kompaktem Träger in $\mathcal{L}_B^1$ liegt.

Teil II: Maßtheorie

3   Mengensysteme, meßbare Abbildungen und Maße

Mengensysteme: Ring, Algebra, σ-Ring, σ-Algebra, erzeugter Ring, erzeugte Algebra, ... usw. Bezüglich zweier σ-Algebren meßbare Abbildungen, von einer Menge von Abbildungen erzeugte σ-Algebra. Inhalt, Maß, Bild eines Maßes unter einer meßbaren Abbildung. Ergänzend: Beschreibung und Kardinalzahl einer erzeugten σ-Algebra. Halbringe und Maße darauf, verschiedene Stetigkeitseigenschaften von Maßen. Dynkin-Systeme, ein Eindeutigkeitssatz für Maße.

Sei X eine Menge, P(X) ihre Potenzmenge, also die Menge aller Teilmengen von X. Unter einem **Mengensystem** auf X verstehen wir eine Menge von Teilmengen von X, also eine Teilmenge von P(X).

(3.1) Definition. Ein nichtleeres Mengensystem $\mathfrak{S} \subset P(X)$ heißt ein **Ring** (auf X), wenn gilt:

  (i) $A, B \in \mathfrak{S} \Rightarrow A \cup B \in \mathfrak{S}$.

  (ii) $A, B \in \mathfrak{S} \Rightarrow A \setminus B \in \mathfrak{S}$.

Gilt außerdem

  (iii) $X \in \mathfrak{S}$,

so heißt $\mathfrak{S}$ eine **Algebra** (auf X). Ein Ring bzw. eine Algebra $\mathfrak{S}$ heißt ein σ**-Ring** bzw. eine σ**-Algebra** wenn gilt:

  (iv) $A_i \in \mathfrak{S} \quad \forall\, i \in \mathbb{N} \Rightarrow \bigcup_{i=1}^{\infty} A_i \in \mathfrak{S}$.

Ist $\mathfrak{S}$ eine σ-Algebra auf X, so heißt das Paar $(X, \mathfrak{S})$ ein **meßbarer Raum**. Ist $\Gamma \subset P(X)$ ein beliebiges Mengensystem, so heißt der kleinste Ring auf X, der Γ enthält, **der von** Γ **erzeugte Ring**. Analog definiert man den von Γ erzeugten σ-Ring, die von Γ erzeugte Algebra, die von Γ erzeugte σ-Algebra. Wir bezeichnen den von Γ erzeugten Ring mit $\mathfrak{R}(\Gamma)$, die von Γ erzeugte σ-Algebra mit $\mathfrak{A}(\Gamma)$.

(3.2) Bemerkung. (a) Ist $\mathfrak{R}$ ein Ring, so gilt $\emptyset \in \mathfrak{R}$.

Beweis. Ist $A \in \mathfrak{R}$, so ist $A \setminus A = \emptyset \in \mathfrak{R}$.

  (b) Ist $\mathfrak{R}$ ein Ring, so gilt: $A, B \in \mathfrak{R} \Rightarrow A \cap B \in \mathfrak{R}$.

Beweis. $A \cap B = A \setminus (A \setminus B) \in \mathfrak{R}$.

(c) Ist $\mathfrak{R}$ ein σ-Ring, so gilt: $A_i \in \mathfrak{R}$ $\forall$ $i \in \mathbb{N}$ $\Rightarrow$ $\bigcap_{i=1}^{\infty} A_i \in \mathfrak{R}$.

Beweis. $\bigcap_{i=1}^{\infty} A_i = A_1 \setminus [\bigcup_1^{\infty} (A_1 \setminus A_i)] \in \mathfrak{R}$.

(d) Ist $\Gamma \subset P(X)$ ein beliebiges Mengensystem, so existieren die von Γ erzeugten Strukturen (Ring, σ-Ring, Algebra, σ-Algebra) tatsächlich. Wir beweisen dies für die Ringstruktur (analoger Beweis in den anderen Fällen). $P(X)$ ist ein Ring, der Γ enthält. Der Durchschnitt aller Ringe $\mathfrak{R} \subset P(X)$, die Γ enthalten, ist wieder ein Ring, der Γ enthält, und zwar offenbar der kleinste. Also ist dies der von Γ erzeugte Ring.

(3.3) Beispiele. (a) Das System der endlichen Teilmengen von X ist ein Ring.

(b) Das Mengensystem $\{A \subset X \mid A$ oder $X \setminus A$ ist endlich$\}$ ist eine Algebra.

(c) Das System der (höchstens) abzählbaren Teilmengen von X ist ein σ-Ring.

(d) Das System $\{A \subset X \mid A$ oder $X \setminus A$ ist abzählbar$\}$ ist eine σ-Algebra.

(e) Die Systeme $\{\emptyset, X\}$ und $P(X)$ sind σ-Algebren.

(f) Auf $X = \mathbb{R}$ wird häufig die σ-Algebra der **Borel-Mengen** oder **Borelschen Mengen von** $\mathbb{R}$ betrachtet. Sie ist definiert als die von den offenen Mengen auf $\mathbb{R}$ erzeugte σ-Algebra und wird mit $\mathfrak{B}(\mathbb{R})$ oder kurz $\mathfrak{B}$ bezeichnet. Analog definiert man die σ-Algebra der Borel-Mengen auf einem beliebigen topologischen Raum.

(3.4) Bemerkung. Jede Abbildung f: $X \to Y$ kann für den „Transport" von Ringen, Algebren etc. in der Abbildungsrichtung oder der Gegenrichtung benutzt werden.

(a) Sei $\mathfrak{R}$ ein Ring (bzw. eine Algebra, ein σ-Ring, eine σ-Algebra) auf Y. Dann ist $f^{-1}(\mathfrak{R}) \overset{\text{def}}{=} \{f^{-1}(A) \mid A \in \mathfrak{R}\}$ ein Ring (bzw. eine Algebra, ein σ-Ring, eine σ-Algebra) auf X, weil f^{-1} sich mit allen Mengenoperationen vertauschen läßt und $f^{-1}(Y) = X$ gilt. Wir nennen $f^{-1}(\mathfrak{R})$ das **Urbild von** $\mathfrak{R}$ unter f .

(b) Sei $\mathfrak{R}$ ein Ring (bzw. eine Algebra, ein σ-Ring, eine σ-Algebra) auf X. Dann ist wegen der erwähnten Eigenschaften von f^{-1} das System $\{A \subset Y \mid f^{-1}(A) \in \mathfrak{R}\}$ ein Ring (bzw. eine Algebra, ein σ-Ring, eine σ-Algebra) auf Y.

(3.5) Definition. Seien $(X, \mathfrak{A}_1)$ und $(Y, \mathfrak{A}_2)$ meßbare Räume. Eine Abbildung f: $X \to Y$ heißt $\mathfrak{A}_1$-$\mathfrak{A}_2$-**meßbar**, wenn $f^{-1}(\mathfrak{A}_2) \subset \mathfrak{A}_1$ gilt.

Folgendes Meßbarkeitskriterium wird häufig benutzt:

(3.6) Proposition. Seien $(X, \mathfrak{A}_1)$, $(Y, \mathfrak{A}_2)$ meßbare Räume und sei $\mathfrak{E} \subset \mathfrak{A}_2$ mit $\mathfrak{A}(\mathfrak{E}) = \mathfrak{A}_2$. Eine Abbildung $f\colon X \to Y$ ist genau dann $\mathfrak{A}_1$-$\mathfrak{A}_2$-meßbar, wenn gilt:

$$(1) \qquad f^{-1}(\mathfrak{E}) \subset \mathfrak{A}_1, \text{ d.h. } f^{-1}(E) \in \mathfrak{A}_1 \text{ für alle } E \in \mathfrak{E}.$$

Beweis. (i) Ist f $\mathfrak{A}_1$-$\mathfrak{A}_2$-meßbar, so gilt insbesondere (1).

(ii) Gelte (1). Da $\{A \subset Y) \mid f^{-1}(A) \in \mathfrak{A}_1\}$ nach 3.4(b) eine σ-Algebra ist und außerdem $\mathfrak{E}$ enthält, enthält sie auch $\mathfrak{A}(\mathfrak{E}) = \mathfrak{A}_2$, d.h. es gilt $f^{-1}(A) \in \mathfrak{A}_1 \ \forall A \in \mathfrak{A}_2$. ∎

(3.7) Beispiel. Sei $\mathfrak{B}$ die σ-Algebra der Borel-Mengen auf $\mathbb{R}$. Jede stetige Funktion $f\colon \mathbb{R} \to \mathbb{R}$ ist $\mathfrak{B}$-$\mathfrak{B}$-meßbar.

Beweis. Das Urbild $f^{-1}(U)$ jeder offenen Menge $U \subset \mathbb{R}$ ist offen, also Borelsch. Nach 3.6 folgt $f^{-1}(\mathfrak{B}) \subset \mathfrak{B}$.

(3.8) Proposition. Sind $(X, \mathfrak{A}_1)$, $(Y, \mathfrak{A}_2)$, $(Z, \mathfrak{A}_3)$ meßbare Räume und ist $f\colon X \to Y$ $\mathfrak{A}_1$-$\mathfrak{A}_2$-meßbar sowie $g\colon Y \to Z$ $\mathfrak{A}_2$-$\mathfrak{A}_3$-meßbar, so ist $g \circ f$ $\mathfrak{A}_1$-$\mathfrak{A}_3$-meßbar.

Beweis. Es gilt $(g \circ f)^{-1}(\mathfrak{A}_3) = f^{-1}(g^{-1}(\mathfrak{A}_3)) \subset f^{-1}(\mathfrak{A}_2) \subset \mathfrak{A}_1$. ∎

(3.9) Bemerkung. Sei $f\colon X \to Y$ eine Abbildung.

(a) Ist $\mathfrak{A}_2$ eine σ-Algebra auf Y, so gibt es eine kleinste σ-Algebra $\mathfrak{A}_1$ auf X, so daß f $\mathfrak{A}_1$-$\mathfrak{A}_2$-meßbar ist, nämlich $\mathfrak{A}_1 = f^{-1}(\mathfrak{A}_2)$.

(b) Ist $\mathfrak{A}_1$ eine σ-Algebra auf X, so gibt es eine größte σ-Algebra $\mathfrak{A}_2$ auf Y, so daß f $\mathfrak{A}_1$-$\mathfrak{A}_2$-meßbar ist, nämlich $\mathfrak{A}_2 = \{A \subset Y \mid f^{-1}(A) \in \mathfrak{A}_1\}$.

(c) Die folgende Variante von (a) wird in der Maß- und vor allem der Wahrscheinlichkeitstheorie des öfteren benutzt:

Sei X eine Menge und J eine Indexmenge. Für $j \in J$ sei $(Y_j, \mathfrak{A}_j)$ ein meßbarer Raum und $f_j\colon X \to Y_j$ eine Abbildung. Es gibt eine kleinste σ-Algebra $\mathfrak{A}$ auf X, welche alle Abbildungen f_j $\mathfrak{A}$-$\mathfrak{A}_j$-meßbar macht, nämlich die von $\bigcup_{j \in J} f_j^{-1}(\mathfrak{A}_j)$ erzeugte σ-Algebra. Sie wird auch **die von den Abbildungen f_j, $j \in J$, erzeugte σ-Algebra** genannt.

Der Leser wird die Analogie zu den induzierten Topologien bemerkt haben.

(3.10) Definition. Eine Abbildung von einem Mengensystem $\mathfrak{S}$ nach $\overline{\mathbb{R}}$ heißt eine **Mengenfunktion** auf $\mathfrak{S}$. Eine Mengenfunktion μ auf $\mathfrak{S}$ heißt **positiv**, wenn sie nur Werte ≥ 0 annimmt, **endlich**, wenn sie nur endliche Werte annimmt, **σ-endlich**, wenn es $A_i \in \mathfrak{S}$ mit $|\mu(A_i)| < \infty$ und $\bigcup_1^\infty A_i = X$ gibt, **additiv**, wenn für $A, B \in \mathfrak{S}$ mit $A \cap B = \emptyset$, $A \cup B \in \mathfrak{S}$ stets $\mu(A \cup B) = \mu(A) + \mu(B)$ gilt, **σ-additiv**, wenn für paarweise disjunkte $A_i \in \mathfrak{S}$ mit $\bigcup_1^\infty A_i \in \mathfrak{S}$ stets $\mu(\bigcup_1^\infty A_i) = \sum_1^\infty \mu(A_i)$ gilt. Eine additive bzw. σ-additive positive Mengenfunktion μ auf einem Ring $\mathfrak{R}$ mit $\mu(\emptyset) = 0$ heißt ein **Inhalt** bzw. **Maß** auf $\mathfrak{R}$. Ein Tripel $(X, \mathfrak{A}, \mu)$ heißt ein **Maßraum**, wenn $\mathfrak{A}$ eine σ-Algebra auf X und μ ein Maß auf $\mathfrak{A}$ ist. Ein Maßraum $(X, \mathfrak{A}, \mu)$ heißt endlich oder σ-endlich, wenn μ endlich oder σ-endlich ist. In der Wahrscheinlichkeitstheorie sind Maße mit Gesamtmasse $\mu(X) = 1$ von besonderer Bedeutung. Daher werden solche Maße bzw. entsprechende Maßräume **Wahrscheinlichkeitsmaße** bzw. **Wahrscheinlichkeitsräume** genannt.

(3.11) Bemerkung. (a) Aus der σ-Additivität folgt die Additivität von μ. Jedes Maß ist also ein Inhalt.

Beweis. Man setze $A_k = \emptyset$ für $k > 2$ und verwende die σ-Addititvität sowie $\mu(\emptyset) = 0$.

(b) Ist μ ein Inhalt auf einem Ring $\mathfrak{R}$ und sind $A_1, \ldots, A_n \in \mathfrak{R}$ paarweise disjunkt, so gilt $\mu(\bigcup_1^n A_i) = \sum_1^n \mu(A_i)$. Dies folgt mit Induktion aus der Additivität von μ.

(c) Jeder Inhalt μ ist isoton: Sind $A, B \in \mathfrak{R}$ und $A \subset B$, so gilt $\mu(A) \leq \mu(B)$.

Beweis. $\mu(A) \leq \mu(A) + \mu(B \setminus A) = \mu(B)$.

(d) Jeder Inhalt ist (eingeschränkt) **subtraktiv**: Für $A, B \in \mathfrak{R}$ mit $A \subset B$ und $\mu(A) < \infty$ gilt $\mu(B \setminus A) = \mu(B) - \mu(A)$.

Beweis. Da $\mu(A) < \infty$, ist die Behauptung gleichbedeutend mit $\mu(A) + \mu(B \setminus A) = \mu(B)$, was wegen der Additivität von μ zutrifft.

(e) Jedes Maß μ ist **stetig von unten**: Gilt $B, B_i \in \mathfrak{R}$ und $B_i \uparrow B$ (d.h. $B_i \subset B_{i+1}$, $\bigcup_1^\infty B_i = B$), so folgt $\mu(B_i) \uparrow \mu(B)$.

Beweis. Sei $A_1 = B_1$, $A_i = B_i \setminus B_{i-1}$ für $i > 1$. Die A_i sind disjunkt und aus $\mathfrak{R}$, und $\bigcup_1^\infty A_i = B \in \mathfrak{R}$, also $\sum_1^\infty \mu(A_i) = \mu(B)$. Wegen $\sum_1^k \mu(A_i) = \mu(\bigcup_1^k A_i) = \mu(B_k)$, folgt $\lim \mu(B_k) = \mu(B)$.

(f) Zu (e) gilt folgende Umkehrung: Jeder von unten stetige Inhalt ist ein Maß.

Beweis. Sind $A_k \in \mathbb{R}$ paarweise disjunkt mit $B = \bigcup_1^\infty A_k \in \mathbb{R}$, so setzen wir $B_i = \bigcup_1^i A_k$. Wegen $B_i \uparrow B$ gilt $\lim \mu(B_i) = \mu(B)$, also $\sum_1^\infty \mu(A_k) = \lim \sum_1^i \mu(A_k) = \lim \mu(B_i) = \mu(B) = \mu(\bigcup_1^\infty A_k)$.

(g) Für jedes Maß μ gilt: Sind $A, A_i \in \mathbb{R}$ und $A \subset \bigcup_1^\infty A_i$, so folgt $\mu(A) \leq \sum_1^\infty \mu(A_i)$. Insbesondere ist μ **abzählbar subadditiv**, d.h. für $A_i \in \mathbb{R}$ mit $\bigcup_1^\infty A_i \in \mathbb{R}$, gilt $\mu(\bigcup_1^\infty A_i) \leq \sum_1^\infty \mu(A_i)$ (Übung 3.40). Man beachte, daß - anders als bei der σ-Additivität - die A_i hier nicht disjunkt zu sein brauchen.

(3.12) Beispiel. Sei X eine unendliche Menge und $\mathfrak{A}$ die σ-Algebra P(X). Setzen wir für $A \in \mathfrak{A}$

$$\mu(A) = \begin{cases} 0, & \text{wenn } A \text{ endlich} \\ \infty, & \text{wenn } A \text{ unendlich,} \end{cases}$$

so ist μ ein Inhalt, aber kein Maß, auf $\mathfrak{A}$.

(3.13) Beispiel. Ist X überabzählbar und $\mathfrak{A}$ die σ-Algebra $\{A \subset X \mid A \text{ oder } X \setminus A \text{ ist abzählbar}\}$, so wird durch

$$\mu(A) = \begin{cases} 0, & \text{wenn } A \text{ abzählbar} \\ 1, & \text{wenn } X \setminus A \text{ abzählbar} \end{cases}$$

ein Maß auf $\mathfrak{A}$ definiert.

(3.14) Beispiel. Sei $\mathbb{R} \subset P(X)$ ein Ring und $f: X \to [0,\infty]$ eine nichtnegative erweiterte reelle Funktion. Durch $\mu(A) = \sum_{x \in A} f(x)$ wird ein Maß auf $\mathbb{R}$ definiert. Im Falle $f \equiv 1$ heißt μ das **Zählmaß** auf $\mathbb{R}$, da dann $\mu(A)$ die Anzahl der Elemente von A angibt. Im Falle $f = \chi_{\{p\}}$, wo $p \in X$, heißt μ das durch die Einheitsmasse in p definierte Punktmaß oder das **Dirac-Maß** im Punkt p und wird mit δ_p bezeichnet. Definitionsgemäß gilt

$$\delta_p(A) = \begin{cases} 1, & \text{wenn } p \in A \\ 0 & \text{sonst} . \end{cases}$$

(3.15) Proposition. (a) Seien $(X, \mathfrak{A}_1)$ und $(Y, \mathfrak{A}_2)$ meßbare Räume und sei f: $X \to Y$ $\mathfrak{A}_1 - \mathfrak{A}_2$-meßbar, d.h. gelte $f^{-1}(A) \in \mathfrak{A}_1$ für jedes $A \in \mathfrak{A}_2$. Ist μ ein Maß auf $\mathfrak{A}_1$, so wird durch

$$f(\mu)(A) = \mu(f^{-1}(A))$$

ein Maß $f(\mu)$ auf $\mathfrak{A}_2$ definiert.

(b) Ist außerdem $(Z, \mathfrak{A}_3)$ ein meßbarer Raum und g: $Y \to Z$ $\mathfrak{A}_2 - \mathfrak{A}_3$-meßbar, so gilt $(g \circ f)(\mu) = g(f(\mu))$.

Beweis. (a) Es gilt $f(\mu)(\emptyset) = \mu(\emptyset) = 0$. Sind $A_1, A_2, \ldots \in \mathfrak{A}_2$ paarweise disjunkt, so auch $f^{-1}(A_1), f^{-1}(A_2), \ldots (\in \mathfrak{A}_1)$. Deshalb gilt $f(\mu)(\bigcup_1^\infty A_i) = \mu(f^{-1}(\bigcup_1^\infty A_i)) = \mu(\bigcup_1^\infty f^{-1}(A_i))$ $= \sum_1^\infty \mu(f^{-1}(A_i)) = \sum_1^\infty f(\mu)(A_i)$.

(b) Für $A \in \mathfrak{A}_3$ gilt $(g \circ f)(\mu)(A) = \mu(f^{-1}(g^{-1}(A))) = f(\mu)(g^{-1}(A)) = g(f(\mu))(A)$. ∎

(3.16) Definition. Das in 3.15(a) definierte Maß $f(\mu)$ heißt das **Bildmaß von** μ (oder: **Bild von** μ) unter f.

(3.17) Beispiele (a). Ist in 3.15(a) $\mu = \delta_p$ mit $p \in X$, so gilt $f(\mu) = \delta_{f(p)}$. Das Bild eines Dirac-Maßes ist also das Dirac-Maß im Bildpunkt.

(b) Durch $f(x) = x^2$ wird eine $P(\mathbb{R})$-$P(\mathbb{R}^+)$-meßbare Abbildung f: $\mathbb{R} \to \mathbb{R}^+$ definiert. Das Bild des Zählmaßes auf $P(\mathbb{R})$ unter f ist das Doppelte des Zählmaßes minus δ_0 auf $P(\mathbb{R}^+)$.

(c) Schränken wir f in (b) auf $\mathbb{R}^+$ ein, so erhalten wir eine $P(\mathbb{R}^+)$-$P(\mathbb{R}^+)$-meßbare Abbildung von $\mathbb{R}^+$ auf sich, unter welcher das Zählmaß auf $P(\mathbb{R}^+)$ fest ist, d.h. sein eigenes Bild ist.

Wir werden auf Bildmaße in 6d, 7.17 ff und 13b zurückkommen und sie des öfteren als Hilfsmittel verwenden. Das Bild des Lebesgue-Maßes auf $\mathbb{R}^n$ unter einer affin linearen Abbildung wird in 11.22 bestimmt.

Übungen, Beispiele, Ergänzungen

(3.18) Sei Γ das Mengensystem $\{[2,4], (1,3], (3,\pi), [2,7)\} \subset P(\mathbb{R})$. Man beschreibe den von Γ erzeugten Ring. Wieviele Elemente hat er?

(3.19) Sei $\mathfrak{S} \subset P(X)$ ein nichtleeres Mengensystem. Man zeige, daß $\mathfrak{S}$ genau dann ein Ring (im Sinne von 3.1) ist, wenn $\mathfrak{S}$ mit Durchschnitt $\cap$ als Multiplikation und der symmetrischen Differenz Δ als Addition ein (notwendig kommutativer) Ring im algebraischen Sinne ist. Gilt $X \in \mathfrak{S}$, (d.h. ist $\mathfrak{S}$ eine Algebra im Sinne von 3.1) so hat der Ring $(\mathfrak{S}, \Delta, \cap)$ offenbar eine Eins.

(3.20) Ein Ring (bzw. σ-Ring) $\mathfrak{R} \subset P(X)$ ist genau dann eine Algebra (bzw. σ-Algebra) auf X, wenn $\mathfrak{R}$ unter Komplementbildung abgeschlossen ist, d.h. für $A \in \mathfrak{R}$ auch $X \setminus A \in \mathfrak{R}$ gilt.

(3.21) Man zeige, daß die von einem Ring (bzw. σ-Ring) $\mathfrak{R}$ auf X erzeugte Algebra (bzw. σ-Algebra) das Mengensystem $\{A \subset X \mid A \in \mathfrak{R} \text{ oder } X \setminus A \in \mathfrak{R}\}$ ist.

(3.22) Man zeige: Ein Mengensystem $\mathfrak{A}$ auf X ist genau dann eine σ-Algebra auf X, wenn $X \in \mathfrak{A}$ gilt und $\mathfrak{A}$ unter Komplementbildung und abzählbarer Vereinigung abgeschlossen ist, d.h. für $A, A_1, A_2, \ldots \in \mathfrak{A}$ stets $X \setminus A \in \mathfrak{A}$ und $\bigcup_1^\infty A_i \in \mathfrak{A}$ gilt.

(3.23) Sei $A \subset X$. Man beschreibe die von $\{A\}$ erzeugte σ-Algebra auf X.

(3.24) Sei $\mathfrak{B}$ die σ-Algebra der Borelschen Mengen von $\mathbb{R}$ d.h. die von den offenen Teilmengen von $\mathbb{R}$ erzeugte σ-Algebra. Man zeige:

    (i) $\mathfrak{B}$ wird (als σ-Algebra) von den offenen (oder: den halboffenen, den abgeschlossenen) Intervallen erzeugt.

    (ii) $\mathfrak{B}$ wird von den Halbstrahlen (α,∞) erzeugt.

    (iii) $\mathfrak{B}$ stimmt überein mit der σ-Algebra $\mathfrak{B}_0$ der **Baire-Mengen** oder **Baireschen Mengen** von $\mathbb{R}$, das ist die von den Mengen $\{f > c\}$, wo $f \in \mathcal{K}(\mathbb{R})^+$, $c > 0$, erzeugte σ-Algebra.

Nachbemerkung. In (iii) oben kann man statt „$f \in \mathcal{K}(\mathbb{R})^+$, $c > 0$" auch „$f \in \mathcal{K}(\mathbb{R})$, $c \in \mathbb{R}$" schreiben, denn für einen Vektorverband $\mathcal{E}$ auf X gilt allgemein: Die Mengensysteme $\{\{f > c\} \mid f \in \mathcal{E}^+, c > 0\}$ und $\{\{f > c\} \mid f \in \mathcal{E}, c \in \mathbb{R}\}$ erzeugen die gleiche σ-Algebra auf X (Übung). Wegen $\{f > c\} = f^{-1}((c,\infty))$, (ii) oben und 3.6 ist es die kleinste σ-Algebra $\mathfrak{A}$ auf X, welche alle $f \in \mathcal{E}$ $\mathfrak{A}$-$\mathfrak{B}$-meßbar macht, also gemäß 3.9(c) die von den Funktionen $f \in \mathcal{E}$ erzeugte σ-Algebra.

(3.25) Eine Menge $A \subset \overline{\mathbb{R}}$ heißt **Borelsch** oder **Borel-Menge** von $\overline{\mathbb{R}}$, wenn $A \cap \mathbb{R}$ Borelsch in $\mathbb{R}$ ist, d.h. wenn A die Form B, $B \cup \{\infty\}$, $B \cup \{-\infty\}$ oder $B \cup \{-\infty,\infty\}$ mit $B \in \mathfrak{B}$ hat. Die Mengen dieser Form bilden eine σ-Algebra auf $\overline{\mathbb{R}}$, welche mit $\overline{\mathfrak{B}}$ bezeichnet wird. Wenn man $\overline{\mathbb{R}}$ mit der üblichen Topologie versieht, ist die σ-Algebra $\overline{\mathfrak{B}}$ gerade die von den offenen Mengen auf $\overline{\mathbb{R}}$ erzeugte σ-Algebra. Wir zeigen:

(i) Die σ-Algebra $\overline{\mathfrak{B}}$ der Borel-Mengen von $\overline{\mathbb{R}}$ wird von den Halbstrahlen $(a,\infty]$, $a \in \mathbb{R}$, erzeugt.

Beweis. Sei $\mathfrak{A}$ die von $\{(a,\infty] \mid a \in \mathbb{R}\}$ erzeugte σ-Algebra auf $\overline{\mathbb{R}}$. Wegen $(a,\infty] \cap \mathbb{R} = (a,\infty) \in \mathfrak{B}$ gilt $(a,\infty] \in \overline{\mathfrak{B}}$ für $a \in \mathbb{R}$ und folglich $\mathfrak{A} \subset \overline{\mathfrak{B}}$. Das System $\{A \cap \mathbb{R} \mid A \in \mathfrak{A}\}$ ist eine σ-Algebra auf $\mathbb{R}$, welche offenbar die Halbstrahlen (a,∞) und somit nach 3.24 (ii) auch $\mathfrak{B}$ enthält. Da außerdem $\{\infty\} = \bigcap_1^\infty (n,\infty] \in \mathfrak{A}$ und $\{-\infty\} = \overline{\mathbb{R}} \setminus \bigcup_1^\infty (-n,\infty] \in \mathfrak{A}$ gilt, folgt $\overline{\mathfrak{B}} \subset \mathfrak{A}$ und somit $\overline{\mathfrak{B}} = \mathfrak{A}$. ∎

(3.26) (a) Sei $\mathfrak{F} \subset P(X)$. Das System $\mathfrak{A} = \{A \subset X \mid A$ oder $X \setminus A$ kann mit einer Folge aus $\mathfrak{F}$ überdeckt werden$\}$ ist eine σ-Algebra auf X.

(b) Wegen $\mathfrak{F} \subset \mathfrak{A}$ gilt $\mathfrak{A}(\mathfrak{F}) \subset \mathfrak{A}$, d.h. für jedes $A \in \mathfrak{A}(\mathfrak{F})$ läßt sich A oder $X \setminus A$ mit abzählbar vielen $F_i \in \mathfrak{F}$ überdecken.

(3.27) Sei $\mathfrak{E} \subset P(X)$ und $A \in \mathfrak{A}(\mathfrak{E})$. Dann gibt es ein abzählbares Teilsystem $\mathfrak{F} \subset \mathfrak{E}$ mit $A \in \mathfrak{A}(\mathfrak{F})$. Denn: Das System $\{B \subset X \mid$ es gibt ein abzählbares System $\mathfrak{F} \subset \mathfrak{E}$ mit $B \in \mathfrak{A}(\mathfrak{F})\}$ ist eine σ-Algebra, die jedes $E \in \mathfrak{E}$, also auch $\mathfrak{A}(\mathfrak{E})$ enthält.

(3.28) (a) **Beschreibung der von einem Mengensystem $\mathfrak{E}$ erzeugten σ-Algebra $\mathfrak{A}(\mathfrak{E})$.** Sei $\mathfrak{E}$ ein Mengensystem auf X und sei ω_1 die kleinste überabzählbare Ordinalzahl. Mit transfiniter Induktion definieren wir für jede Ordinalzahl $\beta < \omega_1$ ein System $\mathfrak{A}_\beta$: Sei $\mathfrak{A}_0 = \mathfrak{E} \cup \{\emptyset\}$. Ist $0 < \beta < \omega_1$ und sind die $\mathfrak{A}_\alpha$ für $\alpha < \beta$ schon definiert, so bestehe $\mathfrak{A}_\beta$ aus den Komplementen $X \setminus A$ von Elementen $A \in \bigcup_{\alpha < \beta} \mathfrak{A}_\alpha$ sowie aus den Vereinigungen von Folgen $\{A_i\}$ in $\bigcup_{\alpha < \beta} \mathfrak{A}_\alpha$. Setzen wir $\mathfrak{A} \overset{\text{def}}{=} \bigcup_{0 \le \beta < \omega_1} \mathfrak{A}_\beta$, so ist $\mathfrak{A}$ unter Komplementbildung abgeschlossen, denn aus $A = \mathfrak{A}_\beta$, $\beta < \omega_1$ folgt $X \setminus A \in \mathfrak{A}_{\beta+1}$ und $\beta + 1 < \omega_1$. Ebenso ist $\mathfrak{A}$ unter abzählbarer Vereinigung abgeschlossen, denn aus $A_i \in \mathfrak{A}_{\beta_i}$, $\beta_i < \omega_1$ $\forall i \in \mathbb{N}$ folgt die Existenz eines $\beta < \omega_1$ mit $\beta_i < \beta$ $\forall i \in \mathbb{N}$ und somit $\bigcup A_i \in \mathfrak{A}_\beta \subset \mathfrak{A}$ nach Definition. Da wegen $\emptyset \in \mathfrak{A}_0$ auch $X \in \mathfrak{A}$ gilt, ist $\mathfrak{A}$ eine σ-Algebra. Offenbar gilt $\mathfrak{E} \subset \mathfrak{A}$, also auch $\mathfrak{A}(\mathfrak{E}) \subset \mathfrak{A}$. Umgekehrt ergibt sich aus obiger Konstruktion mit transfiniter Induktion, daß $\mathfrak{A}_\beta \subset \mathfrak{A}(\mathfrak{E})$ $\forall \beta < \omega_1$ gilt, also auch $\mathfrak{A} = \bigcup_{\beta < \omega_1} \mathfrak{A}_\beta \subset \mathfrak{A}(\mathfrak{E})$. Also stimmt $\mathfrak{A}$ mit $\mathfrak{A}(\mathfrak{E})$ überein.

(b) **Kardinalzahl von $\mathfrak{A}(\mathfrak{E})$.** Ist die Kardinalzahl $\# \mathfrak{E}$ des Erzeugendensystems $\mathfrak{E}$ kleiner oder gleich einer überabzählbaren Kardinalzahl a, so gilt auch $\# \mathfrak{A}(\mathfrak{E}) \le a$.

Der Beweis ergibt sich, indem wir der Konstruktion unter (a) folgen. Es ist $\# \mathfrak{A}_0 \le a$. Wenn für $0 < \beta < \omega_1$ schon $\# \mathfrak{A}_\alpha \le a$ $\forall \alpha < \beta$ gilt, so folgt $\# \bigcup_{\alpha < \beta} \mathfrak{A}_\alpha \le \aleph_1 \cdot a = a$, also $\# \mathfrak{A}_\beta \le a + a^{\aleph_0} = a$. Somit erhalten wir $\# \mathfrak{A}_\beta \le a$ $\forall \beta < \omega_1$, folglich $\# \mathfrak{A}(\mathfrak{E}) = \#(\bigcup_{\beta < \omega_1} \mathfrak{A}_\beta) \le \aleph_1 \cdot a = a$. ∎

(c) **Folgerung:** Die σ-Algebra $\mathfrak{B}$ der Borelschen Mengen auf $\mathbb{R}$ hat die gleiche Kardinalzahl wie $\mathbb{R}$, d.h. $\# \mathfrak{B} = \mathfrak{c}$.

Beweis. Man wende (b) auf $X = \mathbb{R}$ und $\mathfrak{E} = \{(\alpha, \infty) \mid \alpha \in \mathbb{R}\}$ mit $a = \mathfrak{c}$ an. ∎

(3.29) Ist Z ein nichtleeres System von Ringen (bzw. Algebren, σ-Ringen, σ-Algebren) auf X, so ist der Durchschnitt aller $\mathfrak{R} \in Z$ wieder ein Ring (bzw. eine Algebra, ein σ-Ring, eine σ-Algebra) auf X.

(3.30) Man zeige: Ist $f: X \to Y$ eine Abbildung und $\mathfrak{C} \subset P(Y)$ ein beliebiges Mengensystem, so gilt

$$f^{-1}(\mathfrak{A}(\mathfrak{C})) = \mathfrak{A}(f^{-1}(\mathfrak{C})),$$

d.h. das Nehmen des Urbilds läßt sich mit dem Bilden der erzeugten σ-Algebra vertauschen. (Hinweis: man benutze 3.4).

(3.31) Sei Y eine Menge, J eine Indexmenge. Für jedes $j \in J$ sei $(Y_j, \mathfrak{A}_j)$ ein meßbarer Raum und $f_j \colon Y \to Y_j$ eine Abbildung. Sei $\mathfrak{A}$ die von den f_j, $j \in J$, erzeugte σ-Algebra auf Y. Man zeige: Ist $(X, \mathfrak{C})$ ein weiterer meßbarer Raum, so ist eine Abbildung $f \colon X \to Y$ genau dann $\mathfrak{C}$-$\mathfrak{A}$-meßbar, wenn alle Abbildungen $f_j \circ f \colon X \to Y_j$ $\mathfrak{C}$-$\mathfrak{A}_j$-meßbar sind.

(3.32) Sei $\mathfrak{R} \subset P(X)$ ein Ring (bzw. eine Algebra, ein σ-Ring, eine σ-Algebra) und sei $A \subset X$. Dann ist $A \cap \mathfrak{R} \overset{\text{def}}{=} \{ A \cap B \mid B \in \mathfrak{R} \}$ ein Ring (bzw. eine Algebra, ein σ-Ring, eine σ-Algebra) auf A. Man nennt $A \cap \mathfrak{R}$ die **Spur von $\mathfrak{R}$ auf A**. Gilt $A \in \mathfrak{R}$, so ist die Spur von $\mathfrak{R}$ auf A das System aller $B \in \mathfrak{R}$, die Teilmengen von A sind, es gilt dann also $A \cap \mathfrak{R} \subset \mathfrak{R}$.

(3.33) Ist μ ein Inhalt oder Maß auf dem Ring $\mathfrak{R} \subset P(X)$ und ist $A \in \mathfrak{R}$, so bezeichne μ_A die Einschränkung von μ auf $A \cap \mathfrak{R}$, also $\mu_A(B) = \mu(B)$ für $B \subset A$, $B \in \mathfrak{R}$. Wir nennen μ_A auch kurz die **Einschränkung von μ auf A**. Es ist aus der Definition klar, daß μ_A wieder ein Inhalt bzw. Maß ist.

(3.34) Sei μ ein Inhalt auf einem Ring $\mathfrak{R}$. Für $A_1, \ldots, A_n \in \mathfrak{R}$ mit Inhalt $\mu(A_i) < \infty \ \forall i$ läßt sich $\mu(\bigcup_1^n A_i)$ durch den Inhalt der A_i und die Inhalte aller möglichen Durchschnitte ausdrücken: Man zeige die Formel

$$\mu\left(\bigcup_1^n A_i\right) = \sum_1^n \mu(A_i) - \sum_{1 \le i < j \le n} \mu(A_i \cap A_j) + \sum_{1 \le i < j < k \le n} \mu(A_i \cap A_j \cap A_k) - \ldots + \ldots$$

$$+ (-1)^{n-1} \mu(A_1 \cap \ldots \cap A_n).$$

(3.35) Sei μ ein endliches Maß auf einem Ring $\mathfrak{R} \subset P(X)$. Man zeige, daß $\mathfrak{R}$ mit $d(A,B) = \mu(A \bigtriangleup B)$ ein halbmetrischer Raum ist. Ist $\mathfrak{R}$ ein σ-Ring, so ist $(\mathfrak{R}, d)$ vollständig.

(3.36) Ist $\mathfrak{R} \subset P(X)$ ein Ring, sind μ_n Inhalte bzw. Maße auf $\mathfrak{R}$ und sind $\alpha_n \ge 0$, so ist $\sum_1^\infty \alpha_n \mu_n$ ein Inhalt bzw. Maß auf $\mathfrak{R}$ (wobei natürlich $(\sum \alpha_n \mu_n)(A) \overset{\text{def}}{=} \sum \alpha_n \mu_n(A)$).

(3.37) Ein nichtleeres Mengensystem $\mathfrak{S} \subset P(X)$ heißt ein **Halbring** oder **Semi-Ring** auf X, wenn gilt:

  (i) $A, B \in \mathfrak{S} \Rightarrow A \cap B \in \mathfrak{S}$

  (ii) $A, B \in \mathfrak{S} \Rightarrow$ es gibt paarweise disjunkte $A_1, \ldots, A_n \in \mathfrak{S}$ mit $A \setminus B = \bigcup_1^n A_i$.

Beispielsweise bilden die (endlichen) reellen Intervalle unter Hinzunahme des trivialen Intervalls $\emptyset = (a,a)$ einen Halbring. Das Gleiche gilt für die n-dimensionalen Intervalle im $\mathbb{R}^n$ (das sind Mengen der Form $A_1 \times \ldots \times A_n$ mit reellen Intervallen A_i). Wir zeigen:

  (1)   Der von einem Halbring $\mathfrak{S}$ erzeugte Ring $\mathfrak{R}$ besteht aus denjenigen Mengen, die endliche Vereinigung von paarweise disjunkten Mengen aus $\mathfrak{S}$ sind .

Beweis. Sei $\mathfrak{R} = \{ \bigcup_1^n A_k \mid n \in \mathbb{N}, A_k \in \mathfrak{S}, A_k \cap A_\ell = \emptyset$ für $k \neq \ell \}$.

In (b) und (c) unten zeigen wir, mit (a) als Hilfsmittel, daß $\mathfrak{R}$ unter Differenz und Vereinigung abgeschlossen, also ein Ring ist. Da jeder $\mathfrak{S}$ enthaltende Ring $\mathfrak{R}$ enthalten muß, ist $\mathfrak{R}$ der kleinste $\mathfrak{S}$ enthaltende Ring, d.h. der von $\mathfrak{S}$ erzeugte Ring $\mathfrak{R}(\mathfrak{S})$.

  (a) Für $A, B_1, \ldots, B_n \in \mathfrak{S}$ gilt $A \setminus (\bigcup_1^n B_i) = (\ldots ((A \setminus B_1) \setminus B_2) \ldots \setminus B_n)$, was sich durch mehrfache Anwendung von (ii) als Vereinigung von paarweise disjunkten Mengen $C_1, \ldots, C_r$ aus $\mathfrak{S}$ schreiben läßt.

  (b) Sind $A_1, \ldots, A_m, B_1, \ldots, B_n \in \mathfrak{S}$ mit $A_k \cap A_\ell = \emptyset$ für $k \neq \ell$, $B_i \cap B_j = \emptyset$ für $i \neq j$, so läßt sich $(\bigcup_1^m A_k) \setminus (\bigcup_1^n B_i) = \bigcup_{k=1}^m (A_k \setminus \bigcup_1^n B_i)$ wegen (a) als endliche Vereinigung paarweise disjunkter Mengen aus $\mathfrak{S}$ schreiben.

  (c) Sind A_k, B_i wie in (b) und ist $A_1 \setminus (\bigcup_1^n B_i) = \bigcup_1^r C_j$ gemäß (a), so ist $A_1 \cup (\bigcup_1^n B_i)$ Vereinigung der disjunkten Mengen $B_1, \ldots, B_n, C_1, \ldots, C_r \in \mathfrak{S}$. Durch sukzessives Hinzufügen von $A_2, \ldots, A_m$ erhalten wir also, daß $(\bigcup_1^m A_k) \cup (\bigcup_1^n B_i)$ sich als Vereinigung von disjunkten Mengen $B_1, \ldots, B_n, C_1, \ldots, C_s \in \mathfrak{S}$, $(s > r)$ schreiben läßt. ∎

Der Begriff des Maßes bzw. des Inhalts auf einem Halbring $\mathfrak{S}$ wird wie im Falle eines Ringes definiert (siehe 3.10), nur wird beim Inhalt statt der Additivität die **endliche Additivität** verlangt: $\mu(\bigcup_1^n A_i) = \sum_1^n \mu(A_i)$ für jedes $n \in \mathbb{N}$ und paarweise disjunkte

$A_i \in \mathfrak{S}$ mit $\bigcup_1^n A_i \in \mathfrak{S}$. (Im Falle n = 2 ist dies die Additivität, aber anders als bei einem Ring, bei dem $A_1 \cup A_2 \in \mathfrak{S}$ automatisch erfüllt ist, braucht eine additive Mengenfunktion auf einem Halbring nicht endlich additiv zu sein (siehe 3.38). Wählt man jedoch die Definition eines Halbrings wie in [Ha], so tritt dieser Mangel nicht auf). Ein Inhalt (bzw. Maß) auf einem Halbring $\mathfrak{S}$ ist also eine positive endlich additive (bzw. σ-additive) Mengenfunktion auf $\mathfrak{S}$ mit $\mu(\emptyset) = 0$. Es gilt:

(2) Sei $\mathfrak{S}$ ein Halbring und $\mathfrak{R}$ der von $\mathfrak{S}$ erzeugte Ring. Jeder Inhalt μ auf $\mathfrak{S}$ läßt sich auf genau eine Weise zu einem Inhalt auf $\mathfrak{R}$ fortsetzen. Ist μ ein Maß auf $\mathfrak{S}$, so ist die Fortsetzung ein Maß auf $\mathfrak{R}$.

Beweis. (a) Eindeutigkeit der Fortsetzung: Ist μ ein Inhalt auf $\mathfrak{R}$ und ist $A = \bigcup_1^n A_i \in \mathfrak{R}$ mit paarweise disjunkten $A_i \in \mathfrak{S}$, so gilt

$$(*) \qquad\qquad \mu(A) = \sum_1^n \mu(A_i)$$

d.h. μ ist durch seine Werte auf $\mathfrak{S}$ eindeutig festgelegt.

(b) Existenz der Fortsetzung: Ist μ ein Inhalt auf $\mathfrak{S}$ und definieren wir $\mu(A)$ für $A \in \mathfrak{R}$ durch (*), so ist $\mu(A)$ wohldefiniert: Sind $A_1, \ldots, A_n \in \mathfrak{S}$ paarweise disjunkt und $B_1, \ldots, B_m$ paarweise disjunkt mit $A = \bigcup_1^n A_i = \bigcup_1^m B_k$, so gilt $\sum_1^n \mu(A_i) = \sum_{i=1}^n \sum_{k=1}^m \mu(A_i \cap B_k) = \sum_k \sum_i \mu(A_i \cap B_k) = \sum_1^m \mu(B_k)$. Die Additivität von μ auf $\mathfrak{R}$ folgt direkt aus der endlichen Additivität auf $\mathfrak{S}$.

(c) σ-Additivität der Fortsetzung, falls μ auf $\mathfrak{S}$ ein Maß ist: Sind $A, A_i \in \mathfrak{R}$, die A_i paarweise disjunkt, mit $A = \bigcup_1^\infty A_i$ und gilt $A = \bigcup_{j=1}^m B_j$ mit paarweise disjunkten $B_j \in \mathfrak{S}$ sowie $A_i = \bigcup_{k=1}^{n_i} B_{ik}$ mit paarweise disjunkten $B_{ik} \in \mathfrak{S}$ für jedes i, so folgt $\mu(A) = \sum_1^m \mu(B_j) = \sum_j \sum_{i,k} \mu(B_j \cap B_{ik}) = \sum_{i,k} \sum_j \mu(B_j \cap B_{ik}) = \sum_{i,k} \mu(B_{ik}) = \sum_i \mu(A_i)$. ∎

(3.38) Sei $X = \{1,2,3\}$ und $\mathfrak{S}$ der Halbring $\{\emptyset, \{1\},\{2\},\{3\},X\}$. Definiert man $\mu: \mathfrak{S} \to \mathbb{R}$ durch $\mu(X) = 1$, $\mu(A) = 0$ für $A \neq X$, so ist μ auf $\mathfrak{S}$ additiv aber nicht endlich additiv.

(3.39) Sei μ ein Inhalt auf dem Ring $\mathfrak{R}$. Wir betrachten folgende Eigenschaften von μ:

(a) μ ist σ-addititiv.

(b) μ ist stetig von unten.

  (c) μ **ist stetig von oben:** $A, A_i \in \mathcal{R}$, $A_i \downarrow A \Rightarrow \mu(A_i) \downarrow \mu(A)$. Hier bedeutet
   $A_i \downarrow A$ natürlich $A_{i+1} \subset A_i$, $\bigcap_1^\infty A_i = A$.

  (d) μ **ist stetig von oben bei** $\emptyset$: $A_i \in \mathcal{R}$, $A_i \downarrow \emptyset \Rightarrow \mu(A_i) \downarrow 0$.

  (e) μ **ist eingeschränkt stetig von oben:** $A, A_i \in \mathcal{R}$, $\mu(A_i) < \infty$ für ein i,
   $A_i \downarrow A \Rightarrow \mu(A_i) \downarrow \mu(A)$.

Es gilt (a) $\Leftrightarrow$ (b) $\Rightarrow$ (e). (Diese Eigenschaften gelten also für jedes Maß). Weiter gilt
(c) $\Rightarrow$ (d) $\Rightarrow$ (b). Ist μ endlich (also $\mu(A) < \infty$ für alle $A \in \mathcal{R}$), so gilt auch (b) $\Rightarrow$ (c),
(c) = (e), d.h. dann sind alle Eigenschaften (a) – (e) äquivalent. In 3.11(e), (f) wurde
(a) $\Leftrightarrow$ (b) bewiesen. Man zeige die noch nicht bewiesenen Implikationen (b) $\Rightarrow$ (e),
(d) $\Rightarrow$ (b) und, falls μ endlich, (b) $\Rightarrow$ (c).

Außerdem gebe man Beispiele für (b) $\not\Rightarrow$ (d), (e) $\not\Rightarrow$ (a).

Im Fall eines Inhalts auf einem Halbring gilt immer noch (a) $\Rightarrow$ (b) und (a) $\Rightarrow$ (e). Die
Beweise verlaufen im Prinzip wie bei einem Ring, nur muß man mehr schreiben, da einige
Mengen nicht mehr im Halbring liegen und deshalb als disjunkte Vereinigung von Mengen
aus dem Halbring geschrieben werden müssen. Die Implikation (b) $\Rightarrow$ (a) gilt allerdings im
Fall eines Halbrings nicht mehr.

(3.40) Man zeige: Ist μ ein Maß auf dem Ring $\mathcal{R}$, so gilt für alle $A, A_i \in \mathcal{R}$ mit $A \subset \bigcup_1^\infty A_i$
die Ungleichung $\mu(A) \leq \sum_1^\infty \mu(A_i)$. Hat ein Inhalt auf $\mathcal{R}$ diese Eigenschaft, so ist er
insbesondere abzählbar subadditiv (für $A_i \in \mathcal{R}$ mit $\bigcup_1^\infty A_i \in \mathcal{R}$ gilt
$\mu(\bigcup_1^\infty A_i) \leq \sum_1^\infty \mu(A_i)$), also auch σ**-subadditiv** (für paarweise disjunkte $A_i \in \mathcal{R}$ mit
$\bigcup_1^\infty A_i \in \mathcal{R}$ gilt $\mu(\bigcup_1^\infty A_i) \leq \sum_1^\infty \mu(A_i)$). Letztere Eigenschaft ist aber äquivalent zu
σ-Additivität, denn jeder Inhalt auf einem Ring ist σ**-superadditiv** (für paarweise
disjunkte $A_i \in \mathcal{R}$ mit $\bigcup_1^\infty A_i \in \mathcal{R}$ gilt $\mu(\bigcup_1^\infty A_i) \geq \sum_1^\infty \mu(A_i)$). Man kann die drei zuerst
genannten Eigenschaften also in die Liste von 3.39 als (f), (g), (h), alle äquivalent zu (a),
mit aufnehmen.

Auch im Falle eines Inhalts auf einem Halbring sind alle drei Eigenschaften äquivalent
dazu, daß μ ein Maß ist (Übung).

(3.41) (a) Ein Maß ν auf einem Ring $\mathcal{R}$ heißt **wesentlich**, wenn für jedes $A \in \mathcal{R}$ gilt:
$\nu(A) = \sup\{\nu(B) \mid B \in \mathcal{R}, B \subset A, \nu(B) < \infty\}$.

(b) Zum Beispiel sind die Maße in 3.14 wesentlich, das Maß in der ersten Zeile von 5.11 nicht.

(c) Sei μ ein Maß auf einem Ring $\mathfrak{R}$. Wir definieren das **zu μ gehörige wesentliche Maß** μ' durch $\mu'(A) = \sup\{\mu(B) \mid B \in \mathfrak{R}, B \subset A, \mu(B) < \infty\}$. Man zeige

(i) μ' ist ein wesentliches Maß auf $\mathfrak{R}$.

(ii) Ist $\mathfrak{R}$ ein σ-Ring, so gilt $\mu' \neq \mu$ genau dann, wenn es ein $A \in \mathfrak{R}$ mit $\mu(A) = \infty$ und der Eigenschaft $B \subset A$, $B \in \mathfrak{R} \Rightarrow \mu(B) = 0$ oder ∞ gibt (d.h., in den Begriffen von 9.24 und 5.2, wenn $\mathfrak{R}$ eine lokale μ-Nullmenge enthält, die keine μ-Nullmenge ist).

(3.42) Dynkin-Systeme. Manchmal ist es schwierig festzustellen, ob ein bestimmtes Mengensystem eine σ-Algebra ist. Ein nützliches Hilfsmittel hierfür sind Dynkin-Systeme.

Definition. Ein Mengensystem $\mathfrak{D} \subset P(X)$ heißt **Dynkin-System** auf X, wenn folgendes gilt:

(i) $X \in \mathfrak{D}$.

(ii) Für $D, E \in \mathfrak{D}$ mit $D \supset E$ gilt $D \setminus E \in \mathfrak{D}$.

(iii) Für jede Folge paarweise disjunkter $D_n \in \mathfrak{D}$ gilt $\bigcup_1^\infty D_n \in \mathfrak{D}$.

Offenbar ist jede σ-Algebra auf X ein Dynkin-System auf X. Man zeigt leicht:

(3.43) Proposition. Ein Dynkin-System $\mathfrak{D}$ ist genau dann eine σ-Algebra, wenn $\mathfrak{D}$ unter Durchschnitt abgeschlossen ist, d.h. wenn für $E, F \in \mathfrak{D}$ stets $E \cap F \in \mathfrak{D}$ gilt.

Ist $\mathfrak{E}$ ein System von Teilmengen von X, so ist P(X) ein $\mathfrak{E}$ enthaltendes Dynkin-System. Der Durchschnitt aller $\mathfrak{E}$ enthaltenden Dynkin-Systeme ist ein Dynkin-System. Es ist das kleinste $\mathfrak{E}$ enthaltende Dynkin-System, wird deshalb das **von $\mathfrak{E}$ erzeugte Dynkin-System** genannt und mit $\mathfrak{D}(\mathfrak{E})$ bezeichnet.

(3.44) Satz. Ist das Mengensystem $\mathfrak{E} \subset P(X)$ unter Durchschnitt abgeschlossen, so gilt

$$\mathfrak{D}(\mathfrak{E}) = \mathfrak{A}(\mathfrak{E}).$$

Beweis. Da die σ-Algebra $\mathfrak{A}(\mathfrak{E})$ insbesondere ein Dynkin-System ist und $\mathfrak{E}$ enthält, gilt $\mathfrak{D}(\mathfrak{E}) \subset \mathfrak{A}(\mathfrak{E})$. Für die umgekehrte Inklusion genügt es zu zeigen, daß $\mathfrak{D}(\mathfrak{E})$ eine σ-Algebra ist, wofür wir nach 3.43 nur zu beweisen brauchen, daß $\mathfrak{D}(\mathfrak{E})$ unter

Durchschnitt abgeschlossen ist. Da $\mathfrak{D} \stackrel{\text{def}}{=} \{A \subset X \mid A \cap D \in \mathfrak{D}(\mathfrak{E}) \ \forall D \in \mathfrak{D}(\mathfrak{E})\}$ ein Dynkin-System ist (leicht zu sehen), genügt es $\mathfrak{E} \subset \mathfrak{D}$ (und somit $\mathfrak{D}(\mathfrak{E}) \subset \mathfrak{D}$) zu zeigen, also $E \cap D \in \mathfrak{D}(\mathfrak{E})$ für $E \in \mathfrak{E}$ und $D \in \mathfrak{D}(\mathfrak{E})$. Dies trifft aber zu, denn bei festem $E \in \mathfrak{E}$ ist $\{B \subset X \mid E \cap B \in \mathfrak{D}(\mathfrak{E})\}$ ein Dynkin-System (leicht zu sehen), welches nach Voraussetzung $\mathfrak{E}$ und somit $\mathfrak{D}(\mathfrak{E})$ enthält. ∎

Als Anwendung von 3.44 zeigen wir

(3.45) Eindeutigkeitssatz für Maße. Seien μ, ν Maße auf einer σ-Algebra $\mathfrak{A}$ auf X. Sei $\mathfrak{E} \subset \mathfrak{A}$ ein unter Durchschnitt abgeschlossenes Mengensystem mit $\mathfrak{A}(\mathfrak{E}) = \mathfrak{A}$. Stimmen μ und ν auf $\mathfrak{E}$ überein und gibt es eine Folge $\{E_n\}$ in $\mathfrak{E}$ mit $E_n \uparrow X$ und $\mu(E_n) = \nu(E_n) < \infty \ \forall n \in \mathbb{N}$, so gilt $\mu = \nu$ auf $\mathfrak{A}$.

Beweis. Für $n \in \mathbb{N}$ sei $\mathfrak{D}_n = \{A \in \mathfrak{A} \mid \mu(A \cap E_n) = \nu(A \cap E_n)\}$. Man prüft leicht nach, daß $\mathfrak{D}_n$ ein Dynkin-System ist. Offenbar gilt $\mathfrak{E} \subset \mathfrak{D}_n$, also wegen 3.44 $\mathfrak{A} = \mathfrak{D}(\mathfrak{E}) \subset \mathfrak{D}_n$, d.h. $\mu(A \cap E_n) = \nu(A \cap E_n)$ für alle $A \in \mathfrak{A}$. Dies gilt für alle $n \in \mathbb{N}$, also folgt $\mu(A) = \nu(A)$ wegen $A \cap E_n \uparrow A$. ∎

Ein anderer Eindeutigkeitssatz findet sich in 5.10.

Man kann 3.45 auch ohne Dynkin-Systeme erhalten. Die in 3.45 für $\mathfrak{E}$ gemachten Voraussetzungen gelten ebenso für $\mathfrak{E}_0 = \{A \in \mathfrak{E} \mid \mu(A) \ (= \nu(A)) < \infty\}$ und, wegen 3.34, auch für das System $\mathfrak{E}_1$ der endlichen Vereinigungen von Elementen aus $\mathfrak{E}_0$. Da $\mathfrak{E}_1' = \mathfrak{E}_1 \cup \{\emptyset\}$ unter Durchschnitt und Vereinigung abgeschlossen ist, ist $\mathfrak{E}_2 = \{A \setminus B \mid A,B \in \mathfrak{E}_1'\}$ ein Halbring, für welchen ebenfalls die für $\mathfrak{E}$ gemachten Voraussetzungen gelten. Durch Übergang zum von $\mathfrak{E}_2$ erzeugten Ring (vgl. 3.37(1)) und Anwendung von 5.10(b) erhalten wir 3.45.

4 Zusammenhang Maß-Integration, Satz von Stone

Das durch ein Daniell-Integral I definierte Maß μ auf der σ-Algebra der meßbaren Mengen und das zugehörige wesentliche Maß μ'. Beispiel des Lebesgue-Maßes. Das durch ein Maß μ definierte Daniell-Integral I_μ. Der Weg $I \Rightarrow \mu \Rightarrow I_\mu$ führt zum Satz von Stone. (Den Weg $\mu \Rightarrow I_\mu \Rightarrow \bar{\mu}$ betrachten wir in Kapitel 5) Charakterisierung und äußere bzw. innere Regularität des durch I definierten Maßes bzw. wesentlichen Maßes. Ergänzend: Lebesgue-meßbare aber nicht Borelsche Mengen, nicht Lebesgue-meßbare Mengen.

(4.1) Satz und Definition. Sei I ein Daniell-Integral auf einem Vektorverband $\mathcal{E}$ auf X und sei $\mathcal{L}^1 = \mathcal{L}^1(X, \mathcal{E}, I)$. Dann ist $\mathfrak{J} = \{A \subset X \mid \chi_A \in \mathcal{L}^1\}$ ein Ring, genannt der Ring der (I –) **integrierbaren Mengen**. Setzen wir $\mathfrak{M} = \{B \subset X \mid B \cap A \in \mathfrak{J} \ \forall A \in \mathfrak{J}\}$, so ist $\mathfrak{M}$ eine σ-Algebra, genannt die σ-Algebra der (I –) **meßbaren Mengen**. Es gilt $\mathfrak{M} \supset \mathfrak{J}$, weil $\mathfrak{J}$ als Ring unter Durchschnitt abgeschlossen ist.

Beweis. (a) $\mathfrak{J}$ ist ein Ring:

$\quad$ (i) $\chi_A, \chi_B \in \mathcal{L}^1 \Rightarrow \chi_{A \cup B} = \chi_A \vee \chi_B \in \mathcal{L}^1$.

$\quad$ (ii) $\chi_A, \chi_B \in \mathcal{L}^1 \Rightarrow \chi_{A \setminus B} = \chi_{A \cup B} - \chi_B \in \mathcal{L}^1$.

$\quad$ (b) $\mathfrak{M}$ ist eine σ-Algebra: Für $M, N \in \mathfrak{M}$ und $A \in \mathfrak{J}$ gilt:

$\quad$ (i) $(M \cup N) \cap A = (M \cap A) \cup (N \cap A) \in \mathfrak{J}$

$\qquad$ (da $\mathfrak{J}$ ein Ring ist), also $M \cup N \in \mathfrak{M}$.

$\quad$ (ii) $(M \setminus N) \cap A = (M \cap A) \setminus (N \cap A) \in \mathfrak{J}$, also $M \setminus N \in \mathfrak{M}$.

$\quad$ (iii) $X \cap A = A \in \mathfrak{J}$, also $X \in \mathfrak{M}$.

$\quad$ (iv) Seien $M_i \in \mathfrak{M}$, $A \in \mathfrak{J}$. Es gilt $(\bigcup_1^\infty M_i) \cap A = \bigcup_1^\infty (M_i \cap A)$. Wegen $M_i \cap A \in \mathfrak{J}$ ist $\chi_{\bigcup_1^k (M_i \cap A)} \in \mathcal{L}^1$, wird durch $\chi_A \in \mathcal{L}^1$ dominiert und konvergiert isoton gegen $\chi_{\bigcup_1^\infty (M_i \cap A)}$, was nach dem Satz von der monotonen Konvergenz in $\mathcal{L}^1$ liegen muß. Folglich gilt $\bigcup_1^\infty (M_i \cap A) \in \mathfrak{J}$, also $\bigcup_1^\infty M_i \in \mathfrak{M}$. $\blacksquare$

(4.2) Bemerkung. (a) Jede meßbare Teilmenge A einer integrierbaren Menge B ist integrierbar, denn $A = A \cap B \in \mathfrak{J}$ nach Definition von $\mathfrak{M}$.

$\quad$ (b) Vorsicht: Erfüllt $\mathcal{L}^1$ nicht die Stonesche Bedingung, so kann $\mathfrak{J} = \{\emptyset\}$ gelten (siehe Beispiel 4.25) Dagegen gibt es im Falle eines Stoneschen Verbandes $\mathcal{L}^1$ (also insbesondere wenn $\mathcal{E}$ ein Stonescher Verband ist) stets „genügend viele" integrierbare Mengen. Dies wird sich aus dem Satz von Stone 4.11 ergeben.

(4.3) Definition. Gehen wir in 4.1 speziell von $(X,\mathcal{E},I) = (\mathbb{R},\mathcal{T},S)$ oder

$(X,\mathcal{E},I) = (\mathbb{R},\mathcal{K}(\mathbb{R}),$ Riemann-Integral$)$ aus (vgl. 2.44), so heißt $\mathfrak{J}$ (bzw. $\mathfrak{M}$) der Ring der **Lebesgue-integrierbaren Mengen** (bzw. die σ-Algebra der **Lebesgue-meßbaren Mengen**) auf $\mathbb{R}$.

(4.4) Durch ein Daniell-Integral definiertes Maß. Sind $\mathcal{E}$ und I wie in 4.1 und sind $\mathfrak{J}$ und $\mathfrak{M}$ die integrierbaren bzw. meßbaren Mengen, so erhalten wir ein Maß μ auf $\mathfrak{M}$ durch

$$\mu(A) = \begin{cases} \int \chi_A & \text{wenn } A \in \mathfrak{J} \\ +\infty & \text{sonst.} \end{cases}$$

Wir nennen μ das **durch I definierte Maß**. Die Restriktion von μ auf $\mathfrak{J}$ ist ein endliches Maß.

Beweis. (i) $\mu(\emptyset) = \int 0 = 0$.

(ii) Seien $A_i \in \mathfrak{M}$ paarweise disjunkt. Zwei Fälle sind möglich:

(a) $\bigcup_1^\infty A_i \in \mathfrak{J}$. Dann ist auch jedes A_i als meßbare Teilmenge einer integrierbaren Menge integrierbar, und wegen $\chi_{\bigcup_1^k A_i} \uparrow \chi_{\bigcup_1^\infty A_i}$ und dem Satz von der monotonen Konvergenz gilt $\int \chi_{\bigcup_1^k A_i} = \sum_1^k \int \chi_{A_i} \uparrow \int \chi_{\bigcup_1^\infty A_i}$, also $\sum_1^k \mu(A_i) \uparrow \mu(\bigcup_1^\infty A_i)$.

(b) $\bigcup_1^\infty A_i \notin \mathfrak{J}$. Wir müssen $\sum \mu(A_i) = \infty$ zeigen. Gilt $A_i \notin \mathfrak{J}$ für ein i, so ist das richtig. Gilt $A_i \in \mathfrak{J}$ für alle i, so müssen wegen des Satzes von der monotonen Konvergenz die Integrale von $\chi_{\bigcup_1^k A_i}$ gegen ∞ streben, weil sonst $\chi_{\bigcup_1^\infty A_i}$ in $\mathcal{L}^1$ wäre. Also gilt $\sum_1^k \mu(A_i) \uparrow \infty = \mu(\bigcup_1^\infty A_i)$. ∎

Bemerkung. Ist $A \subset X$ eine I-Nullmenge, so gilt $\|\chi_A - 0\| = \bar{I}\chi_A = 0$, also $\chi_A \in \mathcal{L}^1$, d.h. $A \in \mathfrak{J}$, und $\mu(A) = \int \chi_A = 0$. Umgekehrt ist wegen 2.17 (c) jedes $A \in \mathfrak{M}$ mit $\mu(A) = 0$ eine I-Nullmenge: $\bar{I}\chi_A = \int \chi_A = 0$. Anders gesagt: die I-Nullmengen und die „μ-Nullmengen" stimmen überein. Insbesondere sind Teilmengen von μ-Nullmengen wieder μ-Nullmengen, d.h. das Maß μ ist vollständig im Sinne von 5.2.

(4.5) Bemerkung und Definition. Ist μ das durch I definierte Maß, so hat das zu μ gehörige wesentliche Maß μ' (vgl. 3.41) die Form

$$\mu'(A) = \sup\{\int \chi_B \mid B \subset A,\ B \in \mathfrak{I}\} \quad \text{für } A \in \mathfrak{M}.$$

Wir nennen μ' das **durch I definierte wesentliche Maß**. Offenbar gilt $\mu' \leq \mu$ und $\mu = \mu'$ auf $\mathfrak{I}$, also auch $\mu = \mu'$ auf allen Mengen der Form $\bigcup_1^\infty A_i$ mit $A_i \in \mathfrak{I}$, insbesondere $\mu = \mu'$ auf ganz $\mathfrak{M}$, wenn μ σ-endlich ist. μ' und μ sind übrigens „symmetrisch" zueinander: man ersetze sup durch inf und die Inklusion $\subset$ durch $\supset$. Erfüllt $\mathcal{L}^1$ die Stonesche Bedingung, so gilt, wie wir sehen werden, $\mu(A) = I^*\chi_A = \bar{I}\chi_A$ und $\mu'(A) = I_*\chi_A \ \forall A \in \mathfrak{M}$, woraus sich Regularitätseigenschaften für μ bzw. μ' ergeben (vgl. 4.15 und 4.17).

(4.6) Definition. Spezialisieren wir in 4.4 $(X, \mathcal{E}, I) = (\mathbb{R}, \mathcal{T}, \mathcal{S})$ oder $(X, \mathcal{E}, I) = (\mathbb{R}, \mathcal{K}(\mathbb{R}),$ Riemann-Integral), also $\mathcal{L}^1 = \mathcal{L}^1(\mathbb{R})$, so heißt μ das **Lebesgue-Maß** auf $\mathbb{R}$ (genauer: Lebesgue-Maß auf der σ-Algebra der Lebesgue-meßbaren Teilmengen von $\mathbb{R}$). Das Lebesgue-Maß ist wesentlich, denn für Lebesgue-meßbares $A \subset \mathbb{R}$ und $n \in \mathbb{N}$ hat $A \cap [-n,n]$ endliches Lebesgue-Maß und es gilt $\mu(A) = \lim_{n \to \infty} \mu(A \cap [-n,n])$.

(4.7) Durch ein Maß definiertes Daniell-Integral. Ist $\mathfrak{R} \subset P(X)$ ein Ring und μ ein Maß auf $\mathfrak{R}$, so ist offenbar auch $\{A \in \mathfrak{R} \mid \mu(A) < \infty\}$ ein Ring. Wir können uns in natürlicher Weise einen Vektorverband $\mathcal{E}$ und ein Funktional I verschaffen:

Sei $\mathcal{E} = \{\sum_1^n \alpha_i \chi_{A_i} \mid A_i \in \mathfrak{R},\ \mu(A_i) < \infty,\ \alpha_i \in \mathbb{R}\}$ und $I(f) = \sum_1^n \alpha_i \mu(A_i)$, wenn $f = \sum_1^n \alpha_i \chi_{A_i}$ mit disjunkten $A_i \in \mathfrak{R}$ (wir nennen $\sum \alpha_i \chi_{A_i}$ dann wieder wie früher eine **disjunkte Darstellung von f**). Weil jede endliche Teilmenge eines Ringes eine disjunkte Verfeinerung bestehend aus Elementen dieses Ringes besitzt (Beweis fast identisch mit dem für Intervalle) erhalten wir genau wie früher im Fall der Treppenfunktionen auf $\mathbb{R}$, daß $\mathcal{E}$ ein Stonescher Vektorverband und I ein wohldefiniertes positives lineares Funktional auf $\mathcal{E}$ ist. Wir zeigen die σ-Stetigkeit von I in der Formulierung von 1.9 (f). Seien $f_n \in \mathcal{E}^+$ und gelte $f_n \downarrow 0$. Ist $A = \{f_1 > 0\}$, so ist A endliche Vereinigung von $B_i \in \mathfrak{R}$ mit $\mu(B_i) < \infty$, also $\mu(A) < \infty$. Sei $\varepsilon > 0$ und $A_n = \{f_n < \varepsilon\} \cap A$. Es gilt $A_n \in \mathfrak{R}$ und $A_n \uparrow A$, da $f_n \downarrow 0$. Wegen $\mu(A_n) \uparrow \mu(A)$ und $\mu(A) = \mu(A_n) + \mu(A \setminus A_n)$ gilt $\mu(A \setminus A_n) \downarrow 0$. Für $n > n_0$ ist also $\mu(A \setminus A_n) < \varepsilon$ und wir haben $f_n = f_n \chi_{A_n} + f_n \chi_{A \setminus A_n}$, also $I(f_n) \leq \varepsilon \cdot \mu(A_n) + \max_{x \in A} |f_n(x)| \cdot \varepsilon \leq (\mu(A) + \max_{x \in A} f_1(x)) \cdot \varepsilon = \text{const} \cdot \varepsilon$. Damit haben wir $I(f_n) \to 0$ gezeigt.

Ergebnis. I ist ein Daniell-Integral auf dem Stoneschen Vektorverband $\mathcal{E}$. Um die Herkunft zu betonen, schreiben wir auch I_μ, $\mathcal{E}_\mu$. Der Raum $\mathcal{E}_\mu$ heißt der Raum der μ-integrierbaren $\mathfrak{R}$-Treppenfunktionen (kürzer: μ-**Treppenfunktionen**), das Funktional I_μ heißt Integral bezüglich μ (kürzer: μ-**Integral**). Wir können nun $\mathcal{L}^1(X, \mathcal{E}_\mu, I_\mu)$ bilden, das wir auch kurz mit $\mathcal{L}^1[\mu]$ bezeichnen. Das zugehörige Integral $\int f dI_\mu$ schreiben wir oft $\int f d\mu$ und nennen es I_μ-Integral oder μ-Integral von f.

Ist I ein Daniell-Integral auf einem Vektorverband $\mathcal{E}$ auf X und ist μ das durch I definierte Maß (vgl. 4.4), so liegt es nahe, $\mathcal{L}^1(X, \mathcal{E}, I)$ mit $\mathcal{L}^1[\mu]$ zu vergleichen. Dies wollen wir im Folgenden tun. Wir schreiben dabei $\mathcal{L}^1$ für $\mathcal{L}^1(X, \mathcal{E}, I)$ und $\int f$ für $\int f dI$.

(4.8) Proposition. Es gilt $\mathcal{L}^1[\mu] \subset \mathcal{L}^1$ und $\int f d\mu = \int f$ für $f \in \mathcal{L}^1[\mu]$.

Beweis. Die Behauptung folgt aus 2.34 (b). ∎

(4.9) Lemma. Ist $f \in (\mathcal{L}^1)^+$ mit $f \wedge c \in \mathcal{L}^1$ für alle $c > 0$, so ist für jedes $c > 0$ die Menge $\{f > c\}$ I-integrierbar. (Dann ist auch $\{f \geq c\}$ I-integrierbar, denn $\{f > c - \frac{1}{n}\} \downarrow \{f \geq c\}$).

Beweis. Nach Voraussetzung liegt $f_n \overset{\text{def}}{=} n \cdot (f \wedge (c + \frac{1}{n}) - f \wedge c)$ in $\mathcal{L}^1$. Es gilt $f_n \leq \chi_{\{f > c\}} \leq \frac{f}{c} \in \mathcal{L}^1$ und $f_n \uparrow \chi_{\{f > c\}}$, also $\chi_{\{f > c\}} \in \mathcal{L}^1$ nach dem Satz von der monotonen Konvergenz. ∎

(4.10) Satz. Ist $f \in (\mathcal{L}^1)^+$ mit $f \wedge c \in \mathcal{L}^1$ für alle $c > 0$, so gilt $f \in \mathcal{L}^1[\mu]$.

Beweis. Wir benutzen Lebesgues Methode der Approximation durch Aufteilung des *Werte*bereiches. Für $n \in \mathbb{N}$ sei f_n definiert durch

$$f_n(x) = \begin{cases} n & \text{für } x \in \{f > n\}, \\[2ex] \dfrac{k}{2^n} & \text{für } x \in \left\{ \dfrac{k+1}{2^n} \geq f > \dfrac{k}{2^n} \right\} \text{ mit } k \in \mathbb{N}, \quad 0 \leq k \leq n \cdot 2^n - 1, \end{cases}$$

also $f_n = n \chi_{\{f > n\}} + \sum_{k=0}^{n 2^n - 1} k\, 2^{-n} \chi_{\{(k+1)2^{-n} \geq f > k2^{-n}\}}$. Da nach 4.9 die Mengen $\left\{ \dfrac{k+1}{2^n} \geq f > \dfrac{k}{2^n} \right\} = \left\{ f > \dfrac{k}{2^n} \right\} \setminus \left\{ f > \dfrac{k+1}{2^n} \right\}$ I-integrierbar sind, gilt $f_n \in \mathcal{E}_\mu^+$ und $I_\mu(f_n) = \int f_n \leq \int f < \infty$. Da außerdem nach Konstruktion $f_n \uparrow f$ gilt (sogar gleichmäßig konvergent auf Mengen der Form $\{f \leq c\}$), folgt $f \in \mathcal{L}^1[\mu]$ nach dem Satz von der monotonen Konvergenz. ∎

Aus 4.8 und 4.10 erhalten wir den

(4.11) Satz von Stone. Ist I ein Daniell-Integral auf einem Vektorverband $\mathcal{E}$ auf X und ist μ das durch I definierte Maß auf der σ-Algebra $\mathfrak{M}$ der I-meßbaren Mengen, so gilt $\mathcal{L}^1(X,\mathcal{E},I) = \mathcal{L}^1[\mu]$ genau dann, wenn $\mathcal{L}^1(X,\mathcal{E},I)$ die Stonesche Bedingung erfüllt:

$$f\in \mathcal{L}^1(X,\mathcal{E},I) \Rightarrow f\wedge 1\in \mathcal{L}^1(X,\mathcal{E},I).$$

Ist dies der Fall, so gilt $\int f = \int f d\mu$ und damit auch $\|f\| = \|f\|_\mu$ für $f\in \mathcal{L}^1(X,\mathcal{E},I) = \mathcal{L}^1[\mu]$. All dies gilt insbesondere, wenn $\mathcal{E}$ ein Stonescher Vektorverband ist. Dann gilt auch folgende schwächere Aussage: Es gibt ein Maß μ (nämlich das durch I definierte) mit $\mathcal{E} \subset \mathcal{L}^1[\mu]$ und $If = \int f d\mu$ für $f\in \mathcal{E}$, anders gesagt: jedes Daniell-Integral auf einem Stoneschen Vektorverband läßt sich als Integration bezüglich eines Maßes darstellen.

Beweis. (a) Erfüllt $\mathcal{L}^1 = \mathcal{L}^1(X,\mathcal{E},I)$ die Stonesche Bedingung, so gilt auch $f\wedge c = c(\frac{f}{c}\wedge 1)\in \mathcal{L}^1$ für alle $c > 0$, $f\in \mathcal{L}^1$. Nach 4.10 folgt $(\mathcal{L}^1)^+ \subset \mathcal{L}^1[\mu]$, also auch $\mathcal{L}^1 = \{f - g \mid f,g\in (\mathcal{L}^1)^+\} \subset \mathcal{L}^1[\mu]$, da $\mathcal{L}^1$ ein Verband ist. Die entgegengesetzte Inklusion und die Gleichheit der Integrale gilt nach 4.8.

(b) Gilt $\mathcal{L}^1(X,\mathcal{E},I) = \mathcal{L}^1[\mu]$, so erfüllt $\mathcal{L}^1(X,\mathcal{E},I)$ die Stonesche Bedingung, weil $\mathcal{L}^1[\mu]$ sie erfüllt (da $\mathcal{L}^1[\mu]$ ausgehend vom Stoneschen Vektorverband $\mathcal{E}_\mu$ konstruiert wurde). $\blacksquare$

Der Satz von Stone besagt im Wesentlichen, daß wir auf dem Weg $\mathcal{L}^1 \Rightarrow \mu \Rightarrow \mathcal{L}^1[\mu]$ unter Annahme der Stoneschen Bedingung wieder zum Ausgangspunkt zurückkommen. Den Weg $\mu \Rightarrow \mathcal{L}^1[\mu] \Rightarrow \bar{\mu}$ werden wir in Kapitel 5 beschreiten.

Das Maß μ aus 4.11 ist durch seine Eigenschaft, das Funktional I durch Integration darzustellen, auf den integrierbaren Mengen eindeutig bestimmt:

(4.12) Satz. Sei $\mathfrak{J}$ der Ring der integrierbaren Mengen bezüglich des Daniell-Integrals I auf dem Vektorverband $\mathcal{E}$ auf X und erfülle $\mathcal{L}^1 = \mathcal{L}^1(X,\mathcal{E},I)$ die Stonesche Bedingung. Sei μ das durch I definierte Maß. Sei ν ein Maß, dessen Definitionsbereich $\mathfrak{J}$ enthält. Es gilt:

$$\mathcal{E} \subset \mathcal{L}^1[\nu] \text{ und } If = \int f d\nu \ \forall f\in \mathcal{E} \quad \Leftrightarrow \quad \nu = \mu \text{ auf } \mathfrak{J}.$$

Beweis. ⇒ : Ist $A \in \mathcal{J}$ und $\varepsilon > 0$, so gibt es nach 2.33 $u, v \in \mathcal{E}^{\uparrow}$ mit $- u \leq \chi_A \leq v$ und $I(u + v) < \varepsilon$ (insbesondere also $Iu, Iv < \infty$). Wegen $\mathcal{E} \subset \mathcal{L}^1[v]$ und $If = \int f dv \;\; \forall f \in \mathcal{E}$ gilt nach dem Satz von der monotonen Konvergenz $Iu = \int u dv$, $Iv = \int v dv$, also wegen obiger Ungleichung $- Iu \leq \int \chi_A dv = v(A) \leq Iv$, aber auch $- Iu \leq \int \chi_A dI = \mu(A) \leq Iv$, also $|v(A) - \mu(A)| \leq Iu + Iv < \varepsilon$. Es folgt $v(A) = \mu(A)$, also $v = \mu$ auf $\mathcal{J}$.

⇐ : Ist $v = \mu$ auf $\mathcal{J}$, so gilt $\mathcal{E}_\mu \subset \mathcal{E}_v$ und $I_v|_{\mathcal{E}_\mu} = I_\mu$, also gemäß 2.19 $\mathcal{L}^1[\mu] \subset \mathcal{L}^1[v]$ und $\int f dv = \int f d\mu$ für $f \in \mathcal{L}^1[\mu]$. Da $\mathcal{E} \subset \mathcal{L}^1[\mu]$ und $If = \int f d\mu$ für $f \in \mathcal{E}$ nach 4.11, folgt die Behauptung. ∎

(4.13) Folgerung. Seien $\mathcal{E}, I, \mathcal{J}, \mu$ wie in 4.12 und sei μ' das durch I definierte wesentliche Maß, also das zu μ gehörige wesentliche Maß auf $\mathfrak{M}$. Für ein beliebiges Maß v auf $\mathfrak{M}$ gilt:

$$\mathcal{E} \subset \mathcal{L}^1[v] \text{ und } If = \int f dv \;\; \forall f \in \mathcal{E} \qquad \Leftrightarrow \qquad \mu' \leq v \leq \mu \text{ auf } \mathfrak{M} .$$

Beweis. (i) Die rechte Seite der Behauptung ist äquivalent zu $v = \mu$ auf $\mathcal{J}$: Aus $\mu' \leq v \leq \mu$ auf $\mathfrak{M}$ folgt $v = \mu$ auf $\mathcal{J}$. Ist umgekehrt $v = \mu$ auf $\mathcal{J}$, so gilt für $A \in \mathfrak{M}$ notwendig $\sup\{\mu(B) \mid B \in \mathcal{J}, B \subset A\} \leq v(A) \leq \inf\{\mu(B) \mid B \in \mathcal{J}, B \supset A\}$, also $\mu'(A) \leq v(A) \leq \mu(A)$, d.h. $\mu' \leq v \leq \mu$ auf $\mathfrak{M}$.

(ii) Aus 4.12 folgt nun die Behauptung. ∎

Der Vollständigkeit halber und für späteren Gebrauch wollen wir das durch I definierte Maß sowie das zugehörige wesentliche Maß charakterisieren und die Regularitätseigenschaften dieser Maße festhalten. Ist $\mathcal{E}$ der zugrundeliegende Vektorverband auf X, so definieren wir zunächst: Eine Teilmenge von X heißt **$\mathcal{E}$-offen** bzw. **$\mathcal{E}$-kompakt**, wenn sie die Form $\{f > \alpha\}$ mit $f \in \mathcal{E}^{\uparrow}$, $\alpha > 0$ hat (bzw. die Form $\{f \geq \alpha\}$ mit $f \in \mathcal{E}^{\downarrow} \overset{\text{def}}{=} - \mathcal{E}^{\uparrow}$, $\alpha > 0$ hat). Ein Beispiel: im Falle $\mathcal{E} = \mathcal{K}(\mathbb{R})$ sind die $\mathcal{E}$-offenen bzw. $\mathcal{E}$-kompakten Mengen gerade die offenen bzw. kompakten Teilmengen von $\mathbb{R}$.

(4.14) Proposition. Sei I ein Daniell-Integral auf einem Vektorverband $\mathcal{E}$ auf X und erfülle $\mathcal{L}^1(X, \mathcal{E}, I)$ die Stonesche Bedingung. Dann gilt:

(a) Jede $\mathcal{E}$-offene Menge ist meßbar.

(b) Jede $\mathcal{E}$-kompakte Menge ist integrierbar.

Beweis. (a) Sind $f_n \in \mathcal{E}$ mit $f_n \uparrow f$ und ist $\alpha > 0$, so gilt nach 4.9 $\{f_n > \alpha\} = \{f_n \vee 0 > \alpha\} \in \mathcal{J}$, also $\{f > \alpha\} = \cup_n \{f_n > \alpha\} \in \mathfrak{M}$.

(b) Sind $f_n \in \mathcal{E}$ mit $f_n \downarrow f$ und ist $\alpha > 0$, so gilt nach 4.9 $\{f_n \geq \alpha\} = \{f_n \vee 0 \geq \alpha\} \in \mathfrak{V}$ und wegen $\{f_n \geq \alpha\} \downarrow \{f \geq \alpha\}$ nach dem Satz von der monotonen Konvergenz $\{f \geq \alpha\} \in \mathfrak{V}$. ∎

(4.15) Charakterisierung und äußere Regularität des durch I definierten Maßes. Ist I ein Daniell-Integral auf einem Vektorverband $\mathcal{E}$ auf X und erfüllt $\mathcal{L}^1(X,\mathcal{E},I)$ die Stonesche Bedingung, so gilt für das durch I definierte Maß μ:

$$(1) \quad \mu(A) = I^* \chi_A \text{ für alle } A \in \mathfrak{M} .$$

Für beliebiges $A \subset X$ gilt:

$$(2) \quad I^* \chi_A = \inf\{\mu(U) \mid U \supset A, \, U \; \mathcal{E}\text{-offen}\},$$

Aus (1) und (2) folgt insbesondere

$$(2') \quad \mu(A) = \inf\{\mu(U) \mid U \supset A, \, U \; \mathcal{E}\text{-offen}\} \quad \text{für alle } A \in \mathfrak{M}.$$

Für die Eigenschaft $(2')$ sagen wir: μ ist $\mathcal{E}$**-regulär von außen.**

Beweis (1): Es genügt zu zeigen, daß für $A \in \mathfrak{M}$ mit $I^* \chi_A < \infty$ schon $A \in \mathfrak{V}$ gilt. Sei also $A \in \mathfrak{M}$ und sei $f \in \mathcal{E}^{\uparrow}$ mit $f \geq \chi_A$ und $If < \infty$. Sei $0 < \alpha < 1$. Wegen $f \geq \chi_A$ gilt

$$(*) \quad \chi_A \leq \chi_{\{f > \alpha\}} \leq \frac{f}{\alpha} .$$

Wegen $A \in \mathfrak{M}$ und $\{f > \alpha\} \in \mathfrak{V}$ (denn $f \in \mathcal{L}^1$ nach 2.31 (a)) folgt $A = A \cap \{f > \alpha\} \in \mathfrak{V}$. ∎

(2): Sei $A \subset X$. Wegen (1) und der Isotonie von I^* gilt $\leq$ in (2). Es bleibt $\geq$ zu zeigen, wofür wir $I^* \chi_A < \infty$ voraussetzen können. Aus der rechten Hälfte von $(*)$ erhalten wir durch Anwendung von I^* und Infimumsbildung über alle $f \in \mathcal{E}^{\uparrow}$ mit $f \geq \chi_A$ und alle $0 < \alpha < 1$

$$\inf \mu(\{f > \alpha\}) \leq \inf \frac{I^* f}{\alpha} = \inf \frac{If}{\alpha} = I^* \chi_A ,$$

also gilt (2). ∎

(4.16) Bemerkung. (a) Daß die Voraussetzung der Stone-Bedingung in 4.15 nicht überflüssig ist, sieht man aus 4.25. Im dortigen Beispiel gilt $I^* \chi_X = I^* 1 = 1$, aber

$\mu(X) = \infty$, da $X \in \mathfrak{M} \setminus \mathfrak{I}$. Somit gelten (1) und (2) oben nicht. In gleicher Weise zeigt 4.25 auch, daß die Stone-Bedingung für $\mathcal{L}^1$ in 4.17 nicht weggelassen werden kann.

(b) Unter den Voraussetzungen von 4.15 liegen die Mengen $\{f > c\}$, wo $f \in \mathcal{E}^+$, $c > 0$, nach 4.9 in $\mathfrak{I} \subset \mathfrak{M}$. Somit ist gemäß der Nachbemerkung zu 3.24 die von den Funktionen $f \in \mathcal{E}$ erzeugte σ-Algebra in $\mathfrak{M}$ enthalten.

(4.17) Charakterisierung und innere Regularität des durch I definierten wesentlichen Maßes. Sind $\mathcal{E}$, I und $\mathcal{L}^1$ wie in 4.15, so gilt für das durch I definierte wesentliche Maß μ' aus 4.5 das Analogon von 4.15:

$$(1) \quad \mu'(A) = I_* \chi_A \text{ für alle } A \in \mathfrak{M}.$$

Für beliebiges $A \subset X$ gilt

$$(2) \quad I_* \chi_A = \sup\{\mu'(K) \mid K \subset A, K\ \mathcal{E}\text{-kompakt}\}.$$

Aus (1) und (2) folgt insbesondere

$$(2') \quad \mu'(A) = \sup\{\mu'(K) \mid K \subset A, K\ \mathcal{E}\text{-kompakt}\}, \text{ für alle } A \in \mathfrak{M}.$$

Für die Eigenschaft (2') sagen wir: μ' ist $\mathcal{E}$**-regulär von innen**.

Beweis. (2): Da jede $\mathcal{E}$-kompakte Menge K in $\mathfrak{I}$ liegt, und $\mu'(K) = \int \chi_K = I_* \chi_K$ gilt, gilt in (2) jedenfalls $\geq$ wegen der Isotonie von I_*, also bleibt $\leq$ zu zeigen. Da $I_* \chi_A > - \infty$ (ist sogar ≥ 0), gibt es zu jeder beliebigen Konstanten $c < I_* \chi_A$ ein $f \in \mathcal{E}^{\downarrow}$ mit $f \leq \chi_A$ und $\int f \geq c$. Die $\mathcal{E}$-kompakten Mengen $\{f \geq \frac{1}{n}\}$ sind in A enthalten, und nach dem Satz von der monotonen Konvergenz (falls $\sup_n \int \chi_{\{f \geq \frac{1}{n}\}} < \infty$) oder wegen der Isotonie von I_* (falls $\sup_n \int \chi_{\{f \geq \frac{1}{n}\}} = \infty$) erhalten wir $\mu'(\{f \geq \frac{1}{n}\}) = I_* \chi_{\{f \geq \frac{1}{n}\}} \to I_* \chi_{\{f > 0\}} \geq \int f \geq c$, was die zu zeigende Ungleichung beweist.

(1): Für $A \in \mathfrak{M}$ gilt definitionsgemäß $\mu'(A) = \sup\{I_* \chi_B \mid B \subset A, B \in \mathfrak{I}\} \leq I_* \chi_A$ wegen der Isotonie von I_*. Aus (2) erhalten wir
$I_* \chi_A = \sup\{\mu'(K) \mid K \subset A, K\ \mathcal{E}\text{-kompakt}\} \leq \mu'(A)$, also insgesamt $\mu'(A) = I_* \chi_A$. ∎

(4.18) Bemerkung. Für die Konstruktion von μ und μ' aus dem Daniell-Integral I und damit zusammenhängende Resultate haben wir der Einfachheit halber mehr als nötig vorausgesetzt. In 4.1 brauchten wir lediglich, daß I ein Daniell-Integral auf einem Funktionenraum $\mathcal{E}$ mit $\int f dI = \bar{I}f$ für $f \in (\mathcal{L}^1)^+$ ist (damit der Satz von der monotonen Konvergenz gilt, vgl. 2.38) und daß $(\mathcal{L}^1)^+$ ein Verband ist, also mit f und g auch $f \vee g$ und $f \wedge g$ enthält (was wesentlich schwächer als die entsprechende Voraussetzung für ganz $\mathcal{L}^1$ ist). Auch für die Definition der Maße μ und μ' in 4.4 bzw. 4.5 haben wir nicht mehr benutzt. Erfüllt $(\mathcal{L}^1)^+$ die Stonesche Bedingung, so gilt 4.15, wenn man $\mathcal{E}$-offene Mengen als Mengen $\{f > \alpha\}$ mit $f \in (\mathcal{E}^+)^\uparrow$ und $\alpha > 0$ präzisiert (was im Fall eines Verbandes $\mathcal{E}$ mit der alten Definition übereinstimmt), damit die Meßbarkeit $\mathcal{E}$-offener Mengen erhalten bleibt. Des weiteren ist, falls $(\mathcal{L}^1)^+$ die Stonesche Bedingung erfüllt, 4.9 und 4.10 auf jedes $f \in (\mathcal{L}^1)^+$ anwendbar. Aus 4.10 zusammen mit 4.8 folgt dann

$$\mathcal{L}^1[\mu] = \{f - g \mid f, g \in \mathcal{L}^1(X, \mathcal{E}, I)^+\}.$$

Somit ist $\mathcal{L}^1[\mu]$ die größte Teilmenge von $\mathcal{L}^1(X, \mathcal{E}, I)$, welche unter den linearen Operationen sowie $\wedge$ und $\vee$ abgeschlossen ist. Für die weitergehende Aussage des Satzes von Stone und folglich auch 4.12 sowie für 4.17 benutzen wir zusätzlich die Verbandseigenschaft von $\mathcal{L}^1$ (Die Stone-Bedingung für $\mathcal{L}^1$ folgt in diesem Fall aus der für $(\mathcal{L}^1)^+$).

Übungen, Beispiele, Ergänzungen

(4.19) Man zeige: Jede Borelsche Teilmenge von $\mathbb{R}$ ist Lebesgue-meßbar. Die Umkehrung gilt nicht:

(4.20) Existenz Lebesgue-meßbarer Mengen, die nicht Borelsch sind.
Die gewöhnliche Cantor-Menge C, nach Übung 2.43 (b) eine Nullmenge, besteht aus allen Punkten $x \in [0,1]$, die sich in triadischer Entwicklung $x = 0, a_1 a_2 a_3 \ldots$ mit $a_i = 0$ oder 2 darstellen lassen. Die triadische Entwicklung in dieser Form ist eindeutig, also hat C die Kardinalzahl $2^{\aleph_0} = \mathfrak{c}$. Die Potenzmenge P(C) hat deshalb Kardinalzahl $2^{\mathfrak{c}}$. Jede Teilmenge von C ist wieder einer Lebesgue-Nullmenge, also insbesondere meßbar, d.h. es gilt $P(C) \subset \mathbb{L}$. Somit hat $\mathbb{L}$ Kardinalzahl $\geq 2^{\mathfrak{c}}$. Die Menge $\mathbb{B}$ der Borelschen Mengen hat aber Kardinalzahl $\mathfrak{c}$ (siehe 3.28(c)). Wegen $2^{\mathfrak{c}} > \mathfrak{c}$ muß also $\mathbb{L} \neq \mathbb{B}$ gelten.

(4.21) Translationsinvarianz des Lebesgue-Maßes. Für $A \subset \mathbb{R}$ und $a \in \mathbb{R}$ sei $a + A \overset{\text{def}}{=} \{a + b \mid b \in A\}$. Es gilt $\chi_{a+A}(x) = \chi_A(x - a) \ \forall x \in \mathbb{R}$, d.h. der Verschiebung von A mit a entspricht die Verschiebung von χ_A mit $-a$. Aus 2.45 folgt deshalb die Translationsinvarianz, d.h. Verschiebungsinvarianz des Lebesgue-Maßes λ: Ist $\mathbb{L}$ die σ-Algebra der Lebesgue-meßbaren Mengen, $A \in \mathbb{L}$ und $a \in \mathbb{R}$, so gilt $a + A \in \mathbb{L}$ und $\lambda(a + A) = \lambda(A)$. (Für integrierbares A ist das nach 2.45 klar, und jedes beliebige $A \in \mathbb{L}$ läßt sich als Vereinigung der integrierbaren Mengen $A \cap [n, n + 1)$, $n \in \mathbb{Z}$, schreiben).

(4.22) Existenz nicht Lebesgue-meßbarer Teilmengen von $\mathbb{R}$. Aus der Translationsinvarianz des Lebesgue-Maßes 4.21 erhalten wir mit Hilfe des Auswahlaxioms die Existenz nicht meßbarer Mengen: Sei $\mathbb{L} \subset P(\mathbb{R})$ die σ-Algebra der Lebesgue-meßbaren Teilmengen von $\mathbb{R}$. Wir wollen $\mathbb{L} \neq P(\mathbb{R})$ zeigen, indem wir eine nicht meßbare Teilmenge konstruieren. Nach 4.21 gilt für $A \in \mathbb{L}$ stets $x + A \in \mathbb{L}$ und $\lambda(x + A) = \lambda(A)$. Auf dem Einheitsintervall $[0,1]$ erklären wir eine Äquivalenzrelation $\sim$ wie folgt: $x \sim y$, wenn $x - y \in \mathbb{Q}$ gilt. Vermöge des Auswahlaxioms wählen wir aus jeder Äquivalenzklasse $x^\sim$ einen Vertreter $v(x^\sim)$. Sei V die Menge aller $v(x^\sim)$. Für $q_1, q_2 \in \mathbb{Q}$ mit $q_1 \neq q_2$ ist nun $(q_1 + V) \cap (q_2 + V) = \emptyset$. Es gilt

$$[0,1] \subset \bigcup_{q \in [-1,1] \cap \mathbb{Q}} (q + V) \subset [-1,2].$$

Wäre V Lebesgue-meßbar, so folgte

$$1 = \lambda([0,1]) \leq \sum_{q \in [-1,1] \cap \mathbb{Q}} \lambda(q + V) = \sum_{1}^{\infty} \lambda(V) \leq \lambda([-1,2]) = 3.$$

Das ist aber nicht möglich, denn $\sum_{1}^{\infty} \lambda(V)$ ist 0 oder ∞.

Das verwendete Argument geht auf G. Vitali (1905) zurück. Vitali hat für die im Beweis zu treffende Auswahl die Existenz einer Wohlordnung w für $\mathbb{R}$ vorausgesetzt. Aus jedem $x^\sim$ wird das bezüglich w kleinste Element gewählt.

W. Sierpinski[*] hat gezeigt, daß die folgenden schwächeren Auswahlvoraussetzungen (in absteigender Reihenfolge geordnet) genügen, um eine nicht Lebesguemeßbare Menge zu erhalten:

---

*) Oeuvres choisies, Warszawa 1975/76

(i)   „Jedes System T paarweise disjunkter Teilmengen von $\mathbb{R}$ hat $\#T \leq \mathfrak{c}$."

(ii)   „$\# \, \mathbb{R}/_{\mathbb{Q}} \leq \mathfrak{c}$."

(iii)   „$\mathbb{R}/_{\mathbb{Q}}$ kann total geordnet werden."

(iv)   „Das Auswahlaxiom gilt für jedes System paarweise disjunkter zwei-elementiger Teilmengen von $\mathbb{R}/_{\mathbb{Q}}$."

Setzt man die Existenz einer unerreichbaren Kardinalzahl voraus (was vermutlich[*] mit dem Axiomensystem von Zermelo-Fraenkel verträglich ist) und schwächt das Auswahlaxiom dahingehend ab, daß man nur eine abzählbare Folge sukzessiver Auswahlen treffen kann, so ist es nicht mehr möglich, die Existenz nicht Lebesgue-meßbarer Mengen zu zeigen. Dies wurde von R. M. Solovay in [So] gezeigt.

(4.23) Ist $\mathcal{E}$ ein Vektorverband auf X und I ein positives lineares Funktional auf $\mathcal{E}$, so ist $\mathfrak{R} = \{ A \subset X \mid \chi_A \in \mathcal{E} \}$ ein Ring (wegen $\chi_{A \cup B} = \chi_A \vee \chi_B$, $\chi_{A \setminus B} = \chi_{A \cup B} - \chi_B$) und $\mu(A) = I\chi_A$ ein Inhalt auf $\mathfrak{R}$ (denn $I\chi_{A \cup B} = I(\chi_A + \chi_B) = I\chi_A + I\chi_B$ für disjunkte $A, B \in \mathfrak{R}$). Ist I σ-stetig, also ein Daniell-Integral, so ist μ ein Maß (denn $A, A_i \in \mathfrak{R}$, $A_i \uparrow A$ impliziert $I\chi_{A_i} \uparrow I\chi_A$).

(4.24) Sei $\mathfrak{S}$ ein Halbring und $\mathcal{E}_{\mathfrak{S}}$ der Raum der $\mathfrak{S}$-Treppenfunktionen, d.h. der Funktionen $\sum_1^n \alpha_i \chi_{A_i}$ mit $\alpha_i \in \mathbb{R}$, $A_i \in \mathfrak{S}$. Man zeige: es gibt eine natürliche Bijektion $\mu \longmapsto I_\mu$ von der Menge der endlichen Inhalte auf $\mathfrak{S}$ bzw. dem erzeugten Ring $\mathfrak{R}(\mathfrak{S})$ auf die Menge der positiven linearen Funktionale auf $\mathcal{E}_{\mathfrak{S}}$. Genau dann ist I_μ ein Daniell-Integral, wenn μ ein Maß ist.

(4.25) Sei $X = \{1,2\}$, $\mathcal{E} = \{ (a,2a) \mid a \in \mathbb{R} \}$, $I(a,2a) = a$. Dann ist I ein Daniell-Integral auf dem Vektorverband $\mathcal{E}$, und es gilt $\mathcal{L}^1(X, \mathcal{E}, I) = \mathcal{E}$. Insbesondere ist $\mathfrak{I} = \{\emptyset\}$ d.h. $\emptyset$ ist die einzige integrierbare Menge. Ist μ das durch I definierte Maß, so gilt $\mathcal{E}_\mu = \{0\}$, also auch $\mathcal{L}^1[\mu] = \{0\}$. Man sieht hieraus, welche einschneidenden Folgen es haben kann, wenn $\mathcal{L}^1$ nicht die Stonesche Bedingung erfüllt. Es gibt aber auch Fälle, wo $\mathcal{L}^1$ nicht Stonesch, ja nicht einmal ein Verband ist, aber trotzdem μ und damit $\mathcal{L}^1[\mu]$ allen vernünftigen Ansprüchen genügt. Im Falle von 1.23 (siehe 2.49) erhält man $\mathfrak{I} =$ Lebesgue-integrierbare Mengen, $\mu =$ Lebesgue-Maß, $\mathcal{L}^1[\mu] = \mathcal{L}^1(\mathbb{R})$. Zwar gilt $\mathcal{L}^1[\mu] \subsetneqq \mathcal{L}^1(\mathbb{R}, \mathcal{U}, J)$, aber man kann nicht mehr verlangen, denn $\mathcal{L}^1[\mu]$ ist der

---

[*] vgl. [Wa], S. 208

größtmögliche in $\mathcal{L}^1(\mathbb{R},\mathcal{U},J)$ enthaltene Verband, der unter den linearen Operationen abgeschlossen ist (vgl. 4.18).

(4.26) Im ersten Teil des Satzes von Stone 4.11 kann man μ nicht durch das zugehörige wesentliche Maß μ' ersetzen, denn es kann $\mathcal{L}^1[\mu'] \overset{\supset}{\neq} \mathcal{L}^1[\mu] = \mathcal{L}^1(X,\mathcal{E},I)$ gelten (nämlich falls $\mu' \neq \mu$). Nach 4.12 gilt aber wiederum $\mathcal{E} \subset \mathcal{L}^1[\mu']$ und $If = \int f d\mu'$ für $f \in \mathcal{E}$.

(4.27) Seien I, J Daniell-Integrale auf den Stoneschen Vektorverbänden $\mathcal{E}$ bzw. $\mathcal{F}$ auf X und seien μ_I, μ_J die durch I bzw. J definierten Maße. Gelte $\mathfrak{U}_I \subset \mathfrak{U}_J$ und $\mu_J = \mu_I$ auf $\mathfrak{U}_I$ sowie

$$(*) \qquad A \in \mathfrak{U}_J \Rightarrow \exists\, B \in \mathfrak{U}_I \text{ mit } A \subset B \text{ und } \mu_I(B) \leq \mu_J(A) + \varepsilon.$$

Dann gilt $\mu_I = \mu_J$ (einschließlich des Definitionsbereiches).

Beweis. Zu $A \in \mathfrak{U}_J$ gibt es wegen (*) ein $B \in \mathfrak{U}_I$ mit $A \subset B$ und $\mu_J(A) = \mu_I(B)$ $(= \mu_J(B))$. Also gilt $\mu_J(B \backslash A) = 0$, und wieder wegen (*) gibt es ein $C \in \mathfrak{U}_I$ mit $B \backslash A \subset C$ und $\mu_I(C) = 0$. Es folgt $B \backslash A \in \mathfrak{U}_I$ (Bemerkung nach 4.4), also auch $A = B \backslash (B \backslash A) \in \mathfrak{U}_I$. Somit gilt $\mathfrak{U}_J = \mathfrak{U}_I$, also auch $\mathfrak{M}_J = \mathfrak{M}_I$ und $\mu_I = \mu_J$. ∎

(4.28) Für die in 4.7 durchgeführte Konstruktion des Daniell-Integrals I_μ und die im Anschluß daran gebildeten Begriffe genügt es, von einem Maß auf einem Halbring auszugehen. Man kann hierzu 3.37 benutzen oder aber direkt vorgehen. Im zweiten Fall entsteht beim Beweis der σ-Stetigkeit etwas mehr Schreibarbeit, da die Mengen A und A_n nun endliche disjunkte Vereinigungen von Elementen des Halbrings sind.

(4.29) Vektorwertige Integration. Der allgemeine Fall der Integration vektorwertiger Funktionen bezüglich eines Maßes auf einem Ring (oder einem Halbring) verläuft wie der Spezialfall 2.39(a). An die Stelle des Längenmaßes ℓ auf den Intervallen tritt ein Maß μ auf einem Ring $\mathfrak{R}$, an die Stelle von $\mathcal{T}$ bzw. $\mathcal{T}_B$ tritt $\mathcal{E}_\mu$ bzw. $\mathcal{E}_{\mu,B}$, wobei letzteres den Raum der Funktionen $f = \sum_1^n a_i \chi_{A_i}$ mit $a_i \in B$ und $A_i \in \mathfrak{R}$, $\mu(A_i) < \infty$, bezeichnet. Das elementare Integral S wird ersetzt durch das Daniell-Integral I_μ. Der sich ergebende $\mathcal{L}^1$-Raum $\mathcal{L}_B^1(X,\mathcal{E}_\mu,I_\mu)$ wird mit $\mathcal{L}_B^1[\mu]$ bezeichnet. Für $\int f dI_\mu$ schreibt man $\int f d\mu$. Ist I wie in 2.39(b) und μ das durch I definierte Maß, so gilt $\mathcal{L}_B^1(X,\mathcal{E},I) = \mathcal{L}_B^1[\mu]$ mit gleicher Norm und gleichem Integral (Übung).
Hinweis: Es gilt $\bar{I} = \bar{I}_\mu$, die zugehörigen Normen sind also gleich. Jedes $a \cdot f$, wo $a \in B$, $f \in \mathcal{E}$, läßt sich durch $a \cdot g$ mit $g \in \mathcal{E}_\mu$ approximieren und umgekehrt.

5 Das fortsetzende Maß $\bar{\mu}$ und seine Eigenschaften

Geht man von einem Maß μ aus und beschreitet den Weg $\mu \to I_\mu \to \bar{\mu}$, wo I_μ das durch μ definierte Daniell-Integral und $\bar{\mu}$ das durch I_μ definierte Maß ist, so setzt $\bar{\mu}$ das ursprüngliche Maß μ auf die σ-Algebra der meßbaren Mengen fort. Approximation von $\bar{\mu}$ durch μ. Charakterisierung des Definitionsbereiches von $\bar{\mu}$. Man kann $\bar{\mu}$ auch durch die Carathéodory-Konstruktion erhalten. Eindeutigkeit des fortsetzenden Maßes. Vervollständigung eines Maßraums. Charakterisierung von $\bar{\mu}$ und seinem Definitionsbereich mit Hilfe der Vervollständigung. Kriterium für $\mu = \bar{\mu}$. Ergänzend: analoge Ergebnisse für das zu $\bar{\mu}$ gehörige wesentliche Maß $\underline{\mu}$.

Sei X eine Menge, $\mathbb{R}$ ein Ring auf X und μ ein Maß auf $\mathbb{R}$. Sei $(X, \mathcal{E}_\mu, I_\mu)$ wie in 4.7 und $\mathcal{L}^1[\mu] = \mathcal{L}^1(X, \mathcal{E}_\mu, I_\mu)$. Bezeichnen wir mit $\mathbb{J}_\mu$ bzw. $\mathbb{M}_\mu$ die I_μ-integrierbaren bzw. I_μ-meßbaren Mengen, so können wir das gemäß 4.4 durch I_μ definierte Maß auf $\mathbb{M}_\mu$ betrachten, das wir zur Unterscheidung von μ mit $\bar{\mu}$ bezeichnen:

$$\bar{\mu}(A) \;=\; \begin{cases} \int \chi_A \, d\mu & \text{wenn } A \in \mathbb{J}_\mu \\[2mm] +\infty & \text{sonst .} \end{cases}$$

Bemerkung. (a) Nach 4.15(1) und 2.32 gilt $\bar{\mu}(A) = I_\mu^* \chi_A = \bar{I}_\mu \chi_A$ für alle $A \in \mathbb{M}_\mu$.

(b) Gemäß der Bemerkung nach 4.4 mit I_μ und $\bar{\mu}$ anstelle von I und μ, ist $A \subset X$ genau dann eine I_μ-Nullmenge, wenn $A \in \mathbb{M}_\mu$ und $\bar{\mu}(A) = 0$ gilt, also A eine $\bar{\mu}$-Nullmenge im Sinne von Definition 5.2 ist.

(c) Natürlich ist wegen $\mathcal{E}_\mu \subset \mathcal{L}^1[\mu]$ jedes $A \in \mathbb{R}$ mit $\mu(A) < \infty$ in $\mathbb{J}_\mu$, und $\bar{\mu}(A) = I_\mu \chi_A = \mu(A)$. Umgekehrt läßt sich jedes $A \in \mathbb{J}_\mu$ durch $B \in \mathbb{R}$ mit $\mu(B) < \infty$ approximieren:

(5.1) Approximationssatz. Ist $A \subset X$ mit $\bar{I}_\mu(\chi_A) < \infty$, und ist $\varepsilon > 0$, so gibt es $A_i \in \mathbb{R}$ (dem Ring, auf dem μ definiert ist) mit $A_i \subset A_{i+1}$, $\bigcup_1^\infty A_i \supset A$ und $\mu(A_i) < \bar{I}_\mu(\chi_A) + \varepsilon$ für alle i. Es sei daran erinnert, daß im Fall $A \in \mathbb{J}_\mu$, der am meisten interessiert, $\bar{I}_\mu(\chi_A) = \bar{\mu}(A)$ gilt, also $\mu(A_i) < \bar{\mu}(A) + \varepsilon$. Eine offensichtlich äquivalente Formulierung des Satzes: Zu $A \subset X$ mit $\bar{I}_\mu \chi_A < \infty$ und $\varepsilon > 0$ gibt es paarweise disjunkte $B_i \in \mathbb{R}$ mit $\bigcup_1^\infty B_i \supset A$ und $\sum_1^\infty \mu(B_i) < \bar{I}_\mu \chi_A + \varepsilon$. In dieser Form gilt der Satz wegen 3.37 bzw. 5.23 auch für ein Maß μ auf einem Halbring $\mathbb{R}$.

Beweis. Sei $\bar{I}_\mu(\chi_A) = w < \infty$ und $\delta > 0$. Es gibt $f_k \in \mathcal{E}_\mu^+$ mit $\sum_1^\infty f_k \geq \chi_A$ und $\sum_1^\infty I_\mu(f_k) < w + \delta$. Sei $A_n = \{ \sum_1^n f_k > 1 - \delta \}$. Da $\sum_1^n f_k$ eine μ-Treppenfunktion ist, gilt $A_n \in \mathbb{R}$ und

$\mu(A_n) < \infty$. Ferner gilt $A_{n+1} \supset A_n$ und $\bigcup_1^\infty A_n \supset A$. Da auf A_n die Beziehung $\sum_1^n \dfrac{f_k}{1-\delta} > 1$

und somit $\sum_1^n \dfrac{f_k}{1-\delta} \geq \chi_{A_n}$ gilt, erhalten wir $\mu(A_n) \leq \dfrac{\sum I_\mu(f_k)}{1-\delta} \leq \dfrac{w+\delta}{1-\delta}$, was für kleines δ

kleiner als $w + \varepsilon$ ist. ∎

Folgerung 1. Ein weiterer Beweis der Gleichung $\overline{\mu}(A) = \overline{I}_\mu \chi_A$ für $A \in \mathfrak{M}_\mu$:

Für $A \in \mathfrak{M}_\mu$ mit $\overline{I}_\mu \chi_A = \infty$, also $A \notin \mathfrak{I}_\mu$, ist nach Definition $\overline{\mu}(A) = \overline{I}_\mu \chi_A$ richtig. Sei nun $A \in \mathfrak{M}_\mu$ mit $\overline{I}_\mu \chi_A < \infty$. Sind die A_i wie in 5.1, so gilt $A \cap A_i \uparrow A$. Wegen $A \cap A_i \in \mathfrak{I}_\mu$ und dem Satz von der monotonen Konvergenz folgt $A \in \mathfrak{I}_\mu$, also $\overline{\mu}(A) = \int \chi_A d\mu = \overline{I}_\mu \chi_A$. ∎

Folgerung 2: Zu $A \in \mathfrak{I}_\mu$ und $\varepsilon > 0$ gibt es $B \in \mathfrak{R}$ mit $\mu(B) < \infty$ und $\overline{\mu}(A \Delta B) < \varepsilon$.

Beweis. Sei $C = \bigcup_1^\infty A_i$, wo die A_i wie im Approximationssatz sind. Es gilt $C \in \mathfrak{M}_\mu$, $C \supset A$ und $\overline{\mu}(C) = \lim \overline{\mu}(A_i) = \lim \mu(A_i) \leq \overline{\mu}(A) + \varepsilon$. Sei $B = A_k \in \mathfrak{R}$, wo k so gewählt ist, daß $\overline{\mu}(C) - \mu(A_k) \leq \varepsilon$. Nun gilt $\overline{\mu}(A \Delta B) \leq \overline{\mu}(A \Delta C) + \overline{\mu}(C \Delta B) \leq 2\varepsilon$. ∎

Folgerung 3: Ist $\mathfrak{R}$ ein σ-Ring und $A \in \mathfrak{M}_\mu$ mit $\overline{\mu}(A) < \infty$ (also $A \in \mathfrak{I}_\mu$), so gibt es $B,C \in \mathfrak{R}$ mit $B \subset A \subset C$ und $\mu(B) = \overline{\mu}(A) = \mu(C)$.

Beweis. Sind die A_i wie im Approximationssatz, so gilt $\bigcup_1^\infty A_i \in \mathfrak{R}$, da $\mathfrak{R}$ ein σ-Ring ist. Es gibt also zu $\varepsilon > 0$ ein $C_\varepsilon \in \mathfrak{R}$ (nämlich $\bigcup_1^\infty A_i$) mit $C_\varepsilon \supset A$ und $\mu(C_\varepsilon) \leq \overline{\mu}(A) + \varepsilon$. Sei $C = \bigcap_1^\infty C_{1/n}$. Es gilt $C \in \mathfrak{R}$ und $\mu(C) \leq \overline{\mu}(A) < \infty$, aber wegen $A \subset C$ auch $\overline{\mu}(A) \leq \overline{\mu}(C) = \mu(C)$ also $\mu(C) = \overline{\mu}(C) = \overline{\mu}(A)$. Es folgt $\overline{\mu}(C \setminus A) = 0$. Durch Wiederholung der Argumentation für $C \setminus A$ statt A erhalten wir ein $C' \in \mathfrak{R}$ mit $C' \supset (C \setminus A)$ und $\mu(C') = \overline{\mu}(C \setminus A) = 0$. Setzen wir $B = C \setminus C'$, so gilt $B \subset A \subset C$ und $\mu(B) = \mu(C) = \overline{\mu}(A)$.

(5.2) Definition. Sei X eine Menge, $\mathfrak{R} \subset P(X)$ ein Ring und μ ein Maß auf $\mathfrak{R}$. Eine Menge $A \subset X$ heißt μ-**Nullmenge**, wenn $A \in \mathfrak{R}$ und $\mu(A) = 0$ gilt. Das Maß μ heißt **vollständig**, wenn jede Teilmenge einer μ-Nullmenge wieder eine μ-Nullmenge ist.

Wegen der Isotonie eines Maßes ist μ genau dann vollständig, wenn jede Teilmenge einer μ-Nullmenge wieder in $\mathfrak{R}$ liegt.

(5.3) Bemerkung. (a) Sei μ ein Maß auf einem σ-Ring $\mathfrak{R}$. Da in Folgerung 3 $C \setminus B$ eine μ-Nullmenge ist, besagt Folgerung 3, daß jedes $A \in \mathfrak{M}_\mu$ mit $\bar{\mu}(A) < \infty$ sich darstellen läßt in der Form

$$A = B \cup M$$
$$A = C \setminus L$$

mit $B, C \in \mathfrak{R}$ und M,L Teilmengen einer μ-Nullmenge. Ist das Maß μ auf dem σ-Ring $\mathfrak{R}$ vollständig, so gilt also

$$(1) \qquad A \in \mathfrak{I}_\mu \quad \Leftrightarrow \quad A \in \mathfrak{R} \quad \text{und} \quad \mu(A) < \infty .$$

Diese Aussage ist übrigens für jedes nicht vollständige Maß falsch (man betrachte z. B. eine Teilmenge A einer μ-Nullmenge mit $A \notin \mathfrak{R}$) .

(b) Man beachte, daß im Approximationssatz und den beiden Folgerungen nur im Falle $\bar{\mu}(A)$ (bzw. $\bar{I}_\mu \chi_A) < \infty$ Aussagen gemacht werden. Diese Aussagen werden falsch, wenn wir $\bar{\mu}(A) = \infty$ zulassen. Das gilt auch für (a).

(5.4) Fortsetzungssatz für Maße. Ist μ ein Maß auf einem Ring $\mathfrak{R} \subset P(X)$, so ist das durch I_μ definierte Maß $\bar{\mu}$ ein vollständiges Maß auf einer $\mathfrak{R}$ umfassenden σ-Algebra, nämlich $\mathfrak{M}_\mu$, und stimmt auf $\mathfrak{R}$ mit μ überein. Insbesondere folgt hieraus, daß sich jedes Maß auf einem Ring $\mathfrak{R}$ zu einem Maß auf der von $\mathfrak{R}$ erzeugten σ-Algebra fortsetzen läßt. Wegen 3.37 bzw. 5.23 gilt der Satz auch für ein Maß μ auf einem Halbring $\mathfrak{R}$.

Beweis. (a) Wir zeigen zunächst $\mathfrak{R} \subset \mathfrak{M}_\mu$. Sei $A \in \mathfrak{R}$ und $B \in \mathfrak{I}_\mu$. Da $\chi_B \in \mathcal{L}^1[\mu]$, gibt es Treppenfunktionen $f_n \in \mathcal{E}_\mu$ mit $\|\chi_B - f_n\| \to 0$. Setzen wir $g_n = f_n \cdot \chi_A$, so gilt $g_n \in \mathcal{E}_\mu$ und $|\chi_{B \cap A} - g_n| = |(\chi_B - f_n)\chi_A| \leq |\chi_B - f_n|$, also $\|\chi_{B \cap A} - g_n\| \leq \|\chi_B - f_n\| \to 0$ und somit $\chi_{B \cap A} \in \mathcal{L}^1[\mu]$ d.h. $B \cap A \in \mathfrak{I}_\mu$, also $A \in \mathfrak{M}_\mu$.

(b) (i) Ist $A \in \mathfrak{R}$ und $\mu(A) < \infty$, so ist $A \in \mathfrak{I}_\mu$ und $\bar{\mu}(A) = \mu(A)$ (siehe (c) vor 5.1).

(ii) Ist $A \in \mathfrak{R}$ und $\bar{\mu}(A) < \infty$ und sind die Mengen $A_i \in \mathfrak{R}$ wie im Approximationssatz, so gilt $A = \bigcup_1^\infty (A \cap A_i)$, also $\mu(A) = \lim \mu(A \cap A_i) \leq \bar{\mu}(A) + \varepsilon < \infty$, und nach (i) folgt $\bar{\mu}(A) = \mu(A)$. Damit ist $\bar{\mu}$ auf $\mathfrak{R}$ gleich μ.

(c) Daß $\bar{\mu}$ vollständig ist, folgt aus der integrationstheoretischen Definition: gilt $\|\chi_A\| = 0$, so auch $\|\chi_B\| = 0$ für alle $B \subset A$. ∎

(5.5) Bemerkung. Das Argument von (a) oben liefert die Charakterisierung

$$\mathfrak{M}_\mu = \{\, A \subset X \mid B \in \mathfrak{R}, \ \mu(B) < \infty \ \Rightarrow \ A \cap B \in \mathfrak{I}_\mu \,\} \, .$$

Die Inklusion „$\subset$" ist klar, während „$\supset$" sich wie in (a) ergibt (wobei statt $g_n \in \mathfrak{E}_\mu$ nun $g_n \in \mathcal{L}^1[\mu]$ gilt). Wegen 3.37 gilt die Charakterisierung auch für ein Maß μ auf einem Halbring $\mathfrak{R}$.

Der Fortsetzungssatz zeigt, daß wir auf dem Weg $\mu \rightsquigarrow \mathcal{L}^1[\mu] \rightsquigarrow \overline{\mu}$ zum „erweiterteten Ausgangspunkt" zurückkommen: $\overline{\mu}$ setzt μ fort. Für ein endliches Maß μ ist diese Aussage nach Definition klar (vgl. (c) vor 5.1), für beliebiges μ folgt sie, wie wir gerade gesehen haben, aus dem Approximationssatz.

(5.6) Bemerkung. Man kann ein Maß auch ohne Benutzung der Integrationstheorie, auf rein maßtheoretischem Weg fortsetzen. Wir skizzieren den Gedankengang: Ist μ ein Maß auf dem Ring $\mathfrak{R}$, so definieren wir für beliebiges $A \subset X$

$$\mu^*(A) = \inf\Big\{ \sum_1^\infty \mu(A_n) \mid A_n \in \mathfrak{R}, \ \bigcup_1^\infty A_n \supset A \Big\} \, .$$

μ^* ist ein **äußeres Maß**, d.h. eine Abbildung von $P(X)$ nach $[0,\infty]$ mit den Eigenschaften

    (i) $\mu^*(\emptyset) = 0$

    (ii) $A \subset B \Rightarrow \mu^*(A) \le \mu^*(B)$ (Isotonie)

    (iii) $\mu^*(\bigcup_1^\infty A_n) \le \sum_1^\infty \mu^*(A_n)$ (abzählbare Subadditivität)

Ein Satz von Carathéodory besagt nun, daß das System
$\{A \subset X \mid \mu^*(B) = \mu^*(B \cap A) + \mu^*(B \setminus A)$ für alle $B \subset X\}$ eine σ-Algebra $\mathfrak{A}$ bildet und μ^* eingeschränkt auf $\mathfrak{A}$ ein Maß ist. In der vorliegenden Situation gilt $\mathfrak{R} \subset \mathfrak{A}$ und $\mu^*|_{\mathfrak{R}} = \mu$, und man kann zeigen, daß $\mathfrak{A} = \mathfrak{M}_\mu$ und $\mu^*|_{\mathfrak{A}} = \overline{\mu}$ (wie oben) gilt, daß also die „Carathéodory-Fortsetzung" von μ mit der „Daniell-Fortsetzung" übereinstimmt (siehe 5.18).

Wir wollen noch Überlegungen zur Eindeutigkeit der Fortsetzung eines Maßes anstellen.

(5.7) Hilfssatz. Sei μ ein Maß auf dem Ring $\mathfrak{R} \subset P(X)$. Sei $A \subset X$ und $\mathfrak{R}_1 \supset \mathfrak{R}$ ein Ring mit $A \in \mathfrak{R}_1$. Ist das Maß μ_1 eine Fortsetzung von μ auf $\mathfrak{R}_1$ so gilt

$$\mu_1(A) \leq \bar{I}_\mu \chi_A \; .$$

Insbesondere haben wir $\mu_1(A) \leq \bar{\mu}(A)$ für $A \in \mathfrak{M}_\mu$, d.h. jede Fortsetzung von μ wird auf $\mathfrak{M}_\mu$ durch $\bar{\mu}$ dominiert.

Beweis. Ist $\bar{I}_\mu \chi_A = \infty$, so stimmt die Behauptung. Sei also $\bar{I}_\mu \chi_A < \infty$ und seien die Mengen $A_i \in \mathfrak{R}$ wie im Approximationssatz. Es gilt $A \subset \bigcup_1^\infty A_i$, also $A_i \cap A \uparrow A$ mit $A_i \cap A \in \mathfrak{R}_1$ und somit $\mu_1(A) = \lim \mu_1(A_i \cap A) \leq \lim \mu_1(A_i) = \lim \mu(A_i) \leq \bar{I}_\mu \chi_A + \varepsilon$. Da $\varepsilon > 0$ beliebig war, folgt $\mu_1(A) \leq \bar{I}_\mu \chi_A$. ∎

(5.8) Eindeutigkeit des fortsetzenden Maßes auf $\mathfrak{I}_\mu$. Sei μ ein Maß auf dem Ring $\mathfrak{R}$. Sei $A \in \mathfrak{M}_\mu$ mit $\bar{\mu}(A) < \infty$ (also $A \in \mathfrak{I}_\mu$) und sei $\mathfrak{R}_1 \supset \mathfrak{R}$ ein Ring mit $A \in \mathfrak{R}_1$. Ist das Maß μ_1 eine Fortsetzung von μ auf $\mathfrak{R}_1$, so gilt $\mu_1(A) = \bar{\mu}(A)$.

Beweis. Zu $\varepsilon > 0$ gibt es nach Folgerung 1 des Approximationssatzes ein $B \in \mathfrak{R}$ mit $\mu(B) < \infty$ und $\bar{\mu}(A \triangle B) < \varepsilon$. Nach dem Hilfssatz gilt dann $\mu_1(A \triangle B) < \varepsilon$. Wegen $\bar{\mu}(B) = \mu_1(B) = \mu(B)$ erhalten wir $|\, \bar{\mu}(A) - \mu(B) \,| = |\, \bar{\mu}(A) - \bar{\mu}(B)| \leq \bar{\mu}(A \triangle B) < \varepsilon$ und $|\, \mu_1(A) - \mu(B) \,| = |\, \mu_1(A) - \mu_1(B)| \leq \mu_1(A \triangle B) < \varepsilon$, also $|\, \bar{\mu}(A) - \mu_1(A) \,| < 2\varepsilon$. ∎

(5.9) Definition. Sei μ ein Maß auf dem Ring $\mathfrak{R} \subset P(X)$. Eine Menge $A \subset X$ heißt **σ-endlich** bezüglich μ, wenn es $A_i \in \mathfrak{R}$ mit $\mu(A_i) < \infty$ und $\bigcup_1^\infty A_i \supset A$ gibt.

Ein Vergleich mit 3.10 zeigt: Ein Maß μ ist genau dann σ-endlich, wenn X (und somit jede Teilmenge von X) σ-endlich bezüglich μ ist.

(5.10) Eindeutigkeit des fortsetzenden Maßes auf bezüglich μ σ-endlichen Mengen aus $\mathfrak{M}_\mu$. Sei μ ein Maß auf dem Ring $\mathfrak{R}$. Sei $A \in \mathfrak{M}_\mu$ σ-endlich bezüglich μ und sei $\mathfrak{R}_1 \supset \mathfrak{R}$ ein Ring mit $A \in \mathfrak{R}_1$. Ist das Maß μ_1 eine Fortsetzung von μ auf $\mathfrak{R}_1$, so gilt $\mu_1(A) = \bar{\mu}(A)$. Insbesondere gilt für σ-endliches μ:

(a) $\bar{\mu}$ ist die eindeutig bestimmte Fortsetzung von μ zu einem Maß auf der σ-Algebra $\mathfrak{M}_\mu$.

(b) Ist $\mathfrak{A}(\mathfrak{R})$ die von $\mathfrak{R}$ erzeugte σ-Algebra, so ist $\overline{\mu}|_{\mathfrak{A}(\mathfrak{R})}$ die eindeutig bestimmte Fortsetzung von μ zu einem Maß auf $\mathfrak{A}(\mathfrak{R})$.

Wegen 3.37 bzw. 5.23 gilt der Satz auch, wenn $\mathfrak{R}$ lediglich ein Halbring ist.

Beweis. Sei $A \in \mathfrak{M}_\mu$ σ-endlich bezüglich μ und seien $A_n \in \mathfrak{R}$ mit $\mu(A_n) < \infty$ und

$A \subset \bigcup_1^\infty A_n$. Es gilt $A \cap A_n \in \mathfrak{I}_\mu$. Da nach 5.8 $\mu_1 = \overline{\mu}$ auf $\mathfrak{R}_1 \cap \mathfrak{I}_\mu$ gilt, folgt

$$\mu_1(A) = \lim_{k \to \infty} \mu_1 \left(\bigcup_1^k (A \cap A_n) \right) = \lim_{k \to \infty} \overline{\mu} \left(\bigcup_1^k (A \cap A_n) \right) = \overline{\mu}(A). \blacksquare$$

Daß die Voraussetzung der σ-Endlichkeit in 5.10 nicht überflüssig ist, sieht man z.B. indem man $\mathfrak{R} = \{\emptyset\}$ wählt. Im Hinblick auf späteren Gebrauch betrachten wir noch ein

(5.11) Beispiel. Sei $X = \{1,2\}$, $\mathfrak{R} = \{\emptyset, X\}$ und $\mu(\emptyset) = 0$, $\mu(X) = \infty$. Dann ist $\mathfrak{R}$ eine σ-Algebra und μ ein vollständiges (nicht σ-endliches) Maß auf $\mathfrak{R}$. Wir erhalten $\mathfrak{M}_\mu = P(X)$ und $\overline{\mu}(\{1\}) = \overline{\mu}\{2\}) = \infty$. Für $0 \le \alpha < \infty$ definieren wir μ_α durch $\mu_\alpha|_{\mathfrak{R}} = \mu$, $\mu_\alpha(\{1\}) = \alpha$, $\mu_\alpha(\{2\}) = \infty$. Dann ist μ_α ein Maß auf $\mathfrak{M}_\mu$, das μ fortsetzt, aber von $\overline{\mu}$ verschieden ist (anders als in 5.10(a)). Da verschiedene α verschiedene μ_α liefern, erhalten wir gleich überabzählbar viele verschiedene Fortsetzungen von μ. Wenn wir das Beispiel abändern, indem wir $\mu(X)$ einen endlichen Wert geben, so ist $\mathfrak{M}_\mu = \mathfrak{R}$ und $\mu = \overline{\mu}$. Trotzdem läßt sich μ natürlich auf $P(X)$ fortsetzen (durch $\mu(\{1\}) = \alpha$, $\mu(\{2\}) = \mu(X) - \alpha$). Die σ-Algebra $\mathfrak{M}_\mu$ braucht also im allgemeinen hinsichtlich der Fortsetzbarkeit von μ keineswegs maximal zu sein.

Um den Definitionsbereich von $\overline{\mu}$, die σ-Algebra $\mathfrak{M}_\mu$, charakterisieren zu können, benötigen wir den Begriff der Vervollständigung.

(5.12) Satz und Definition. Sei $(X, \mathfrak{A}, \mu)$ ein Maßraum. Sei $\widehat{\mathfrak{A}}$ das Mengensystem, dessen Elemente sich in der Form $A \cup N$ mit $A \in \mathfrak{A}$ und N einer Teilmenge einer μ-Nullmenge schreiben lassen, also $\widehat{\mathfrak{A}} = \{ A \cup N \mid A \in \mathfrak{A}, N \subset M, M \in \mathfrak{A}, \mu(M) = 0 \}$. Dann ist $\widehat{\mathfrak{A}}$ eine σ-Algebra, genannt die **Vervollständigung von** $\mathfrak{A}$ bezüglich μ. Setzen wir $\widehat{\mu}(A \cup N) = \mu(A)$ für $A \cup N \in \widehat{\mathfrak{A}}$ (A und N wie soeben), so ist $\widehat{\mu}$ ein vollständiges Maß auf $\widehat{\mathfrak{A}}$, genannt die **Vervollständigung von** μ. Der Maßraum $(X, \widehat{\mathfrak{A}}, \widehat{\mu})$ heißt die **Vervollständigung von** $(X, \mathfrak{A}, \mu)$. Ist μ schon vollständig, so ergibt sich offenbar $\widehat{\mathfrak{A}} = \mathfrak{A}$ und $\widehat{\mu} = \mu$, d.h. $\mathfrak{A}$ und μ werden reproduziert.

Beweis. Übung 5.22.

Für σ-endliches μ ergibt sich der Satz auch als Nebenprodukt von

(5.13) Ist $(X, \mathfrak{A}, \mu)$ ein σ-endlicher Maßraum, so gilt $\widehat{\mathfrak{A}} = \mathfrak{M}_{\mu}$ und $\widehat{\mu} = \overline{\mu}$, d.h. $(X, \mathfrak{M}_{\mu}, \overline{\mu})$ ist die Vervollständigung von $(X, \mathfrak{A}, \mu)$.

Beweis von 5.13. Da $\mathfrak{A} \subset \mathfrak{M}_{\mu}$, $\overline{\mu}|_{\mathfrak{A}} = \mu$ und $\overline{\mu}$ vollständig ist, gilt $\widehat{\mathfrak{A}} \subset \mathfrak{M}_{\mu}$ und $\overline{\mu}|_{\widehat{\mathfrak{A}}} = \widehat{\mu}$. Es bleibt also nur noch $\mathfrak{M}_{\mu} \subset \widehat{\mathfrak{A}}$ zu zeigen. Sei $B \in \mathfrak{M}_{\mu}$. Da μ σ-endlich ist, gibt es $B_i \subset \mathfrak{A}$ mit $\mu(B_i) < \infty$ und $\bigcup_1^{\infty} B_i = X$. Da $B_i \in \mathbb{J}_{\mu}$, folgt $B_i \cap B \in \mathbb{J}_{\mu}$, es gibt also nach (5.3)(a) Mengen $A_i \in \mathfrak{A}$ und $N_i \subset M_i$ mit $M_i \in \mathfrak{A}$, $\mu(M_i) = 0$, so daß $B_i \cap B = A_i \cup N_i$. Somit gilt $B = \bigcup_1^{\infty}(B_i \cap B) = (\bigcup_1^{\infty} A_i) \cup (\bigcup_1^{\infty} N_i) \in \widehat{\mathfrak{A}}$, denn $\bigcup_1^{\infty} A_i \in \mathfrak{A}$ und $\bigcup_1^{\infty} N_i \subset M = \bigcup_1^{\infty} M_i$, wobei $M \in \mathfrak{A}$ und $\mu(M) = 0$. ∎

Beweis von 5.12 im σ-endlichen Fall. Wegen $\widehat{\mathfrak{A}} = \mathfrak{M}_{\mu}$ und $\widehat{\mu} = \overline{\mu}$ ist $\widehat{\mathfrak{A}}$ eine σ-Algebra und $\widehat{\mu}$ ein vollständiges Maß auf $\widehat{\mathfrak{A}}$. ∎

(5.14) Bemerkung. (a) Im Beispiel 5.11 gilt $\mathfrak{M}_{\mu} \neq \mathbb{R}$, obwohl μ vollständig ist. Dies zeigt, daß die Voraussetzung der σ-Endlichkeit in 5.13 nicht überflüssig ist.

(b) Wie wir im Beweis von 5.13 gesehen haben, gilt stets $\widehat{\mathfrak{A}} \subset \mathfrak{M}_{\mu}$ und $\overline{\mu}|_{\widehat{\mathfrak{A}}} = \widehat{\mu}$, auch wenn μ nicht σ-endlich ist.

(5.15) Charakterisierung von $\mathfrak{M}_{\mu}$ und $\overline{\mu}$ im σ-endlichen Fall. Sei μ ein σ-endliches Maß auf dem Ring $\mathbb{R} \subset P(X)$, sei $\mathfrak{A}(\mathbb{R})$ die von $\mathbb{R}$ erzeugte σ-Algebra und ν die (gemäß 5.10 (b) eindeutig bestimmte) Fortsetzung von μ zu einem Maß auf $\mathfrak{A}(\mathbb{R})$. Dann ist $(X, \mathfrak{M}_{\mu}, \overline{\mu})$ die Vervollständigung von $(X, \mathfrak{A}(\mathbb{R}), \nu)$. Wegen 3.37 bzw. 5.23 gilt der Satz auch, wenn $\mathbb{R}$ nur ein Halbring ist.

Beweis. Das Maß μ wird fortgesetzt durch $\overline{\mu}|_{\mathfrak{A}(\mathbb{R})} = \nu$, was seinerseits durch $\overline{\mu}$ fortgesetzt wird. Hieraus folgt $\mathcal{E}_{\mu} \subset \mathcal{E}_{\nu} \subset \mathcal{E}_{\overline{\mu}}$, was $\mathcal{L}^1[\mu] \subset \mathcal{L}^1[\nu] \subset \mathcal{L}^1[\overline{\mu}]$ impliziert. Da nach dem Satz von Stone $\mathcal{L}^1[\mu] = \mathcal{L}^1[\overline{\mu}]$ (mit gleichem Integral) gilt, sind alle drei

$\mathcal{L}^1$-Räume gleich und wir erhalten insbesondere $\mathbf{I}_\mu = \mathbf{I}_\nu$, also auch $\mathfrak{M}_\mu = \mathfrak{M}_\nu$, woraus $\overline{\mu} = \overline{\nu}$ folgt (denn auf $\mathbf{I}_\mu = \mathbf{I}_\nu$ stimmen beide Maße überein, ansonsten sind beide ∞). Anwendung von 5.13 auf $\mathfrak{A}(\mathfrak{R})$ und ν liefert $\widehat{\mathfrak{A}(\mathfrak{R})} = \mathfrak{M}_\nu = \mathfrak{M}_\mu$ und $\widehat{\nu} = \overline{\nu} = \overline{\mu}$. ∎

Wir wollen nun untersuchen, wann $\mu = \overline{\mu}$ gilt. Dazu ist jedenfalls notwendig, daß μ vollständig und $\mathfrak{R}$ eine σ-Algebra ist, denn für $\overline{\mu}$ und $\mathfrak{M}_\mu$ trifft dies stets zu. Wenn wir μ als σ-endlich voraussetzen, sind diese Bedingungen auch hinreichend:

(5.16) Satz. Sei μ ein σ-endliches Maß auf einem Ring $\mathfrak{R} \subset P(X)$ und $\overline{\mu}$ die durch Integrationstheorie erhaltene Fortsetzung von μ auf $\mathfrak{M}_\mu$. Es gilt $\mu = \overline{\mu}$ genau dann, wenn $\mathfrak{R}$ eine σ-Algebra und μ vollständig ist.

Beweis. Wir brauchen nur noch eine Implikation zu beweisen. Aus 5.13 und der Vollständigkeit von μ erhalten wir $\mathfrak{M}_\mu = \widehat{\mathfrak{R}} = \mathfrak{R}$ und $\overline{\mu} = \widehat{\mu} = \mu$. ∎

Die Voraussetzung der σ-Endlichkeit ist auch in 5.16 nötig. Man sieht das am Beispiel 5.11 (erste Hälfte), wo $\overline{\mu} \neq \mu$ gilt. Wenn wir aber in 5.16 annehmen, daß μ von einem Daniell-Integral I herkommt, so wird die Voraussetzung der σ-Endlichkeit überflüssig und es gilt stets $\mu = \overline{\mu}$:

(5.17) Satz. Ist μ das durch ein Daniell-Integral I definierte Maß auf der σ-Algebra $\mathfrak{M}$ der I-meßbaren Mengen, so gilt $\mathfrak{M} = \mathfrak{M}_\mu$, also $\mu = \overline{\mu}$.

Beweis. Es genügt $\mathbf{I} = \mathbf{I}_\mu$ zu zeigen (denn dann gilt $\mathfrak{M} = \mathfrak{M}_\mu$ und damit $\mu = \overline{\mu}$, da $\overline{\mu}$ das Maß μ fortsetzt). $\mathbf{I} \subset \mathbf{I}_\mu$ ist klar. Ist $A \in \mathbf{I}_\mu$, so gilt $\chi_A \in \mathcal{L}^1[\mu] \subset \mathcal{L}^1(X, \mathcal{E}, I)$, also $A \in \mathbf{I}$. ∎

Der letzte Satz besagt, daß in der Kette

$$\mathcal{L}^1(X,\mathcal{E},I) \;\Rrightarrow\; (\mathfrak{M},\mu) \;\Rrightarrow\; \mathcal{L}^1[\mu] \;\Rrightarrow\; (\mathfrak{M}_\mu,\overline{\mu}) \;\ldots$$

alle Paare (σ-Algebra, Maß) identisch sind. Der Stonesche Satz besagt, daß $\mathcal{L}^1(X,\mathcal{E},I) = \mathcal{L}^1[\mu]$ genau dann, wenn $\mathcal{L}^1(X,\mathcal{E},I)$ die Stonesche Bedingung erfüllt, und daß stets $\mathcal{L}^1[\mu] = \mathcal{L}^1[\overline{\mu}] = \mathcal{L}^1[\overline{\overline{\mu}}] = \ldots$ gilt. Der Satz 5.16 besagt, daß in der entsprechenden bei $(\mathfrak{R},\mu)$ beginnenden Kette

$$(\mathfrak{R},\mu) \;\Longrightarrow\; \mathcal{L}^1[\mu] \;\Longrightarrow\; (\mathfrak{M}_\mu,\overline{\mu}) \;\Longrightarrow\; \mathcal{L}^1[\overline{\mu}] \;\ldots$$

$(\mathfrak{R},\mu) = (\mathfrak{M}_\mu,\overline{\mu})$ gilt (und damit wegen Obigem alle Paare (σ-Algebra, Maß) übereinstimmen), wenn $\mathfrak{R}$ eine σ-Algebra und μ ein σ-endliches vollständiges Maß ist.

Die von uns betrachtete Kette hat also, gleich ob sie mit $a_1 = \mathcal{L}^1(X,\mathcal{E},I)$ oder $a_1 = (\mathfrak{R},\mu)$ beginnt, die Gestalt

$$a_1 \;\Longrightarrow\; a_2 \;\Longrightarrow\; a_3 \;\Longrightarrow\; a_4 \ldots \quad \text{mit} \quad a_i = a_{i+2} \quad \text{für jedes } i > 1,$$

wobei je nach den konkreten Voraussetzungen auch $a_1 = a_3$ gelten kann.

Übungen, Beispiele, Ergänzungen

(5.18) Sei μ ein Maß auf dem Ring $\mathfrak{R} \subset P(X)$ und seien $\mathcal{E}_\mu$, I_μ wie in 4.7. Für beliebiges $A \subset X$ sei

$$\mu^\circ(A) = \overline{I}_\mu \chi_A \;.$$

(a) Man zeige, daß μ° ein äußeres Maß ist und mit μ^* von 5.6 übereinstimmt

(b) Sei $\mathfrak{A} = \{A \subset X \mid \mu^\circ(B \cap A) + \mu^\circ(B \setminus A) = \mu^\circ(B) \text{ für jedes } B \subset X\}$. Man zeige $\mathfrak{A} \subset \mathfrak{M}_\mu$, also $A \cap B \in \mathbb{I}_\mu$ für $A \in \mathfrak{A}$, $B \in \mathbb{I}_\mu$
(Hinweis: dies zunächst für $B \in \mathfrak{R}$ mit $\mu(B) < \infty$ zeigen).

(c) Man zeige $\mathfrak{M}_\mu \subset \mathfrak{A}$ (Hinweis: $\mu^\circ = \mu^*$ benutzen)

(d) Aus (a), (b), (c) folgt, daß $\mu^*|_{\mathfrak{A}} = \overline{\mu}$ gilt, die Carathéodory-Fortsetzung eines Maßes also mit der integrationstheoretischen Fortsetzung übereinstimmt.

(5.19) Wegen 5.1 ist eine Menge $A \subset \mathbb{R}$ genau dann eine Lebesgue-Nullmenge, wenn es zu jedem $\varepsilon > 0$ Intervalle A_i, $i \in \mathbb{N}$ gibt, für die $A \subset \bigcup_1^\infty A_i$ und $\sum_1^\infty \ell(A_i) < \varepsilon$ gilt. Die A_i können paarweise disjunkt gewählt werden.

(5.20) Man zeige durch ein Beispiel, daß die Folgerung 3 des Approximationssatzes 5.1 falsch wird, wenn man auf die Voraussetzung verzichtet, daß $\mathfrak{R}$ ein σ-Ring ist.

(5.21) Weshalb ist die Einschränkung des Lebesgue-Maßes λ auf die σ-Algebra $\mathfrak{B}$ der Borel-Mengen von $\mathbb{R}$ nicht vollständig? Hinweis: 4.20.

(5.22) Man beweise 5.12.

(5.23) Da $\mathcal{E}_\mu$ und I_μ und somit $\bar{\mu}$ auch ausgehend von einem Maß μ auf einem Halbring gebildet werden können (vgl. 4.28), gilt fast alles in diesem Kapitel auch in diesem Fall, wobei manches etwas anders zu formulieren ist und/oder etwas mehr Schreibarbeit erfordert, da ein Halbring nicht notwendig unter Vereinigung abgeschlossen ist. (Der Mehraufwand entfällt weitgehend, wenn man 3.37 benutzt).

(5.24) Statt $\bar{\mu}$ können wir auf der σ-Algebra $\mathfrak{M}_\mu$ auch das zu $\bar{\mu}$ gehörige wesentliche Maß $\bar{\mu}\,'$ betrachten, welches wir mit $\underline{\mu}$ bezeichnen. Nach 4.5 und 4.17(1) gilt

$$\underline{\mu}(A) = I_{\mu\,*}(\chi_A).$$

Falls μ σ-endlich ist, gilt $\underline{\mu} = \bar{\mu}$. Fast alle Resultate über $\bar{\mu}$ in diesem Kapitel haben ihre Entsprechung für $\underline{\mu}$. Der Approximationssatz 5.1 nimmt nach 4.17(2) folgende Form an:

Satz. Für beliebiges $A \subset X$ gilt $I_{\mu\,*}\,\chi_A = \sup\{\inf \mu(A_i) \mid A_i \in \mathfrak{R}, \mu(A_i) < \infty, A_i \supset A_{i+1},$ $\bigcap_1^\infty A_i \subset A\}$, für $A \in \mathfrak{M}_\mu$ also $\underline{\mu}(A) = \sup\{\inf \mu(A_i) \mid \ldots$ wie soeben $\ldots\}$.

Der Fortsetzungssatz 5.4 gilt für $\underline{\mu}$ nicht allgemein, sondern genau dann, wenn μ wesentlich ist. Stets ist $\underline{\mu}$ vollständig. In Analogie zu 5.6 läßt sich das Maß $\underline{\mu}$ auch ohne Integrationstheorie gewinnen, wobei man von etwas anderen Startvoraussetzungen ausgeht (vgl. [T], S. 198). In 5.7 für $\underline{\mu}$ lautet die Ungleichung $I_{\mu\,*}\,\chi_A \le \mu_1(a)$, insbesondere also $\underline{\mu}(A) \le \mu_1(A)$ für $A \in \mathfrak{M}_\mu$. Satz 5.17 nimmt folgende Gestalt an:

Satz. Ist μ das durch ein Daniell-Integral I definierte wesentliche Maß auf der σ-Algebra $\mathfrak{M}$ der I-meßbaren Mengen, so gilt $\mathfrak{M} = \mathfrak{M}_\mu$ und $\mu = \bar{\mu} = \underline{\mu}$. (Mit Hilfe von 6.22 zeigt man $\mathfrak{J}_\mu = \{A \cup B \mid A \in \mathfrak{J}, B \in \mathfrak{M}$ mit $\mu(B) = 0\}$ und folgert hieraus $\mathfrak{M}_\mu = \mathfrak{M}$ und $\mu = \bar{\mu} = \underline{\mu}$).

(5.25) Mit Hilfe von 4.15 (2) und 4.17 (2) erhält man alternative Beweise für den Approximationssatz 5.1 und Folgerung 3 davon.

(a) 5.1 folgt aus 4.15 (2) und der Tatsache, daß $\mathcal{E}_\mu$-offene Mengen die Form $\bigcup_1^\infty A_i$ mit $A_i \in \mathfrak{R}_e \overset{\text{def}}{=} \{A \in \mathfrak{R} \mid \mu(A) < \infty\}$ haben und auf $\mathfrak{R}_e$ $\overline{\mu} = \mu$ gilt.

(b) Folgerung 3 ergibt sich mit Hilfe von 4.15 (2) und 4.17 (2). $\mathcal{E}_\mu$-kompakte Mengen haben die Form $\bigcap_1^\infty A_i$ mit $A_i \in \mathfrak{R}_e$. Man schachtelt nun A von außen durch eine Folge $\{C_n\}$ $\mathcal{E}_\mu$-offener Mengen mit $\mu(C_n) \downarrow \overline{\mu}(A)$, von innen durch eine Folge $\{B_n\}$ $\mathcal{E}_\mu$-kompakter Mengen mit $\mu(B_n) \uparrow \overline{\mu}(A)$ ein. Mit $B = \bigcup B_n \in \mathfrak{R}$ und $C = \bigcap C_n \in \mathfrak{R}$ gilt $B \subset A \subset C$ und $\mu(B) = \overline{\mu}(A) = \mu(C)$, also die Behauptung.

6   Klassische Integration bezüglich eines Maßes

$\mathfrak{A}$-meßbare Funktionen, Integral $\mathfrak{A}$-meßbarer Funktionen, $\mathcal{L}^1(\mu)$. Zusammenhang zwischen $\mathcal{L}^1(\mu)$ und $\mathcal{L}^1[\mu]$. Integration bezüglich eines Bildmaßes. Ergänzend: Durch $\mathfrak{A}$-meßbare Funktionen definierte Mengen. $\mathfrak{M}_\mu$-Meßbarkeit ist mit der Äquivalenz $\sim$ verträglich. Semi-Integrierbarkeit.

6a Meßbare Funktionen (mit Werten in $\overline{\mathbb{R}}$)

Sei $(X,\mathfrak{A})$ ein meßbarer Raum. Eine Funktion f: $X \to \overline{\mathbb{R}}$ heißt $\mathfrak{A}$-**meßbar** (oder kurz: **meßbar**), wenn sie $\mathfrak{A}$-$\overline{\mathfrak{B}}$-meßbar ist (vgl. 3.5), wobei $\overline{\mathfrak{B}}$ die σ-Algebra der Borel-Mengen von $\overline{\mathbb{R}}$ bezeichnet. Da $\overline{\mathfrak{B}}$ nach 3.25 von den Halbstrahlen $(a,\infty]$, $a \in \mathbb{R}$, erzeugt wird, ist die $\mathfrak{A}$-Meßbarkeit von f gleichbedeutend damit, daß $\{f > a\} = f^{-1}((a,\infty]) \in \mathfrak{A}$ für jedes $a \in \mathbb{R}$ gilt. Nimmt f nur reelle Werte an, so ist wegen $\mathbb{R} \cap \overline{\mathfrak{B}} = \mathfrak{B}$ die $\mathfrak{A}$-Meßbarkeit, also $\mathfrak{A}$-$\overline{\mathfrak{B}}$-Meßbarkeit von f gleichbedeutend mit der $\mathfrak{A}$-$\mathfrak{B}$-Meßbarkeit von f als Abbildung von X nach $\mathbb{R}$. Den Raum der $\mathfrak{A}$-meßbaren Funktionen bezeichnen wir mit $\mathcal{M}(\mathfrak{A})$ oder kurz $\mathcal{M}$.

(6.1) Proposition. Sei $(X,\mathfrak{A})$ ein meßbarer Raum. Für eine Funktion f: $X \to \overline{\mathbb{R}}$ sind folgende Bedingungen äquivalent, charakterisieren also alle die $\mathfrak{A}$-Meßbarkeit von f:

$$\text{(i)} \qquad \{f > c\} \in \mathfrak{A} \qquad \forall c \in \mathbb{R}\,.$$

$$\text{(ii)} \qquad \{f \geq c\} \in \mathfrak{A} \qquad \forall c \in \mathbb{R}\,.$$

$$\text{(iii)} \qquad \{f < c\} \in \mathfrak{A} \qquad \forall c \in \mathbb{R}\,.$$

$$\text{(iv)} \qquad \{f \leq c\} \in \mathfrak{A} \qquad \forall c \in \mathbb{R}\,.$$

Beweis.   (i) $\Rightarrow$ (ii): $\{f \geq c\} = \bigcap_{n=1}^{\infty} \left\{ f > c - \frac{1}{n} \right\}.$

(ii) $\Rightarrow$ (iii): $\{f < c\} = X \setminus \{f \geq c\}\,.$

(iii) $\Rightarrow$ (iv): $\{f \leq c\} = \bigcap_{n=1}^{\infty} \left\{ f < c + \frac{1}{n} \right\}.$

(iv) $\Rightarrow$ (i): $\{f > c\} = X \setminus \{f \leq c\}.$ ∎

(6.2) Beispiel. Sei $\mathcal{E}_{\mathfrak{A}}$ der Raum der $\mathfrak{A}$-**Treppenfunktionen**, d.h. der Funktionen $f = \sum_1^n \alpha_i \chi_{A_i}$ mit $\alpha_i \in \mathbb{R}$, $A_i \in \mathfrak{A}$. Wie früher im Fall der Treppenfunktionen auf $\mathbb{R}$ besitzt jedes $f \in \mathcal{E}_{\mathfrak{A}}$ eine Darstellung $f = \sum_1^m \beta_i \chi_{B_i}$ mit paarweise disjunkten $B_i \in \mathfrak{A}$. Für $c \in \mathbb{R}$ ist dann $\{f > c\} = \bigcup_{\beta_i > c} B_i \in \mathfrak{A}$. Somit ist jede $\mathfrak{A}$-Treppenfunktion $\mathfrak{A}$-meßbar, d.h. es gilt $\mathcal{E}_{\mathfrak{A}} \subset \mathcal{M}$. Insbesondere ist auch jede konstante Funktion $\mathfrak{A}$-meßbar (sie hat die Form $\beta \chi_X$). Jede beliebige $\mathfrak{A}$-meßbare Funktion ist als Grenzwert einer Folge von $\mathfrak{A}$-Treppenfunktionen darstellbar:

(6.3) Meßbare Funktionen als Limes von Treppenfunktionen. Zu $f \in \mathcal{M}(\mathfrak{A})$ gibt es $f_n \in \mathcal{E}_{\mathfrak{A}}$ mit $|f_n| \leq |f|$ und $f_n \to f$. Ist $f \in \mathcal{M}(\mathfrak{A})^+$, so können die f_n in $\mathcal{E}_{\mathfrak{A}}^+$ mit $f_n \uparrow f$ gewählt werden.

Beweis. Wie in 4.10 benutzen wir Lebesgues Methode der Approximation. Für $f \in \mathcal{M}(\mathfrak{A})$ und $c,d \in \mathbb{R}$ gilt $\{c \leq f < d\} = \{f \geq c\} \cap \{f < d\} \in \mathfrak{A}$, also ist $g_n = n \cdot \chi_{\{f \geq n\}} + \sum_{k=0}^{n \cdot 2^n - 1} k 2^{-n} \chi_{\{k 2^{-n} \leq f < (k+1)2^{-n}\}} \in \mathcal{E}_{\mathfrak{A}}^+$, und nach Konstruktion gilt $g_n \uparrow f^+$. Ebenso gibt es $h_n \in \mathcal{E}_{\mathfrak{A}}^+$ mit $h_n \uparrow f^-$. Für $f_n = g_n - h_n$ gilt also $f_n \in \mathcal{E}_{\mathfrak{A}}$, $|f_n| \leq f$ und $f_n \to f$. Falls $f \geq 0$, genügt schon die erste Hälfte des Beweises: es gilt $g_n \in \mathcal{E}_{\mathfrak{A}}^+$, $g_n \uparrow f^+ = f$. $\blacksquare$

(6.4) Eigenschaften meßbarer Funktionen

    (a) Für jede Folge $\{f_n\}$ in $\mathcal{M}(\mathfrak{A})$ gilt $\sup_n f_n$, $\inf_n f_n$, $\limsup f_n$, $\liminf f_n \in \mathcal{M}(\mathfrak{A})$, also auch $\lim f_n \in \mathcal{M}(\mathfrak{A})$ (falls der Limes in $\overline{\mathbb{R}}$ existiert).

    (b) Für $f, g \in \mathcal{M}(\mathfrak{A})$ gilt $f \cdot g \in \mathcal{M}(\mathfrak{A})$.

    (c) Für $\alpha \in \mathbb{R}$ und $f,g \in \mathcal{M}(\mathfrak{A})$ gilt αf, $f + g \in \mathcal{M}(\mathfrak{A})$.

Beweis. (a) Für $f_n \in \mathcal{M}(\mathfrak{A})$ und $c \in \mathbb{R}$ gilt $\{\sup_n f_n > c\} = \bigcup_1^\infty \{f_n > c\} \in \mathfrak{A}$, also $\sup_n f_n \in \mathcal{M}(\mathfrak{A})$. Ebenso gilt $\{\inf_n f_n < c\} = \bigcup_1^\infty \{f_n < c\} \in \mathfrak{A}$, also $\inf_n f_n \in \mathcal{M}(\mathfrak{A})$. Folglich gilt auch $\limsup f_n = \inf_n \sup_{k \geq n} f_k \in \mathcal{M}(\mathfrak{A})$ und $\liminf f_n = \sup_n \inf_{k \geq n} f_k \in \mathcal{M}(\mathfrak{A})$.

    (b) Seien $f,g \in \mathcal{M}(\mathfrak{A})$ und $f_n,g_n \in \mathcal{E}_{\mathfrak{A}}$ mit $|f_n| \leq |f|$, $f_n \to f$ und $|g_n| \leq |g|$, $g_n \to g$. Es folgt $f_n g_n \to fg$ und $f_n g_n \in \mathcal{E}_{\mathfrak{A}} \subset \mathcal{M}(\mathfrak{A})$, also $fg \in \mathcal{M}(\mathfrak{A})$ nach (a).

(c) Sei $\alpha \in \mathbb{R}$ und seien $f, g \in \mathcal{M}(\mathfrak{A})$. Da die konstante Funktion α in $\mathcal{M}(\mathfrak{A})$ liegt, folgt $\alpha\, f \in \mathcal{M}(\mathfrak{A})$ nach (b). Nun zu $f + g$: Seien $f_n, g_n \in \mathcal{E}_{\mathfrak{A}}$ mit $f_n \to f$, $g_n \to g$, sei $A = \{f = \infty\} \cup \{g = \infty\}$ und sei $h_n = n\chi_A + (f_n + g_n)\chi_{X \setminus A}$ für $n \in \mathbb{N}$. Es gilt $h_n \to f + g$ (während $f_n + g_n \to f + g$ nicht immer zutrifft: kritisch sind die Punkte, wo $f = \infty$ und $g = -\infty$ oder umgekehrt). Da $\{f = \infty\} = \bigcap_n \{f > n\} \in \mathfrak{A}$ und ebenso $\{g = \infty\} \in \mathfrak{A}$ gilt, ist $h_n \in \mathcal{E}_{\mathfrak{A}} \subset \mathcal{M}(\mathfrak{A})$, und somit $f + g \in \mathcal{M}(\mathfrak{A})$ nach (a). ∎

(6.5) Bemerkung. Insbesondere gilt: $f, g \in \mathcal{M}(\mathfrak{A}) \Rightarrow f \wedge g,\ f \vee g,\ f \wedge 1 \in \mathcal{M}(\mathfrak{A})$, also auch $f^+, f^-, |f| \in \mathcal{M}(\mathfrak{A})$. (Man wende 6.4(a) auf die Folge $f, g, g, g \ldots$ bzw. $f, 1, 1, 1 \ldots$ an).

6b   Integral $\mathfrak{A}$-meßbarer Funktionen bezüglich eines Maßes auf $\mathfrak{A}$

Im folgenden Absatz (a) definieren wir das Integral $\int f d\mu$ im klassischen Sinne, zunächst für nichtnegative $\mathfrak{A}$-Treppenfunktionen, dann für beliebige nichtnegative $\mathfrak{A}$-meßbare Funktionen $f : X \to [0, \infty]$. Anschließend zeigen wir in (b), daß stets $\int f d\mu = \bar{I}_\mu f$ gilt (was insbesondere die Wohldefiniertheit des klassischen Integrals zeigt) und daß im Falle $\int f d\mu < \infty$ das Integral mit dem in $\mathcal{L}^1[\mu]$ definierten identisch ist (was die Benutzung des gleichen Symbols $\int f d\mu$ rechtfertigt).

(a) Definition des klassischen Integrals: Sei $(X, \mathfrak{A}, \mu)$ ein Maßraum und sei $g = \sum_1^k \alpha_i \chi_{A_i} \in \mathcal{E}_{\mathfrak{A}}^+$ mit paarweise disjunkten $A_i \in \mathfrak{A}$. Wir setzen $\int g d\mu = \sum_1^k \alpha_i \mu(A_i)$. (Anders als in 4.7 lassen wir jetzt auch A_i mit $\mu(A_i) = \infty$ zu). Ist $f: X \to [0, \infty]$ eine nichtnegative erweiterte reelle $\mathfrak{A}$-meßbare Funktion, so gibt es eine isotone Folge von $\mathfrak{A}$-Treppenfunktionen $f_n \geq 0$, mit $f_n \uparrow f$, und wir setzen $\int f d\mu = \lim \int f_n d\mu$.

(b) Charakterisierung: Ist $g = \sum_1^k \alpha_i \chi_{A_i} \geq 0$ wie oben und $\mu(A_i) < \infty$ für alle i, so ist $\int g d\mu = I_\mu g$ (siehe 4.7), also gleich dem in $\mathcal{L}^1[\mu]$ definierten Integral. Gibt es ein A_i mit $\mu(A_i) = \infty$ (und $\alpha_i \neq 0$), so ist $\int g d\mu = \infty$. Dann gilt aber auch $\bar{I}_\mu g \geq \alpha_i\, \bar{I}_\mu\, \chi_{A_i} = \alpha_i\, \bar{\mu}(A_i) = \alpha_i \mu(A_i) = \infty$ wegen 5.4, in jedem Falle stimmt also für $g \in \mathcal{E}_{\mathfrak{A}}^+$ das klassische Integral $\int f d\mu$ mit $\bar{I}_\mu f$ überein. Ist nun $f \geq 0$ $\mathfrak{A}$-meßbar und sind $f_n \in \mathcal{E}_{\mathfrak{A}}^+$ mit $f_n \uparrow f$, so gilt

$\int fd\mu = \lim \int f_n d\mu = \lim \bar{I}_\mu f_n = \bar{I}_\mu f$ (wegen der Isotonie von $\bar{I}_\mu$, falls ein $\int f_n d\mu = \bar{I}_\mu f_n$ unendlich ist; wegen 2.26, wenn alle $\int f_n d\mu$ endlich sind). Ist $\int fd\mu < \infty$, so sind alle $\int f_n d\mu$ endlich, also $f_n \in \mathcal{E}_\mu \subset \mathcal{L}^1[\mu]$ und $\int f_n d\mu = I_\mu f_n$. Nach dem Satz von der monotonen Konvergenz gilt dann $f \in \mathcal{L}^1[\mu]$, und das klassische Integral $\int fd\mu$ stimmt mit dem in $\mathcal{L}^1[\mu]$ genommenen überein.

(6.6) Eigenschaften des Integrals auf $\mathcal{M}(\mathfrak{A})^+$.

(a) Das Integral $(f,\mu) \mapsto \int fd\mu$ ist positiv bilinear (d.h. additiv und positiv homogen sowohl in f als auch in μ).

(b) Für f, $f_n \in \mathcal{M}^+$ mit $f_n \uparrow f$ gilt $\int f_n d\mu \uparrow \int fd\mu$.

Beweis. (a) Die Behauptung geht aus der oben unter (a) gegebenen Definition hervor, zunächst für $f \in \mathcal{E}_\mathfrak{A}^+$, dann per Limes für $f \in \mathcal{M}(\mathfrak{A})^+$.

(b) Gilt $\int f_n d\mu = \infty$ für ein n, so folgt die Behauptung aus der Isotonie von $\bar{I}_\mu$. Gilt $\int f_n d\mu < \infty$ für alle n, folgt die Behauptung aus 2.26. ∎

(6.7) Definition. Sei $(X, \mathfrak{A}, \mu)$ ein Maßraum. Eine $\mathfrak{A}$-meßbare Funktion f: $X \to \bar{\mathbb{R}}$ heißt im klassischen Sinne μ-**integrierbar**, wenn $\int f^+ d\mu$, $\int f^- d\mu < \infty$ gilt. Das μ-**Integral** von f ist dann $\int fd\mu = \int f^+ d\mu - \int f^- d\mu$. Die Menge der μ-integrierbaren $\mathfrak{A}$-meßbaren Funktionen bezeichnen wir mit $\mathcal{L}^1(\mu)$. Die Menge der $f \in \mathcal{L}^1(\mu)$ mit endlichen Werten sei $\mathcal{L}_e^1(\mu)$.

6c   Zusammenhang zwischen $\mathcal{L}_1(\mu)$ **und** $\mathcal{L}_1[\mu]$

(6.8) Bemerkung. (a). Nach dem kurz vor 6.6 Bemerkten gilt $\mathcal{L}^1(\mu) \subset \mathcal{L}^1[\mu]$, also auch $\mathcal{L}_e^1(\mu) \subset \mathcal{L}_e^1[\mu]$, und für $f \in \mathcal{L}^1(\mu)$ stimmt das klassische Integral $\int fd\mu$ mit dem früher in $\mathcal{L}^1[\mu]$ definierten überein. Insbesondere ist das Integral auf $\mathcal{L}^1(\mu)$ isoton und linear. Daß $\mathcal{L}^1(\mu)$ unter Addition und Skalarmultiplikation abgeschlossen ist, insbesondere also $\mathcal{L}_e^1(\mu)$ ein Vektorraum ist, folgt aus

(b) Für f: $X \to \bar{\mathbb{R}}$ ist $\bar{I}_\mu f^+$, $\bar{I}_\mu f^- < \infty$ äquivalent zu $\bar{I}_\mu |f| < \infty$. Deshalb gilt

$$(1) \quad f \in \mathcal{L}^1(\mu) \Leftrightarrow f \text{ ist } \mathfrak{A}\text{-meßbar und } \|f\| = \bar{I}_\mu|f| \ (= \textstyle\int |f| \, d\mu) < \infty.$$

Insbesondere gilt für $\mathfrak{A}$-meßbares f also $f \in \mathcal{L}^1(\mu) \Leftrightarrow |f| \in \mathcal{L}^1(\mu)$. Aus der Charakterisierung (1) ergeben sich auch die folgenden drei Bemerkungen:

(c) Sind $f, g \in \mathcal{L}^1(\mu)$, so sind $f \wedge g$, $f \wedge 1$ und $f \vee g$ meßbar und werden durch $|f| + |g|$ dominiert. Wegen (1) gilt also:

$$f, g \in \mathcal{L}^1(\mu) \Rightarrow f \wedge g, \ f \wedge 1, \ f \vee g \in \mathcal{L}^1(\mu).$$

Allgemeiner:

(d) Ist f $\mathfrak{A}$-meßbar und $|f| \leq g$ mit $g \in \mathcal{L}^1[\mu]$, so folgt $f \in \mathcal{L}^1(\mu)$.

(e) Für $f \in \mathcal{L}^1[\mu]$ gilt $f \in \mathcal{L}^1(\mu)$ genau dann, wenn f $\mathfrak{A}$-meßbar ist.

(6.9) Zu jedem $f \in \mathcal{L}^1[\mu]$ gibt es ein $g \in \mathcal{L}^1(\mu)$ mit $g \sim f$.

Beweis. Seien $f_n \in \mathcal{E}_\mu$ mit $\|f - f_n\| \to 0$ und sei f_{n_k} eine f.ü. gegen f konvergente Teilfolge (vgl. 2.24). Dann ist $g \overset{\text{def}}{=} \limsup f_{n_k}$ äquivalent zu f und nach 6.4 $\mathfrak{A}$-meßbar, also nach (e) oben in $\mathcal{L}^1(\mu)$. ∎

6.9 zusammen mit 6.8(a) besagt, daß $\mathcal{L}^1[\mu]$ und $\mathcal{L}^1(\mu)$ „praktisch dasselbe" sind (nämlich dasselbe, wenn wir äquivalente Funktionen identifizieren). Insbesondere erhalten wir die

(6.10) Folgerung. (a) $L^1[\mu] = L^1(\mu)$ im Sinne isometrischer Isomorphie, wenn wir wie früher L^1 als den Quotienten von $\mathcal{L}^1_e$ nach dem Raum der Nullfunktionen in $\mathcal{L}^1_e$ definieren.

(b) $\mathcal{L}^1_e(\mu)$ ist mit $\|f\| = \int |f| d\mu$ ein vollständiger halbnormierter Raum, $L^1(\mu)$ ist vollständig normiert, also ein Banach-Raum.

Man beachte, daß im Fall eines nicht vollständigen Maßes auf der σ-Algebra $\mathfrak{A}$ die $\mathfrak{A}$-Meßbarkeit von Funktionen nicht mit der Äquivalenz $\sim$ verträglich ist, daß also $f \sim g$ gelten kann, wobei f $\mathfrak{A}$-meßbar ist, g aber nicht (z.B. sei $f = 0$, $g = \chi_A$ mit $A \notin \mathfrak{A}$ aber $A \subset B \in \mathfrak{A}$, $\mu(B) = 0$). Dagegen ist die $\mathfrak{M}_\mu$-Meßbarkeit mit $\sim$ verträglich (Übung 6.20).

(6.11) Bemerkung und Definition. Ist μ auf einem σ-Ring definiert, so folgt aus Folgerung 3 des Approximationssatzes 5.1, daß die I_μ-Nullmengen (= $\overline{\mu}$-Nullmengen) genau die Teilmengen von μ-Nullmengen sind. Wenn μ nicht vollständig ist, gibt es also mehr I_μ-Nullmengen als μ-Nullmengen. Um nicht zwei verschiedene „fast überall" zu erhalten, fassen wir die Definition etwas allgemeiner: eine Eigenschaft P gilt **fast überall**, wenn die Menge der Punkte, für die P nicht zutrifft, in einer Nullmenge enthalten ist (anders gesagt: wenn P außerhalb einer Nullmenge zutrifft). Damit ist „μ-fast überall" dasselbe wie „I_μ-fast überall", außerdem stimmt im früheren Fall („fast überall" bezüglich eines Funktionals I) die neue Definition mit der alten überein. Ist jedoch μ nur auf einem Halbring oder Ring definiert, so bedeute „fast überall" stets „I_μ-fast überall", denn der Begriff „μ-fast überall" kann dann abweichen und schlechtere Eigenschaften haben.

(6.12) Satz. Sei μ ein Maß auf einem Ring $\mathfrak{R} \subset \mathrm{P}(X)$. Für f: $X \to \overline{\mathbb{R}}$ gilt:

$f \in L^1[\mu] \Leftrightarrow$ f ist $\mathfrak{M}_\mu$-meßbar und $\|f\| = \overline{I}_\mu(|f|) < \infty$.

Beweis. Es genügt, die Behauptung für $f \geq 0$ zu zeigen.

$\Rightarrow$: Sei $f \in L^1[\mu]^+$. Nach 4.9 ist $\{f > c\} \in \mathfrak{I}_\mu \subset \mathfrak{M}_\mu$ für jedes $c > 0$.

Weiter gilt $\{f > 0\} = \bigcup_1^\infty \left\{f > \frac{1}{n}\right\} \in \mathfrak{M}_\mu$. Auch für $c < 0$ gilt $\{f > c\} = X \in \mathfrak{M}_\mu$.

Also ist f $\mathfrak{M}_\mu$-meßbar. Da $f \in L^1[\mu]$, gilt $\|f\| < \infty$.

$\Leftarrow$: Seien $f_n \geq 0$ $\mathfrak{M}_\mu$-Treppenfunktionen mit $f_n \uparrow f$. Da $\overline{I}_\mu f_n \leq \overline{I}_\mu f < \infty$, sind die f_n $\mathfrak{I}_\mu$-Treppenfunktionen, liegen also in $L^1[\mu]$. Nach dem Satz von der monotonen Konvergenz folgt $f \in L^1[\mu]$. $\blacksquare$

Konvergenzsätze für $L^1(\mu)$: Wegen $L^1(\mu) \subset L^1[\mu]$ gelten die Konvergenzsätze natürlich im Prinzip auch für $L^1(\mu)$, wir müssen nur auf die Meßbarkeit achten, um nicht aus $L^1(\mu)$ herauszufallen. Das Lemma von Fatou gilt unverändert, ebenso der Satz von der monotonen Konvergenz. Beim Satz von Beppo Levi ist die Meßbarkeit von $\sum_1^\infty f_n$ sicherzustellen, z.B. indem man den ersten Zeilen der dortigen Zusatzbemerkung folgt. Beim Satz von Lebesque nehmen wir an, daß f $\mathfrak{A}$-meßbar ist. Dies läßt sich erreichen, indem man gegebenenfalls das ursprüngliche f durch eine dazu äquivalente Funktion ersetzt (vgl. 6.9).

6d   Integration bezüglich eines Bildmaßes

Sei $(X,\mathfrak{A},\mu)$ ein Maßraum, $(Z,\mathfrak{C})$ ein meßbarer Raum, $H\colon X \to Z$ eine $\mathfrak{A}$-$\mathfrak{C}$-meßbare Abbildung (d.h. für $C\in \mathfrak{C}$ gilt $H^{-1}(C)\in \mathfrak{A}$) und $H(\mu)$ das Bildmaß von μ unter H.

(6.13) Proposition. Ist $f\colon Z \to [0,\infty]$ $\mathfrak{C}$-meßbar, so ist $f \circ H$ $\mathfrak{A}$-meßbar und es gilt

$$\text{(i)}\quad \int f\, dH(\mu) = \int (f \circ H)d\mu.$$

Für beliebiges $f\in \mathcal{M}(\mathfrak{C})$ gilt $f\in \mathcal{L}^1(H(\mu)) \Leftrightarrow f \circ H\in \mathcal{L}^1(\mu)$. In diesem Fall gilt ebenfalls (i). Darüberhinaus gilt (i) auch für $f\in \mathcal{L}^1[H(\mu)]$.

Beweis. Wegen $\chi_C \circ H = \chi_{H^{-1}(C)}$ gilt die Behauptung für $\mathfrak{C}$-Treppenfunktionen, per isotonen Limes also auch für $\mathfrak{C}$-meßbares $f \geq 0$. Natürlich gilt (i) dann auch für $f\in \mathcal{L}^1(H(\mu))$. Für $f\in \mathcal{M}(\mathfrak{C})$ gilt $f\in \mathcal{L}^1(H(\mu)) \Leftrightarrow \int |f|dH(\mu) < \infty \Leftrightarrow \int |f \circ H|\, d\mu < \infty \Leftrightarrow f \circ H\in \mathcal{L}^1(\mu)$. Schließlich sei $f\in \mathcal{L}^1[H(\mu)]$. Nach 6.9 gibt es $g\in \mathcal{L}^1(H(\mu))$ mit $f \sim g$. Die Menge $\{f \neq g\}$ ist also in einer $H(\mu)$-Nullmenge N enthalten. Somit ist die Menge $H^{-1}\{f \neq g\} = \{f \circ H \neq g \circ H\}$ in der μ-Nullmenge $H^{-1}(N)$ enthalten. Es gilt also auch $f \circ H \sim g \circ H$, und da (i) für g gilt, gilt es auch für f.

Übungen, Beispiele, Ergänzungen

(6.14) (a) Man gebe ein Beispiel dafür, daß aus der $\mathfrak{A}$-Meßbarkeit von $|f|$ nicht die $\mathfrak{A}$-Meßbarkeit von f folgt.

(b) Für $f\in \mathcal{M}(\mathfrak{A})$ gilt $\operatorname{sign} f\in \mathcal{M}(\mathfrak{A})$, denn $\{\operatorname{sign} f > c\}$ ist eine der Mengen $\emptyset$, $\{f > 0\}$, $\{f \geq 0\}$, X, die alle in $\mathfrak{A}$ liegen.

(6.15) Man zeige: Sind f und g $\mathfrak{A}$-meßbar, so liegen die Mengen $\{f \geq g\}$, $\{f > g\}$, $\{f = g\}$, $\{f \neq g\}$ in $\mathfrak{A}$. Hinweis: 2.3 und 6.4(c).

(6.16) Man zeige: Ist $\{f_n\}$ eine Folge $\mathfrak{A}$-meßbarer Funktionen, so liegt die Menge $\{x\in X\,|\,\{f_n(x)\}$ konvergiert$\}$ in $\mathfrak{A}$. Die Behauptung trifft auch zu, wenn wir „konvergiert" durch „konvergiert in $\overline{\mathbb{R}}$" ersetzen. Hinweis: 6.4(a).

(6.17) Man zeige: Ist f $\mathfrak{A}$-meßbar, $A \in \mathfrak{A}$, $c \in \overline{\mathbb{R}}$ und

$$f'(x) = \begin{cases} f(x) & \text{für } x \in X \setminus A \\ c & \text{für } x \in A. \end{cases},$$

so ist f' $\mathfrak{A}$-meßbar.

(6.18) Man zeige: Ist $\{f_n\}$ eine Folge $\mathfrak{A}$-meßbarer Funktionen und

$$f(x) = \begin{cases} \lim f_n(x) & \text{, wenn der Limes existiert} \\ 0 & \text{sonst}, \end{cases}$$

so ist f $\mathfrak{A}$-meßbar. Die Behauptung trifft auch zu, wenn wir $\lim f_n(x)$ als den Limes in $\overline{\mathbb{R}}$ auffassen (soweit dieser existiert).

(6.19) Man zeige: Ist f $\mathfrak{A}$-meßbar und hat $A \in \mathfrak{A}$ die Eigenschaft, daß $B \in \mathfrak{A}$ für jedes $B \subset A$ gilt, so bleibt f $\mathfrak{A}$-meßbar, wenn wir es auf A irgendwie abändern.

(6.20) Sei μ ein Maß auf einem Ring $\mathfrak{R} \subset P(X)$ und sei $\mathfrak{M}_\mu$ die σ-Algebra der I_μ-meßbaren Mengen. Man zeige, daß die $\mathfrak{M}_\mu$-Meßbarkeit von Funktionen mit der Äquivalenz $\sim$ (definiert mit I_μ) verträglich ist, daß also aus $f \sim g$ und der $\mathfrak{M}_\mu$-Meßbarkeit von f die $\mathfrak{M}_\mu$-Meßbarkeit von g folgt.

(6.21) Sei $(X, \mathfrak{A}, \mu)$ ein σ-endlicher Maßraum und sei $\mathfrak{M}_\mu$ die σ-Algebra der I_μ-meßbaren Mengen. Eine Funktion f: $X \to \mathbb{R}$ ist genau dann $\mathfrak{M}_\mu$-meßbar, wenn sie äquivalent zu einer $\mathfrak{A}$-meßbaren Funktion ist.
(Hinweis: Sind $A_n \in \mathfrak{A}$ paarweise disjunkt mit $\mu(A_n) < \infty$ und $\bigcup_n A_n = X$, so sei $A_{n,k} = \{k - 1 \le |f| < k\} \cap A_n$ für $n, k \in \mathbb{N}$. Es gilt $\bigcup_{n,k} A_{n,k} = X$ und nach 6.12 $f\chi_{A_{n,k}} \in \mathcal{L}^1[\mu]$. Nun 6.9 benutzen).

(6.22) Man zeige: Ist $(X, \mathfrak{A}, \mu)$ ein Maßraum, so gilt
$$\mathcal{L}^1(\mu) = \mathcal{L}^1[\mu] \Leftrightarrow \mu \text{ ist vollständig.}$$

(6.23) Sei μ ein Maß auf einem Ring $\mathfrak{R} \subset P(X)$. Man zeige $\mathcal{L}^1[\mu] = \mathcal{L}^1(\overline{\mu})$.

(6.24) Aus 6.22 und 6.23 erhalten wir: $\mathcal{L}^1(\mu) = \mathcal{L}^1(\overline{\mu}) \Leftrightarrow \mu$ ist vollständig.

(6.25) Ist μ ein endliches Maß auf der σ-Algebra $\mathfrak{A}$, so ist jede beschränkte $\mathfrak{A}$-meßbare Funktion in $\mathcal{L}^1(\mu)$.

(6.26) Sei $(X,\mathfrak{A},\mu)$ ein Maßraum, $\mathfrak{A}_1 \subset \mathfrak{A}$ eine σ-Algebra auf X und $\nu = \mu_{|\mathfrak{A}_1}$. Ist $f \in \mathcal{L}^1(\mu)$ $\mathfrak{A}_1$-meßbar, so gilt $f \in \mathcal{L}^1(\nu)$ und $\int f d\nu = \int f d\mu$.
(Hinweis: $f \geq 0$ betrachten, 6.3 benutzen).

(6.27) Charakterisierung von $\mathcal{L}^1(\mu)$: Es gilt $f \in \mathcal{L}^1(\mu)$ genau dann, wenn es nichtnegative $\mathfrak{A}$-meßbare erweiterte reelle Funktionen g und h mit endlichem μ-Integral gibt, so daß $f = g - h$ gilt. In diesem Fall ist $\int f d\mu = \int g d\mu - \int h d\mu$.

(6.28) Eine $\mathfrak{A}$-meßbare Funktion f: $X \to \overline{\mathbb{R}}$ heißt **semi-integrierbar** bezüglich des Maßes μ auf $\mathfrak{A}$, wenn mindestens eines der Integrale $\int f^+ d\mu$, $\int f^- d\mu$ endlich ist. Man definiert dann $\int f d\mu = \int f^+ d\mu - \int f^- d\mu$. Die Semi-Integrierbarkeit einer Funktion und ihr Integral lassen sich analog zum integrierbaren Fall in 6.27 charakterisieren.

(6.29) Zu $f \in \mathcal{L}^1(\mu)$ gibt es $g \in \mathcal{L}^1_e(\mu)$ mit $g \sim f$, zum Beispiel $g = f \chi_{\{|f| < \infty\}}$.

(6.30) Eine Funktion f: $\mathbb{R} \to \overline{\mathbb{R}}$ heißt **Borel-meßbar** oder **Borelsch**, wenn sie $\mathfrak{B}$-meßbar ist. (Definition von $\mathfrak{B}$ in 3.3). Man zeige:

    (a) $\chi_{\mathbb{Q}}$ ist Borelsch.

    (b) Jede monotone Funktion f: $\mathbb{R} \to \overline{\mathbb{R}}$ ist Borelsch.

    (c) Jede stetige reelle Funktion auf $\mathbb{R}$ ist Borelsch.

    (d) Jedes $f \in \mathcal{K}(\mathbb{R})^{\uparrow}$ ist Borelsch.

    (e) Jedes $f \in \mathcal{T}^{\uparrow}$ ist Borelsch.

(6.31) Sei $\mathfrak{L}$ die σ-Algebra der Lebesgue-meßbaren Teilmengen von $\mathbb{R}$. Eine Funktion f: $\mathbb{R} \to \overline{\mathbb{R}}$ heißt **Lebesgue-meßbar**, wenn sie $\mathfrak{L}$-meßbar ist. Wegen 4.19 ist jede Borelsche Funktion Lebesgue-meßbar. Insbesondere sind also die in 6.30 genannten Funktionen Lebesgue-meßbar.

(6.32) Man zeige:

(a) Ist f Borelsch und $\|f\| = \overline{S}(|f|) < \infty$ (Lebesguesches Oberintegral), so gilt $f \in \mathcal{L}^1(\mathbb{R})$.

(b) Zu jedem $f \in \mathcal{L}^1(\mathbb{R})$ gibt es ein Borelsches g mit $g \sim f$.

(6.33) Meßbarkeit bezüglich des Urbilds einer σ-Algebra läßt sich durch eine Faktorisierungseigenschaft charakterisieren: Sei $h: X_1 \to X_2$ eine Abbildung, $\mathfrak{A}_2$ eine σ-Algebra auf X_2 und $\mathfrak{A}_1$ die σ-Algebra $h^{-1}(\mathfrak{A}_2)$ auf X_1. Man zeige: Eine Funktion $f: X_1 \to \overline{\mathbb{R}}$ ist genau dann $\mathfrak{A}_1$-meßbar, wenn es ein $\mathfrak{A}_2$-meßbares $g: X_2 \to \overline{\mathbb{R}}$ mit $f = g \circ h$ gibt. (Hinweis: eine Implikation ist wegen $\{g \circ h > a\} = h^{-1}\{g > a\}$ klar, die andere zeige man zuerst für $\mathfrak{A}_1$-Treppenfunktionen).

7   Signierte Maße

Signierte Maße, positive bzw. negative Mengen, Hahn-Zerlegung, Jordan-Zerlegung, μ^+, μ^-, $|\mu|$, Raum $M(X,\mathfrak{A})$ der beschränkten signierten Maße auf $\mathfrak{A}$. Integration bezüglich eines signierten Maßes. Bildmaß eines signierten Maßes.

(7.1) Definition. Sei $\mathfrak{A}$ eine σ-Algebra auf X. Ein **signiertes Maß** auf $\mathfrak{A}$ ist eine σ-additive Mengenfunktion $\mu\colon \mathfrak{A} \to \overline{\mathbb{R}}$ mit $\mu(\emptyset) = 0$, die höchstens einen der Werte ∞ und $-\infty$ annimmt. Ist μ ein signiertes Maß auf $\mathfrak{A}$, so heißt $(X,\mathfrak{A},\mu)$ ein **signierter Maßraum**.

Bemerkung. (a) Aus der σ-Additivität $\mu(\bigcup_1^\infty (A_i)) = \sum_1^\infty \mu(A_i)$ für paarweise disjunkte $A_i\in\mathfrak{A}$ folgt insbesondere die Konvergenz von $\sum_1^\infty \mu(A_i)$ in $\overline{\mathbb{R}}$, bei Konvergenz in $\mathbb{R}$ sogar die absolute Konvergenz, denn offenbar ist der Grenzwert der Reihe gegen Umordnung invariant.

(b) Jedes (positive) Maß ist ein signiertes Maß.

(c) Den Zusatz „positiv" bei Maßen werden wir in den folgenden Kapiteln in der Regel wieder weglassen. In diesem Kapitel dient er dazu, Verwechslungen mit signierten Maßen auszuschließen.

(7.2) Beispiel. (a) Ist μ ein (positives) Maß auf $\mathfrak{A}$ und $f\in \mathcal{L}^1(\mu)$, so wird durch $\nu(A) = \int_A f d\mu$ ein signiertes Maß auf $\mathfrak{A}$ definiert, das man mit $f\mu$ bezeichnet. Die σ-Additivität folgt aus dem Satz von Lebesgue für $\sum_1^n \chi_{A_i} f$.

(b) Man kann in (a) allgemeiner f als semi-integrierbar voraussetzen. In diesem Fall kann der Wert ∞ oder $-\infty$ für $\nu(A)$ tatsächlich auftreten. Die σ-Additivität ergibt sich aus $\int_A f d\mu = \int_A f^+ d\mu - \int_A f^- d\mu$ und der Anwendung von 6.6.

Ist $\nu = f\mu$ wie in 7.2, so heißt ν das **Maß der Dichte f bezüglich** μ. Man nennt f **Dichte von** ν **bezüglich** μ.

(7.3) Definition. Sei $(X,\mathfrak{A},\mu)$ ein signierter Maßraum. Eine Menge $A\in\mathfrak{A}$ heißt **positiv** (bzw. **negativ**) bezüglich μ, wenn $\mu(B) \geq 0$ (bzw. $\mu(B) \leq 0$) für jedes $B\in\mathfrak{A}$ mit $B \subset A$ gilt.

Im Beispiel 7.2 läßt sich der Raum X zerlegen in ein positives und ein negatives Teilstück:

$\{f > 0\}$ ist eine positive Menge, $\{f \le 0\}$ eine negative Menge bezüglich v. Eine solche Zerlegung von X ist auch im Fall von beliebigen signierten Maßen möglich. Wir zeigen dies in zwei Schritten (7.4 und 7.5).

(7.4) Hilfssatz. Sei $(X, \mathfrak{A}, \mu)$ ein signierter Maßraum und sei $C \in \mathfrak{A}$ mit $\mu(C) \le 0$. Dann gibt es eine negative Menge $C' \subset C$ mit $\mu(C') \le \mu(C)$.

Beweis. Falls C negativ ist, sei $C' = C$. Im andern Fall sei $n_1 \in \mathbb{N}$ minimal mit der Eigenschaft, daß es ein $D_1 \in \mathfrak{A}$, $D_1 \subset C$ gibt mit $\mu(D_1) > \dfrac{1}{n_1}$. Wir fahren mit Induktion fort: Sind $n_1, \ldots, n_k \in \mathbb{N}$ und paarweise disjunkte Teilmengen $D_1, \ldots, D_k$ von C schon gewählt, so sei $n_{k+1} \in \mathbb{N}$ minimal mit der Eigenschaft, daß es ein $D_{k+1} \in \mathfrak{A}$,

$D_{k+1} \subset C \setminus (\bigcup_1^k D_i)$ mit $\mu(D_{k+1}) > \dfrac{1}{n_{k+1}}$ gibt. Falls so etwas nicht möglich ist, also

$C \setminus (\bigcup_1^k D_i)$ negativ ist, brechen wir die Konstruktion ab. Wir erhalten so eine endliche oder unendliche Folge paarweise disjunkter $D_i \subset C$, und wegen $\sum \mu(D_i) + \mu(C \setminus \bigcup D_i)$ $= \mu(C) < 0$ ist $\sum \mu(D_i) < \infty$, es gilt also $\mu(D_i) \to 0$ und somit $n_i \to \infty$, wenn die Folge $\{D_i\}$ unendlich ist. Auch in diesem Fall ist $C \setminus (\bigcup D_i)$ negativ: Sei $D \subset \mathfrak{A}$, $D \subset C \setminus (\bigcup D_i)$. Da D für jedes k in $C \setminus (\bigcup_1^k D_i)$ enthalten ist, folgt $\mu(D) \le \dfrac{1}{n_k - 1}$ aufgrund der Minimalität von n_k. Wegen $n_k \to \infty$ gilt $\mu(D) \le 0$. Für $C' = C \setminus (\bigcup D_i)$ ist also die Behauptung erfüllt. ∎

Anwendung des Hilfsatzes auf $-\mu$ liefert die analoge „positive" Aussage: Für $C \in \mathfrak{A}$ mit $0 \le \mu(C)$ gibt es eine positive Menge $C' \subset C$ mit $\mu(C') \ge \mu(C)$.

(7.5) Satz. Sei $(X, \mathfrak{A}, \mu)$ ein signierter Maßraum. Es gibt $A, B \in \mathfrak{A}$, A positiv, B negativ bezüglich μ, mit $A \cap B = \emptyset$, $A \cup B = X$.

Beweis. Wir können annehmen, daß μ den Wert $-\infty$ nicht annimmt (sonst betrachte man $-\mu$). Sei $\{B_i\}$ eine Folge negativer Mengen mit $\mu(B_i) \downarrow \inf \{\mu(E) \mid E \in \mathfrak{A}, E$ negativ$\} \le 0$. Da die Vereinigung zweier negativer Mengen E,F negativ ist und $\mu(E \cup F) \le \min\{\mu(E), \mu(F)\}$ erfüllt, können wir $B_{i+1} \supset B_i$ für alle i annehmen. Dann ist $B = \bigcup_1^\infty B_i$ negativ und erfüllt $\mu(B) = \inf_i \mu(B_i) = \inf\{\mu(E) \mid E \in \mathfrak{A}, E$ negativ$\}$. Die Menge $X \setminus B$ ist positiv, denn gäbe es ein $C \in \mathfrak{A}$, $C \subset X \setminus B$ mit $\mu(C) < 0$, so folgte nach 7.4 die Existenz einer negativen Menge $C' \subset C$ mit $\mu(C') < 0$. Somit hätte die negative

Menge $B \cup C'$ Maß $\mu(B \cup C') < \mu(B)$, was nicht sein kann. Also ist mit $A = X \setminus B$ und B die Behauptung erfüllt. ∎

(7.6) Definition. Sind A und B wie in 7.5, so heißt (A,B) eine **Hahn-Zerlegung** von X bezüglich μ. Aus suggestiven Gründen wird eine solche Zerlegung oft (X^+, X^-) notiert.

Man beachte, daß es in der Regel mehr als eine Hahn-Zerlegung von X bezüglich μ gibt, die Hahn-Zerlegung also nicht eindeutig bestimmt ist. Sie ist aber bis auf **absolute Nullmengen** (das sind Mengen $B \in \mathfrak{A}$ mit $\mu(A) = 0 \; \forall \; A \subset B$, $A \in \mathfrak{A}$) eindeutig bestimmt, genauer gesagt: Sind (X^+, X^-) und (Y^+, Y^-) Hahn-Zerlegungen von X bezüglich μ, so sind $X^+ \Delta Y^+$ und $X^- \Delta Y^-$ absolute Nullmengen: Die Mengen $X^+ \setminus Y^+ = X^+ \cap Y^-$ und $Y^+ \setminus X^+ = Y^+ \cap X^-$ sind beide positiv und zugleich negativ bezüglich μ, also absolute Nullmengen, und daher ist auch $X^+ \Delta Y^+ = (X^+ \setminus Y^+) \cup (Y^+ \setminus X^+)$ eine absolute Nullmenge. Das Gleiche gilt für $X^- \Delta Y^-$.

(7.7) Bemerkung. Ist (X^+, X^-) eine Hahn-Zerlegung von X bezüglich μ, so definieren die Gleichungen

$$\mu^+(D) = \mu(D \cap X^+)$$
$$\mu^-(D) = - \mu(D \cap X^-)$$

(positive) Maße auf $\mathfrak{A}$ und es gilt: $\mu = \mu^+ - \mu^-$. Jedes signierte Maß ist also Differenz zweier (positiver) Maße, von denen mindestens eines endlich ist. Umgekehrt ist natürlich jede solche Differenz ein signiertes Maß.

(7.8) Definition. Sind μ^+, μ^- wie in 7.7, so heißt (μ^+, μ^-) **Jordan-Zerlegung** von μ. Man nennt μ^+ die **obere Variation**. oder den **Positivteil** von μ, μ^- die **untere Variation** oder den **Negativteil** von μ, und $|\mu| \overset{\text{def}}{=} \mu^+ + \mu^-$ die **totale Variation** oder den **Absolutbetrag** von μ oder kurz μ**-absolut.**

Weil die Hahn-Zerlegung bis auf absolute Nullmengen eindeutig ist, ist die Jordan-Zerlegung eindeutig bestimmt. Für ein (positives) Maß μ ist $(X,\emptyset)$ eine Hahn-Zerlegung, also $(\mu,0)$ die Jordan-Zerlegung von μ.

(7.9) Definition. Ein signiertes Maß μ auf einer σ-Algebra $\mathfrak{A}$ auf X **wird von** $A \in \mathfrak{A}$ **getragen** (oder: **ist auf A konzentriert**), wenn $\mu(D) = 0$ für alle $D \in \mathfrak{A}$ mit $D \cap A = \emptyset$ gilt, d.h. wenn $X \setminus A$ eine absolute μ-Nullmenge ist.

Ist $(X,\mathfrak{A},\mu)$ ein signierter Maßraum, (X^+,X^-) eine Hahn-Zerlegung von X und (μ^+,μ^-) die Jordan-Zerlegung von μ, so wird μ^+ bzw. μ^- von X^+ bzw. X^- getragen. Umgekehrt gilt:

(7.10) Proposition. Sei $(X,\mathfrak{A},\mu)$ ein signierter Maßraum. Sind ρ,τ (positive) Maße auf $\mathfrak{A}$, die von disjunkten Mengen getragen werden, und gilt $\mu = \rho - \tau$, so ist (ρ,τ) die Jordan-Zerlegung von μ.

Beweis. Werde ρ bzw. τ von R bzw. T getragen, $R \cap T = \emptyset$. Sei $T' = X \setminus R$. Dann ist (R,T') eine Hahn-Zerlegung von X bezüglich μ, also (ρ,τ) die Jordan-Zerlegung von μ. ∎

(7.11) Notation. Seien μ, ν signierte Maße auf der σ-Algebra $\mathfrak{A} \subset P(X)$. Für den Sachverhalt $\mu(A) \geq \nu(A)$ $\forall$ $A \in \mathfrak{A}$ schreiben wir kurz $\mu \geq \nu$ oder auch $\nu \leq \mu$.

(7.12) Proposition. Sei (μ^+,μ^-) die Jordan-Zerlegung von μ auf $\mathfrak{A}$ und seien ρ,τ (positive) Maße auf $\mathfrak{A}$ mit $\mu = \rho - \tau$. Dann gilt $\rho \geq \mu^+$ und $\tau \geq \mu^-$.

Beweis. Sei (X^+,X^-) eine Hahn-Zerlegung von X bezüglich μ. Für $D \in \mathfrak{A}$ erhalten wir $\mu^+(D) = \mu(X^+ \cap D) = \rho(X^+ \cap D) - \tau(X^+ \cap D) \leq \rho(X^+ \cap D) \leq \rho(D)$, also $\mu^+ \leq \rho$. Analog ergibt sich $\mu^- \leq \tau$. ∎

(7.13) Definition. Ist μ ein signiertes Maß auf der σ-Algebra $\mathfrak{A}$ auf X, so heißt $\|\mu\| \stackrel{\text{def}}{=} \mu^+(X) + \mu^-(X) = |\mu|(X)$ die **Norm** von μ (kann ∞ sein). Gilt $\|\mu\| < \infty$, so heißt μ **beschränkt**. Die Menge der beschränkten signierten Maße auf $\mathfrak{A}$ bezeichnen wir mit $M(X,\mathfrak{A})$.

(7.14) Charakterisierung der Jordan-Zerlegung. Ist $(X,\mathfrak{A},\mu)$ ein signierter Maßraum und sind ρ,τ (positive) Maße auf $\mathfrak{A}$ mit $\mu = \rho - \tau$, so gilt $\|\mu\| \leq \|\rho\| + \|\tau\|$. Ist μ beschränkt, so gilt das Gleichheitszeichen genau dann, wenn (ρ,τ) die Jordan-Zerlegung von μ ist.

Beweis. Laut Definition der Norm gilt $\|\mu\| = \|\mu^+\| + \|\mu^-\|$. Haben wir $\mu = \rho - \tau$, so folgt nach 7.12 $\rho \geq \mu^+$, $\tau \geq \mu^-$, also $\|\rho\| = \rho(X) \geq \mu^+(X) = \|\mu^+\|$ und $\|\tau\| \geq \|\mu^-\|$ und somit $\|\mu\| \leq \|\rho\| + \|\tau\|$. Gilt $\|\mu\| = \|\rho\| + \|\tau\| < \infty$, so muß $\|\rho\| = \|\mu^+\|$ und $\|\tau\| = \|\mu^-\|$ gelten, woraus wegen $\rho \geq \mu^+$, $\tau \geq \mu^-$ dann $\rho = \mu^+$, $\tau = \mu^-$ folgt (denn gäbe es ein $A \in \mathfrak{A}$ mit $\rho(A) > \mu^+(A)$, so folgte $\|\rho\| = \rho(X) = \rho(A) + \rho(X \setminus A) > \mu^+(A) + \mu^+(X \setminus A) = \mu^+(X) = \|\mu^+\|$, also $\|\rho\| > \|\mu^+\|$). $\blacksquare$

(7.15) Folgerung: Der Raum $M(X,\mathfrak{A})$ der beschränkten signierten Maße auf $\mathfrak{A}$ ist mit $\|\ \|$ ein normierter Raum.

Beweis. Es ist klar, daß durch die Definitionen $(\lambda\mu)(A) = \lambda\mu(A)$ und $(\mu + \nu)(A) = \mu(A) + \nu(A)$ die Menge $M(X,\mathfrak{A})$ zu einem linearen Raum wird. Ferner ist $\|\mu\| \geq 0$ und man sieht leicht, daß $\|\lambda\mu\| = |\lambda| \cdot \|\mu\|$ gilt für $\lambda \in \mathbb{R}$, $\mu \in M(X,\mathfrak{A})$. Wegen $\mu + \nu = (\mu^+ - \mu^-) + (\nu^+ - \nu^-) = \mu^+ + \nu^+ - (\mu^- + \nu^-)$ gilt nach 7.14 $\|\mu + \nu\| \leq \|\mu^+ + \nu^+\| + \|\mu^- + \nu^-\| = \mu^+(X) + \nu^+(X) + \mu^-(X) + \nu^-(X) = \|\mu\| + \|\nu\|$, also ist $\|\ \|$ eine Halbnorm. Gilt $\|\mu\| = 0$, so folgt $\mu^+(X) = \mu^-(X) = 0$, folglich $\mu^+(A) = 0$, $\mu^-(A) = 0$, also $\mu(A) = 0$ für alle $A \in \mathfrak{A}$. $\blacksquare$

Übung. $M(X,\mathfrak{A})$ ist vollständig, also ein Banach-Raum. (Hinweis: Es genügt zu zeigen, daß jede Folge $\{\mu_n\}$ mit $\sum_1^\infty \|\mu_n\| < \infty$ konvergiert.)

(7.16) Definition. Ist μ ein signiertes Maß auf der σ-Algebra $\mathfrak{A}$ auf X, so heißt eine Funktion $f: X \to \overline{\mathbb{R}}$ **integrierbar** bezüglich μ, wenn sie μ^+-integrierbar und μ^--integrierbar ist. In diesem Fall setzen wir

$$\int f\, d\mu = \int f\, d\mu^+ - \int f\, d\mu^-.$$

Den Raum der bezüglich μ integrierbaren Funktionen bezeichnen wir wie früher im Fall eines (positiven) Maßes mit $\mathcal{L}^1[\mu]$, den Raum $\mathcal{L}^1[\mu] \cap \mathcal{M}(\mathfrak{A})$ mit $\mathcal{L}^1(\mu)$.

Bemerkung. Für meßbares f ist die Integrierbarkeit von f bezüglich μ gleichbedeutend mit der Endlichkeit von $\int f^+ d\mu^+$, $\int f^- d\mu^+$, $\int f^+ d\mu^-$, $\int f^- d\mu^-$, also mit $\int |f|\, d\,|\mu| < \infty$. Insbesondere gilt also $f \in \mathcal{L}^1(\mu) \Leftrightarrow f \in \mathcal{L}^1(|\mu|) \Leftrightarrow |f| \in \mathcal{L}^1(|\mu|)$. Für $f \in \mathcal{L}^1(\mu)$ gilt offenbar $|\int f d\mu| \leq \int |f|\, d\,|\mu|$. Das Integral $f \mapsto \int f d\mu$ ist gemäß 7.16 als Differenz zweier linearer Funktionale linear.

Wir erweitern den Begriff des Bildmaßes von 3.16 auf signierte Maße:

(7.17) Definition. Seien $(X, \mathfrak{A})$ und $(Z, \mathfrak{C})$ meßbare Räume und $H: X \to Z$ eine $\mathfrak{A}$-$\mathfrak{C}$-meßbare Abbildung (d.h. für $C \in \mathfrak{C}$ gilt $H^{-1}(C) \in \mathfrak{A}$). Ist μ ein signiertes Maß auf $\mathfrak{A}$, so heißt das durch

$$H(\mu)(C) = \mu(H^{-1}(C)), \quad C \in \mathfrak{C}$$

definierte signierte Maß $H(\mu)$ das **Bildmaß** von μ unter H.

Bemerkung. $H(\mu)$ ist wohldefiniert und tatsächlich ein signiertes Maß (wegen $H^{-1}(\bigcup_1^\infty C_i) = \bigcup_1^\infty H^{-1}(C_i)$ und da Urbilder disjunkter Mengen disjunkt sind). Es ist positiv, wenn μ positiv ist.

(7.18) Proposition. Für positive μ gilt $\|H(\mu)\| = \|\mu\|$, für signierte gilt $\|H(\mu)\| \leq \|\mu\|$.

Beweis. Ist $\mu \geq 0$, so gilt $\|\mu\| = \mu(X) = \mu(H^{-1}(Y)) = H(\mu)(Y) = \|H\mu\|$ (denn $H(\mu) \geq 0$). Für signiertes μ ist $H(\mu) = H(\mu^+ - \mu^-) = H(\mu^+) - H(\mu^-)$ (leicht nachzuprüfen) und $H(\mu^+)$, $H(\mu^-)$ sind positiv, also $\|H(\mu)\| \leq \|H(\mu^+)\| + \|H(\mu^-)\| = \|\mu^+\| + \|\mu^-\| = \|\mu\|$. ∎

Übungen, Beispiele, Ergänzungen

(7.19) Man zeige: Jedes signierte Maß μ auf einer σ-Algebra $\mathfrak{A}$ ist stetig von unten und eingeschränkt stetig von oben, d.h. für $A, A_n \in \mathfrak{A}$ mit $A_n \uparrow A$ (bzw. mit $| \mu(A_1) | < \infty$ und $A_n \downarrow A$) gilt $\mu(A_n) \to \mu(A)$.

(7.20) Ist μ ein signiertes Maß auf der σ-Algebra $\mathfrak{A}$, so gilt für jedes $A \in \mathfrak{A}$ offenbar $| \mu(A)| \leq |\mu| (A)$. Ist $|\mu|(A) < \infty$, so gilt das Gleichheitszeichen genau dann, wenn A eine positive oder eine negative Menge bezüglich μ ist.

(7.21) Ist μ ein signiertes Maß auf $\mathfrak{A}$, so erhalten wir für μ^+, μ^-, $|\mu|$ und $A \in \mathfrak{A}$ mit Hilfe einer Hahn-Zerlegung:

$\mu^+(A) = \sup\{\mu(B) \mid B \subset A, B \in \mathfrak{A}\}$, $\mu^-(A) = - \inf\{\mu(B) \mid B \subset A, B \in \mathfrak{A}\}$, also $|\mu|(A) = \sup\{\mu(B) \mid B \subset A, B \in \mathfrak{A}\} - \inf\{\mu(B) \mid B \subset A, B \in \mathfrak{A}\}$. Außerdem gilt, wie man ebenfalls leicht mit Hilfe einer Hahn-Zerlegung sieht, $|\mu|(A) = \sup \sum_1^n |\mu(A_i)|$ wobei das Supremum über alle Zerlegungen von A in endlich viele paarweise disjunkte Mengen $A_1, \ldots, A_n \in \mathfrak{A}$ zu nehmen ist.

(7.22) Sei μ ein signiertes Maß auf der σ-Algebra $\mathfrak{A}$ auf X. Man kann die Jordan-Zerlegung von μ auch ohne Benutzung einer Hahn-Zerlegung gewinnen: Nimmt μ von den Werten ∞ und $-\infty$ den ersten nicht an, so nimmt man die Formel für μ^+ in 7.21 als Definition von μ^+. Man zeigt leicht, daß μ^+ ein positives Maß ist. Folglich ist auch $\mu^- \stackrel{\text{def}}{=} \mu^+ - \mu$ ein (positives) Maß, und es gilt $\mu = \mu^+ - \mu^-$.

(7.23) Aus der in 7.22 erhaltenen Jordan-Zerlegung läßt sich eine Hahn-Zerlegung gewinnen: Da definitionsgemäß $\mu^+(X) = \sup \{\mu(B) \mid B \in \mathfrak{A}\}$ ist, gibt es $A_n \in \mathfrak{A}$ mit $\mu(A_n) > \mu^+(X) - 2^{-n}$ für jedes n. Für $A = \limsup A_n \stackrel{\text{def}}{=} \bigcap_n \bigcup_{k \geq n} A_k$ zeigt man $\mu(A) = \mu^+(X)$, woraus die Positivität von A wie auch die Negativität von $X \setminus A$ bezüglich μ folgt, d.h. $(A, X \setminus A)$ ist eine Hahn-Zerlegung von μ.

(7.24) Ein signiertes Maß μ auf $\mathfrak{A}$ ist genau dann beschränkt (siehe 7.13), wenn es ein $c \in \mathbb{R}$ gibt mit $|\mu(A)| \leq c \ \forall \ A \in \mathfrak{A}$, d.h. wenn $\sup \{|\mu(A)| \mid A \in \mathfrak{A}\} < \infty$ gilt. Insbesondere hat jedes beschränkte signierte Maß μ **beschränkte Variation**, d.h. für jedes $A \in \mathfrak{A}$ gilt $\sup \{|\mu(B)| \mid B \subset A, B \in \mathfrak{A}\} < \infty$.

(7.25) Für ein signiertes Maß μ auf einer σ-Algebra $\mathfrak{A}$ ist die Eigenschaft $\sup \{|\mu(A)| \mid A \in \mathfrak{A}\} < \infty$ gleichbedeutend damit, daß μ endlich ist, also $|\mu(A)| < \infty$ $\forall \ A \in \mathfrak{A}$ gilt. (Aber: Für ein endliches Maß μ auf einem *Ring* $\mathfrak{R}$ kann $\sup \{\mu(A) \mid A \in \mathfrak{R}\} = \infty$ gelten. Zum Beispiel sei μ das Zählmaß auf den endlichen Teilmengen von $\mathbb{N}$).

(7.26) Die Summe zweier signierter Maße μ_1 und μ_2 braucht kein signiertes Maß zu sein. Sie ist es aber, wenn die Vereinigung der Wertebereiche von μ_1 und μ_2 höchstens einen der Werte ∞ und $-\infty$ enthält.

(7.27) Sei $\nu = f\mu$ wie in Beispiel 7.2. Man gebe die Jordan-Zerlegung von ν an und bestimme die absoluten ν-Nullmengen.

(7.28) Wie sieht die Jordan-Zerlegung von $\nu = f\mu$ in 7.2 (a) aus, wenn μ ein signiertes Maß ist?

(7.29) Sei μ ein signiertes Maß. Man zeige, daß die absoluten Nullmengen von μ gerade die Nullmengen von μ-absolut sind.

(7.30) Ist μ ein signiertes Maß und $f \in \mathcal{L}^1(\mu)$, so definiert man die $\mathcal{L}^1$-Norm von f als die Norm des signierten Maßes $f\mu$: $\|f\| \overset{\text{def}}{=} \|f\mu\|$. Man überzeuge sich, daß diese Definition im Falle eines (positiven) Maßes mit der früheren Definition übereinstimmt. Man zeige, daß $\mathcal{L}^1(\mu)$ und $\mathcal{L}^1(|\mu|)$ als halbnormierte Räume identisch sind, die Integrale in $\mathcal{L}^1(\mu)$ und $\mathcal{L}^1(|\mu|)$ aber verschieden sind (es sei denn $\mu \geq 0$, d.h. $|\mu| = \mu$).

(7.31) Seien $\mu, \nu \in M(X, \mathfrak{A})$. Man zeige:

    (a) Für $f \in \mathcal{L}^1(\mu)$ und $\lambda \in \mathbb{R}$ gilt $f \in \mathcal{L}^1(\lambda\mu)$ und $\int f d(\lambda\mu) = \lambda \int f d\mu$.

    (b) Für $f \in \mathcal{L}^1(\mu) \cap \mathcal{L}^1(\nu)$ gilt $f \in \mathcal{L}^1(\mu + \nu)$ und $\int f d(\mu + \nu) = \int f d\mu + \int f d\nu$.

(*Hinweis:* 6.6(a)).

(7.32) Man gebe ein Beispiel eines nicht positiven signierten Maßes μ, dessen Bildmaß $H(\mu)$ positiv ist.

(7.33) Sei λ das Lebesgue-Maß auf der σ-Algebra $\mathfrak{B}$ der Borel-Mengen von $\mathbb{R}$. Sei $H \colon \mathbb{R} \to \mathbb{R}$ durch $H(x) = x^2$ definiert. Man ermittle das Bildmaß $H(\mu)$ auf $\mathfrak{B}$.

(7.34) Ist $\mathfrak{A}$ eine σ-Algebra, $\mu \colon \mathfrak{A} \to \overline{\mathbb{R}}$ endlich additiv und σ-endlich und nimmt die Werte ∞, $-\infty$ beide an, so ist μ nicht σ-additiv. Aus diesem Grund wird in der Definition eines signierten Maßes verlangt, daß höchstens einer der Werte ∞, $-\infty$ angenommen wird.

8   Absolute Stetigkeit

Absolute Stetigkeit, deren Charakterisierung, orthogonale Maße, Lebesguescher Zerlegungssatz, Satz von Radon-Nikodym, Eigenschaften der Radon-Nikodym-Ableitung. Ergänzend: Zerlegung eines Maßes auf den Borel-Mengen von $\mathbb{R}$ in seinen absolut stetigen, singulären und diskreten Anteil.

In diesem Kapitel ist das Integral stets im klassischen Sinne zu verstehen. $\int f d\mu$ kann also unendlich sein, aber natürlich nur, wenn f nicht in $\mathcal{L}^1(\mu)$ liegt.

(8.1) Definition. Seien μ und ν signierte Maße auf der σ-Algebra $\mathfrak{A}$ auf X. Dann heißt ν **absolut stetig bezüglich** μ oder **stetig bezüglich** μ oder **μ-stetig** (in Zeichen: $\nu \ll \mu$), wenn jede $|\mu|$ - Nullmenge eine ν-Nullmenge ist.

(8.2) Bemerkung. Definitionsgemäß ist $\nu \ll \mu$ gleichbedeutend mit $\nu \ll |\mu|$. Man überzeugt sich leicht, daß folgende Bedingungen äquivalent sind:

- (i) $\nu \ll \mu$
- (ii) $\nu^+ \ll \mu$ und $\nu^- \ll \mu$
- (iii) $|\nu| \ll |\mu|$.

(8.3) Beispiel. Ist $(X, \mathfrak{A}, \mu)$ ein Maßraum und $f\colon X \to \overline{\mathbb{R}}$ semi-integrierbar bezüglich μ, so ist $\nu = f\mu$ (vgl. 7.2(b)) ein signiertes Maß, und offenbar gilt $\nu \ll \mu$, denn aus $\mu(A) = 0$ folgt $\int_A f d\mu = 0$.

Dieses scheinbar sehr spezielle Beispiel ist typisch (jedenfalls wenn μ σ-endlich ist), wie der Satz von Radon-Nikodym (8.10 und 8.28) zeigen wird.

Für endliches ν gibt es folgende

(8.4) Charakterisierung der absoluten Stetigkeit. Seien μ und ν signierte Maße auf der σ-Algebra $\mathfrak{A}$ auf X. Sei ν endlich. Dann ist $\nu \ll \mu$ äquivalent zu

$$(1) \qquad \forall\, \varepsilon > 0 \;\; \exists\, \delta > 0\colon\; A \in \mathfrak{A},\; |\mu|\,(A) < \delta \;\Rightarrow\; |\nu|\,(A) < \varepsilon.$$

Beweis. (a) Ist (1) erfüllt und A eine $|\mu|$-Nullmenge, so folgt $|\nu|(A) < \varepsilon \;\; \forall\, \varepsilon > 0$, also $|\nu|(A) = 0$, d.h. es gilt $\nu \ll \mu$.

(b) Gelte (1) nicht. Es gibt $\varepsilon > 0$ und $A_n \in \mathfrak{A}$ mit $|\mu|(A_n) < 2^{-n}$ und $|\nu|(A_n) \geq \varepsilon$. Für $A = \limsup A_n = \bigcap_n \bigcup_{k \geq n} A_k$ gilt dann $|\mu|(A) \leq |\mu|(\bigcup_{k \geq n} A_k) \leq \sum_n^\infty |\mu|(A_k) < 2^{-n+1}$ für jedes n, also $|\mu|(A) = 0$. Andererseits gilt, da $|\nu|$ als endliches Maß stetig von oben ist, $|\nu|(A) = \lim_n |\nu|(\bigcup_{k \geq n} A_k) \geq \varepsilon > 0$, d.h. ν ist nicht μ-stetig. $\blacksquare$

Wie aus (a) des Beweises zu ersehen, ist die Implikation (1) $\Rightarrow \nu \ll \mu$ auch richtig, wenn ν nicht endlich ist.

Entgegengesetzt zur absoluten Stetigkeit ist der Begriff der Singularität oder Orthogonalität:

(8.5) Definition. Sind μ und ν signierte Maße auf der σ-Algebra $\mathfrak{A}$ auf X, so heißen μ und ν zueinander **singulär** oder **orthogonal** (in Zeichen: $\mu \perp \nu$), wenn μ und ν von disjunkten Mengen getragen werden (vgl. 7.9).

(8.6) Beispiel. Sei $\mathfrak{B}$ die σ-Algebra der Borelschen Mengen von $\mathbb{R}$, λ das Lebesgue-Maß auf $\mathfrak{B}$ und δ_p das durch $p \in \mathbb{R}$ definierte Dirac-Maß auf $\mathfrak{B}$. Es gilt $\delta_p \perp \lambda$, denn δ_p wird von $\{p\}$ getragen, λ wird von $\mathbb{R} \setminus \{p\}$ getragen, und $\{p\} \cap (\mathbb{R} \setminus \{p\}) = \emptyset$.

(8.7) Proposition. (a) $\mu \perp \nu$ ist gleichbedeutend mit $|\mu| \perp |\nu|$.

(b) Gilt $\nu \ll \mu$ und $\nu \perp \mu$, so folgt $\nu = 0$.

(c) Sind ρ, τ, μ signierte Maße auf $\mathfrak{A}$ mit $\rho, \tau \perp \mu$ und ist $\nu = \rho + \tau$ ein signiertes Maß, so gilt $(\rho + \tau) \perp \mu$. Die entsprechende Aussage mit $\ll$ statt $\perp$ ist offensichtlich auch richtig.

Beweis. (a) Es genügt, zu zeigen: Eine Menge $A \in \mathfrak{A}$ trägt μ genau dann, wenn sie $|\mu|$ trägt. Mit Hilfe einer Hahn-Zerlegung sieht man dies aber sofort ein.

(b) Gilt $\nu \ll \mu$ und $\nu \perp \mu$ und sind $A, B \in \mathfrak{A}$ disjunkte Mengen die ν bzw. μ tragen, so gilt für $C \in \mathfrak{A}$: $\nu(C) = \nu(C \cap A)$. Wegen $C \cap A \subset X \setminus B$ ist $|\mu|(C \cap A) = 0$, also auch $\nu(C \cap A) = 0$ und somit $\nu(C) = 0$, d.h. $\nu = 0$.

(c) Es genügt, zu zeigen: Wird μ sowohl von A als auch von B getragen, so auch von $A \cap B$. Dies ist aber klar, denn $X \setminus (A \cap B)$ ist als Vereinigung der absoluten μ-Nullmengen $X \setminus A$ und $X \setminus B$ eine absolute μ-Nullmenge. $\blacksquare$

(8.8) Lebesguescher Zerlegungssatz. Sind μ und ν signierte Maße auf einer σ-Algebra $\mathfrak{A}$ auf X und ist ν σ-endlich, so gibt es genau eine Zerlegung $\nu = \nu_1 + \nu_2$ mit signierten Maßen ν_1, ν_2, wobei $\nu_1 \ll \mu$, $\nu_2 \perp \mu$. Die Zerlegung von ν rührt von einer Zerlegung des Raumes X her: es gibt $N \in \mathfrak{A}$, so daß ν_1 von X \ N und ν_2 von N getragen wird.

Beweis. (a) Sei zunächst ν endlich.

(i) Eindeutigkeit der Zerlegung: Aus $\nu = \nu_1 + \nu_2 = \tilde{\nu}_1 + \tilde{\nu}_2$ mit $\nu_1, \tilde{\nu}_1 \ll \mu$, $\nu_2, \tilde{\nu}_2 \perp \mu$, folgt $\nu_1 - \tilde{\nu}_1 = \tilde{\nu}_2 - \nu_2$; wobei die linke Seite der Gleichung μ-stetig, die rechte Seite wegen 8.7(c) singulär zu μ ist. Nach 8.7(b) folgt $\nu_1 - \tilde{\nu}_1 = \tilde{\nu}_2 - \nu_2 = 0$, also $\nu_1 = \tilde{\nu}_1$, $\nu_2 = \tilde{\nu}_2$.

(ii) Existenz der Zerlegung: Sei $\mathfrak{N}_{|\mu|}$ das System aller $|\mu|$- Nullmengen, sei $s = \sup\{|\nu|(A) \mid A \in \mathfrak{N}_{|\mu|}\}$. Da ν endlich ist, ist $s < \infty$. Seien $A_k \in \mathfrak{N}_{|\mu|}$ mit $|\nu|(A_k) \to s$. Für $N = \bigcup_1^\infty A_k$ gilt $N \in \mathfrak{N}_{|\mu|}$ und $|\nu|(N) = s$, d.h. N ist eine $|\mu|$-Nullmenge mit maximalem $|\nu|$-Maß. Jede $|\mu|$-Nullmenge $B \subset X \setminus N$ muß deshalb $|\nu|$-Maß 0 haben. Somit ist das durch $\nu_1(A) = \nu(A \cap (X \setminus N))$ definierte signierte Maß absolut stetig bezüglich μ. Setzen wir $\nu_2(A) = \nu(A \cap N)$ für $A \in \mathfrak{A}$, so gilt $\nu_2 \perp \mu$, denn ν_2 und μ werden von disjunkten Mengen getragen, nämlich N und X \ N. Es gilt $\nu = \nu_1 + \nu_2$, die Existenz der gewünschten Zerlegung ist somit bewiesen.

(b) Ist ν σ-endlich, so gibt es disjunkte $B_i \in \mathfrak{A}$ mit $|\nu(B_i)| < \infty$ und $X = \bigcup_1^\infty B_i$. Durch Einschränken von μ und ν auf jedes B_i, Anwenden von (a) und Zusammensetzen der B_i-Teilresultate ergibt sich die Behauptung für den Gesamtraum X. ∎

Wir wollen im Folgenden zeigen, daß jedes bezüglich μ absolut stetige Maß ν eine Dichte bezüglich μ hat, also $\nu = f\mu$ gilt, jedenfalls wenn μ σ-endlich ist. Der Grundgedanke ist sehr einfach: man benutzt die Lebesguesche Approximationsmethode (vgl. 4.10 und 6.3). Für $k \in \mathbb{N}$ zerlegt man X in Teilstücke X_j, wo $j2^{-k}\mu \leq \nu \leq (j+1)2^{-k}\mu$ gilt, und ein Reststück X_∞, wo $\nu = \infty \cdot \mu$ gilt, und man setzt $f_k = j2^{-k}$ auf X_j, $f_k = \infty$ auf X_∞. Wegen $f_{k+1} \geq f_k$ gibt es f mit $f_k \uparrow f$, und es ist intuitiv klar, daß $\nu = f\mu$ gelten muß. Zunächst aber eine technische Vorbemerkung:

(8.9) Seien μ und ν Maße auf der σ-Algebra $\mathfrak{A}$ auf X mit $\nu \ll \mu$ und μ endlich. Für jedes $\gamma \in \Gamma \overset{\text{def}}{=} \{j2^{-k} \mid j,k \in \mathbb{N} \cup \{0\}\}$ sei $(A_\gamma, X \setminus A_\gamma)$ eine Hahn-Zerlegung des signierten Maßes $\tau_\gamma = \nu - \gamma\mu$. Für $\gamma = 0$ sei die Zerlegung $(X, \emptyset)$. Wir nennen die Familie $(A_\gamma, X \setminus A_\gamma)_{\gamma \in \Gamma}$ eine

gekoppelte Zerlegung von v **bezüglich** μ, wenn für $\gamma' > \gamma$ stets $A_{\gamma'} \subset A_\gamma$ gilt. Ist diese Bedingung nicht erfüllt, so läßt sie sich durch Abänderung erfüllen: Für $A \in \mathfrak{A}$ mit $A \subset A_{\gamma'} \setminus A_\gamma$ gilt $\gamma' \mu(A) \leq v(A) \leq \gamma \mu(A)$, woraus wegen $\gamma' > \gamma \quad \mu(A) = 0$ folgt. Insbesondere ist $A_{\gamma'} \setminus A_\gamma$ und somit auch $N = \bigcup_{\gamma' > \gamma} (A_{\gamma'} \setminus A_\gamma)$ eine μ-Nullmenge, also wegen $v \ll \mu$ auch eine v-Nullmenge und folglich eine τ_γ-Nullmenge für jedes $\gamma \in \Gamma$. Deshalb ist $(B_\gamma, X \setminus B_\gamma)$, wo $B_\gamma = A_\gamma \cup N$, wieder eine Hahn-Zerlegung von τ_γ, und für $\gamma' > \gamma$ gilt nach Konstruktion $B_{\gamma'} \setminus B_\gamma = \emptyset$, also $B_{\gamma'} \subset B_\gamma$, d.h. $(B_\gamma, X \setminus B_\gamma)_{\gamma \in \Gamma}$ ist eine gekoppelte Zerlegung von v bezüglich μ.

(8.10) Satz von Radon-Nikodym. Sei v ein Maß und μ ein σ-endliches Maß auf einer σ-Algebra $\mathfrak{A}$ auf X. Gilt $v \ll \mu$, so gibt es ein $\mathfrak{A}$-meßbares f: $X \to [0, \infty]$ mit $v = f\mu$. Wie wir in 8.14(b) sehen werden, ist die Dichte f bis auf Äquivalenz (bezüglich μ) eindeutig bestimmt.

Beweis. (a) Ist μ endlich, so sei $(A_\gamma, X \setminus A_\gamma)_{\gamma \in \Gamma}$ eine gekoppelte Zerlegung von v bezüglich μ wie in 8.9. Für $k \in \mathbb{N}$ sei $f_k = \infty \cdot \chi_{\bigcap_j A_j} + \sum_{j=0}^\infty j 2^{-k} \chi_{A_{j2^{-k}} \setminus A_{(j+1)2^{-k}}}$. Als Limes von $\mathfrak{A}$-Treppenfunktionen ist f_n $\mathfrak{A}$-meßbar. Die Folge $\{f_n\}$ wächst, es gibt also ein $f \in \mathcal{M}(\mathfrak{A})^+$ mit $f_n \uparrow f$. Da für $A \in \mathfrak{A} \quad \int_A f_n d\mu \uparrow \int_A f d\mu$ gilt, genügt es $\int_A f_n d\mu \to v(A)$ zu zeigen, um $v = f\mu$ zu erhalten. Für festes k sind die in der Definition von f_k vorkommenden Mengen paarweise disjunkt, und ihre Vereinigung ist X. Für $A \in \mathfrak{A}$ sei $B = A \cap (\bigcap_j A_j)$ und $B_j = A \cap (A_{j2^{-k}} \setminus A_{(j+1)2^{-k}})$.

(i) Da $B \subset \bigcap_j A_j$, gilt $v(B) \geq j\mu(B)$ für alle j. Falls $\mu(B) > 0$, ist also $v(B) = \infty = \int_B f_k d\mu$ (denn $f_k = \infty$ auf B). Falls $\mu(B) = 0$, ist wegen $v \ll \mu$ auch $v(B) = 0$, also ebenfalls $v(B) = \int_B f_k d\mu$.

(ii) Da $B_j \subset A_{j2^{-k}} \setminus A_{(j+1)2^{-k}}$, gilt $j2^{-k} \mu(B_j) \leq v(B_j) \leq (j+1)2^{-k} \mu(B_j)$, also $\int_{B_j} f_k d\mu \leq v(B_j) \leq \int_{B_j} f_k d\mu + 2^{-k} \mu(B_j)$. Summation über j liefert $\int_{\bigcup B_j} f_k d\mu \leq v(\bigcup B_j) \leq \int_{\bigcup B_j} f_k d\mu + 2^{-k} \mu(\bigcup B_j)$, woraus $\lim_k \int_{\bigcup B_j} f_k d\mu = v(\bigcup B_j)$ folgt.

(iii) Wegen (i) und (ii) erhalten wir $\int_A f_k d\mu = \int_B f_k d\mu + \int_{\bigcup B_j} f_k d\mu \to v(B) + v(\bigcup B_j) = v(A)$ und somit insgesamt $\int_A f d\mu = v(A)$.

(b) Ist μ σ-endlich, so gibt es paarweise disjunkte $B_i \in \mathfrak{A}$ mit $\mu(B_i) < \infty$ und $X = \bigcup_1^\infty B_i$. Sind v_i, μ_i die Einschränkungen von v, μ auf B_i, so gilt $v_i \ll \mu_i$, und nach (a) erhalten wir $f_i \in \mathcal{M}(B_i \cap \mathfrak{A})^+$ mit $v_i = f_i \mu_i$. Die zusammengesetzte Funktion f, definiert durch $f|_{B_i} = f_i$, ist dann $\mathfrak{A}$-meßbar, und für $A \in \mathfrak{A}$ gilt

$$\nu(A) = \sum_1^\infty \nu(A \cap B_i) = \sum_1^\infty \int_{A \cap B_i} f_i d\mu_i = \sum_1^\infty \int_{A \cap B_i} f d\mu = \int_A f d\mu, \text{ also } \nu = f\mu. \ \blacksquare$$

Verzichten wir auf die σ-Endlichkeit von μ, so wird der Satz von Radon-Nikodym falsch. Dies zeigt folgendes

(8.11) Beispiel. Sei X eine nichtleere Menge, $\mathfrak{A} = \{\emptyset, X\}$, $\mu(\emptyset) = \nu(\emptyset) = 0$, $\mu(X) = \infty$, $\nu(X) = 1$. Zweifellos gilt $\nu << \mu$, denn beide Maße haben $\emptyset$ als einzige Nullmenge. Ist $f \geq 0$ $\mathfrak{A}$-meßbar (also konstant), so gilt $\int f d\mu = 0$ oder ∞, je nachdem ob f identisch Null ist oder nicht. Also gilt $f\mu \neq \nu$ in jedem Fall. Ein natürlicheres Beispiel findet sich in 8.22.

(8.12) Bemerkung. Das Maß ν in 8.10 ist genau dann σ-endlich, wenn die Dichte f μ-fast überall endliche Werte annimmt (Übung 8.25).

(8.13) Definition und Bemerkung. Die im Satz von Radon-Nikodym vorkommende Dichte f wird manchmal mit $\frac{d\nu}{d\mu}$ bezeichnet und **Radon-Nikodym-Ableitung** von ν nach μ genannt. In 8.14(b) wird gezeigt, daß $\frac{d\nu}{d\mu}$ bis auf Gleichheit μ - fast überall eindeutig bestimmt ist. Wie die Notation $\frac{d\nu}{d\mu}$ suggeriert, gelten gewisse Regeln, z.B.

$$\frac{d(\nu_1+\nu_2)}{d\mu} = \frac{d\nu_1}{d\mu} + \frac{d\nu_2}{d\mu} \qquad \mu \text{ - fast überall,}$$

$$\frac{d\nu}{d\rho} \cdot \frac{d\rho}{d\mu} = \frac{d\nu}{d\mu} \qquad \mu \text{ - fast überall.}$$

$$\int g d\nu = \int g \, \frac{d\nu}{d\mu} \cdot d\mu \ .$$

Die Summenregel ist klar, die beiden andern werden in 8.18 und 8.17 bewiesen.

(8.14) Satz. Sei $(X, \mathfrak{A}, \mu)$ ein Maßraum und seien $f, g: X \to \overline{\mathbb{R}}$ semi-integrierbar bezüglich μ.

(a) Gilt $f \sim g$ (bezüglich μ), so folgt $f\mu = g\mu$.

(b) Gilt $f\mu = g\mu$ und ist f oder g in $\mathcal{L}^1(\mu)$ oder ist μ σ-endlich, so folgt $f \sim g$.

Beweis. (a) Gilt f ~ g und $A \in \mathcal{A}$, so folgt $\chi_A f \sim \chi_A g$, also auch $\int_A f d\mu = \int_A g d\mu$, d.h. $f\mu = g\mu$.

(b) Sei $f\mu = g\mu$. Beim Beweis von f ~ g können wir wegen $f^+\mu = (f\mu)^+ = (g\mu)^+ = g^+\mu$ annehmen, daß $f,g \geq 0$ gilt.

(i) Sei $f \in \mathcal{L}^1(\mu)$. Wegen $\int g d\mu = g\mu(X) = f\mu(X) = \int f d\mu < \infty$ folgt $g \in \mathcal{L}^1(\mu)$, also auch $h \stackrel{\text{def}}{=} f - g \in \mathcal{L}^1(\mu)$. Wegen $h\mu = 0$ gilt $\int |h| \, d\mu = \|h\mu\| = 0$, also h ~ 0 nach 2.11(b) und somit f ~ g.

(ii) Sei μ σ-endlich. Es gibt $B_k \in \mathcal{A}$ mit $\mu(B_k) < \infty$ und $B_k \uparrow X$. Für $A_k = B_k \cap \{f < k\}$ gilt somit $\mu(A_k) < \infty$, und f ist beschränkt auf A_k, also $f\chi_{A_k} \in \mathcal{L}^1(\mu)$. Wegen $(f\chi_{A_k})\mu = (g\chi_{A_k})\mu$ erhalten wir aus (i) $f\chi_{A_k} \sim g\chi_{A_k}$. Da $A_k \uparrow \{f < \infty\}$, folgt f = g μ-fast überall auf $\{f < \infty\}$. Aus Symmetriegründen gilt ebenso f = g μ-fast überall auf $\{g < \infty\}$. Da f und g auf $\{f = g = \infty\}$ übereinstimmen, erhalten wir insgesamt f ~ g. ∎

Daß aus $f\mu = g\mu$ stets f ~ g folgt, ist nicht richtig:

(8.15) Beispiel. Sei X nichtleer, $\mathcal{A} = \{\emptyset, X\}$, $\mu(\emptyset) = 0$, $\mu(X) = \infty$. Sind f und g die konstanten Funktionen 1 und 2, so gilt $f\mu = g\mu(= \mu)$, aber $f \not\sim g$.

(8.16) Bemerkung. Für 8.14(b) gilt eine stärkere Aussage: Ist $f\mu = g\mu$, so gilt f = g lokal fast überall (leicht modifizierter Beweis). Zur Definition von „lokal f.ü." siehe 9.8.

(8.17) Satz. Sei $f \geq 0$ $\mathcal{A}$-meßbar. Für jedes $\mathcal{A}$-meßbare $g \geq 0$ gilt

$$(1) \qquad \int g d(f\mu) = \int gf d\mu \quad \text{(oder mit } \nu = f\mu: \int g d\nu = \int g \frac{d\nu}{d\mu} \, d\mu).$$

Für beliebiges $g \in \mathcal{M}(\mathcal{A})$ gilt: g ist genau dann integrierbar bzw. semi-integrierbar bezüglich $f\mu$, wenn gf integrierbar bzw. semi-integrierbar bezüglich μ ist. In beiden Fällen gilt wiederum (1).

Beweis. Für $g = \chi_A$ mit $A \in \mathcal{A}$ ist (1) richtig, also auch für $\mathcal{A}$-Treppenfunktionen. Für $\mathcal{A}$-meßbares $g \geq 0$ folgt (1) per monotone Konvergenz. Für beliebiges $g \in \mathcal{M}(\mathcal{A})$ gilt wegen $f \geq 0$ $(gf)^+ = g^+f$ und $(gf)^- = g^-f$, wegen dem soeben Gezeigten also $\int g^+ d(f\mu) = \int (gf)^+ d\mu$ und $\int g^- d(f\mu) = \int (gf)^- d\mu$, woraus definitionsgemäß die Behauptung folgt. ∎

(8.18) Folgerung. Sind $f, g \geq 0$ $\mathfrak{A}$-meßbar, so gilt $g(f\mu) = (gf)\mu$ (oder mit $\rho = f\mu$,
$\nu = g\rho$ und 8.14(b), falls μ σ-endlich ist: $\dfrac{d\nu}{d\mu} = \dfrac{d\nu}{d\rho} \cdot \dfrac{d\rho}{d\mu}$ μ-fast überall).

Beweis. Sei $A \in \mathfrak{A}$. Es gilt $g(f\mu)(A) = \int \chi_A g\, d(f\mu) = \int \chi_A gf\, d\mu = (gf)\mu(A)$ nach 8.17. ∎

Übungen, Beispiele, Ergänzungen

(8.19) Man gebe ein Beispiel dafür, daß $\nu \ll \mu$ allein nicht 8.4(1) impliziert.

(8.20) Man zeige: Sei $f \in \mathcal{L}^1(\mu)$ und seien $A_n \in \mathfrak{A}$. Gilt $\mu(A_n) \to 0$, so auch $\int_{A_n} f\, d\mu \to 0$.

(8.21) Sei f $\mathfrak{A}$-meßbar und sei $A \in \mathfrak{A}$ mit $\mu(A) > 0$. Gilt $f > 0$ auf A, so auch $\int_A f\, d\mu > 0$
(wegen 2.11(b)). Ebenso: Gilt $f < 0$ auf A, so auch $\int_A f\, d\mu < 0$.

(8.22) Sei $\mathfrak{B}$ die σ-Algebra der Borelschen Mengen von $\mathbb{R}$, λ das Lebesgue-Maß auf $\mathfrak{B}$, μ
das Zählmaß auf $\mathfrak{B}$. Man zeige, daß $\lambda \ll \mu$ gilt, es aber kein Borelsches f mit $\lambda = f\mu$ gibt.

(8.23) Sei λ das Lebesgue-Maß auf der σ-Algebra $\mathfrak{B}$ der Borelschen Mengen von $\mathbb{R}$. Man
zeige: Jedes σ-endliche Maß μ auf $\mathfrak{B}$ läßt sich eindeutig darstellen in der Form
$\mu = \mu_a + \mu_s + \mu_d$, wobei $\mu_a \ll \lambda$, $\mu_s \perp \lambda$ und $\mu_s(\{x\}) = 0$ $\forall\, x \in \mathbb{R}$, $\mu_d = \sum_{y \in A} \alpha(y)\, \delta_y$
(hier ist $\alpha(y) \in \mathbb{R}$, δ_y das Dirac-Maß im Punkte y und $A \subset \mathbb{R}$ möglicherweise unendlich,
aber abzählbar). Man nennt μ_a, μ_s, bzw. μ_d den absolut stetigen, (stetigen) singulären bzw.
diskreten Anteil von μ. Ein Beispiel eines Maßes, das nur aus seinem singulären Anteil μ_s
besteht, findet sich in 13.16.

(8.24) Man zeige: Ein Maß μ ist genau dann σ-endlich, wenn es ein $h \in \mathcal{L}^1(\mu)$ mit
$0 < h(x) < \infty$ $\forall\, x \in X$ gibt. In diesem Fall ist also $\nu = h\mu$ ein endliches Maß mit denselben
Nullmengen wie μ.

(8.25) Sei f semi-integrierbar bezüglich des σ-endlichen Maßes μ. Man zeige: Das signierte
Maß $\nu = f\mu$ ist genau dann σ-endlich, wenn μ-fast überall $|f| < \infty$ gilt. Das Resultat ist
insbesondere auf ν und f in 8.10 (Satz von Radon Nikodym) anwendbar.

(8.26) Seien f_1, f_2 semi-integrierbar bezüglich des Maßes μ. Im allgemeinen braucht $f_1 + f_2$ nicht mehr semi-integrierbar zu sein. Man zeige: Sind die Integrale $\int f_1 d\mu$, $\int f_2 d\mu$ nicht beide unendlich mit entgegengesetztem Vorzeichen, so ist $f_1 + f_2$ semi-integrierbar und $\int_A (f_1 + f_2) d\mu = \int_A f_1 d\mu + \int_A f_2 d\mu$ für jedes $A \in \mathfrak{A}$.

(8.27) Ist μ ein signiertes Maß, so heißt $f: X \to \overline{\mathbb{R}}$ **semi-integrierbar** bezüglich μ, wenn f bezüglich μ^+ und μ^- semi-integrierbar ist und $\int f d\mu^+$, $\int f d\mu^-$ nicht beide ∞ oder beide $-\infty$ sind. Wie für integrierbares f setzt man $\int f d\mu = \int f d\mu^+ - \int f d\mu^-$. Ist (A,B) eine Hahn-Zerlegung von X bezüglich μ, so ist die Semi-Integrierbarkeit von f bezüglich μ äquivalent zur Semi-Integrierbarkeit von $f' = f\chi_A - f\chi_B$ bezüglich $|\mu|$. Es gilt dann $\int f d\mu = \int f' d|\mu|$. 8.26 bleibt für semi-integrierbare Funktionen bezüglich eines signierten Maßes μ richtig.

(8.28) Der Satz von Radon-Nikodym 8.10 bleibt richtig, wenn μ und ν signierte Maße sind (μ wieder σ-endlich). Natürlich kann die Dichte f dann auch negative Werte annehmen. Es gilt $\nu^+ = f_1|\mu|$, $\nu^- = f_2|\mu|$, also $\nu = (f_1 - f_2)\,|\mu| = f\mu$, mit $f = (f_1 - f_2)\,\chi_{X^+} - (f_1 - f_2)\,\chi_{X^-}$, wobei (X^+, X^-) eine Hahn-Zerlegung bezüglich μ ist.

(8.29) Ist das Maß μ im Satz 8.10 nicht mehr σ-endlich aber immer noch zerlegbar (siehe 9.16), so bleibt die Behauptung des Satzes in folgender Form richtig: Es gibt eine lokal fast $\mathfrak{A}$-meßbare Funktion f (siehe 9.8) mit $\nu(A) = f\mu(A) = \int_A f d\mu$ für alle bezüglich μ σ-endlichen $A \in \mathfrak{A}$. Der Beweis verläuft wie bei 8.10, nur daß man in (b) die Funktion f aus überabzählbar vielen Stücken zusammensetzt, was wegen der Voraussetzung der Zerlegbarkeit zu einer lokal fast $\mathfrak{A}$-meßbaren Funktion führt. Verzichtet man auf die Zerlegbarkeit von μ, so wird der Satz falsch, wie man aus 9.45 entnehmen kann.

(8.30) Sei μ ein Maß und ν ein signiertes Maß auf der σ-Algebra $\mathfrak{A}$ auf X, und sei $f \in \mathcal{M}(\mathfrak{A})$ mit $\nu = f\mu$.

   (a) Gilt $\nu \geq 0$, so folgt $f \geq 0$ f.ü.

   (b) Gilt $\nu \leq \mu$, so folgt nicht notwendig $f \leq 1$ f.ü., aber man kann $g \in \mathcal{M}(\mathfrak{A})$ mit $\nu = g\mu$, $g \leq 1$ f.ü. finden. Zum Beispiel nehme man $g = f \wedge 1$.

(Hinweis: Für $A \in \mathfrak{A}$ mit $A \subset \{f > 1\}$ gilt $\mu(A) = 0$ oder ∞).

9 $\mathcal{L}^p$-Räume

$\mathcal{L}^p(\mu)$ für $1 \leq p < \infty$, Höldersche Ungleichung, Minkowskische Ungleichung, Quotientenraum $L^p(\mu)$; $\mathcal{L}^\infty(\mu)$, Quotientenraum $L^\infty(\mu)$. Dualraum von $L^p(\mu)$ für $1 < p < \infty$: $L^p(\mu)' \cong L^q(\mu)$. Zerlegbarkeit eines Maßes, Dualraum von $L^1(\mu)$: $L^1(\mu)' \cong L^\infty(\mu)$, falls μ zerlegbar ist. Ergänzend: $\|\ \|_{\sup}$ und $\|\ \|_\infty$ können verschieden sein. Ist I ein Daniell-Integral auf $\mathcal{E}$ und ist μ das durch I definierte Maß, so ist $\mathcal{E}_b$ dicht in $\mathcal{L}^p(\mu)$, $1 \leq p < \infty$. $\mathcal{L}^p(\mu)$ und $\mathcal{L}^p[\mu] \overset{\text{def}}{=} \mathcal{L}^p(I_\mu)$. Reeller bzw. komplexer Hilbert-Raum $L^2(\mu)$ bzw. $L^2_{\mathbb{C}}(\mu)$. Beispiel eines nicht zerlegbaren Maßes, für welches $L^1(\mu)'$ und $L^\infty(\mu)$ nicht kanonisch isomorph sind.

Sei $(X, \mathfrak{A}, \mu)$ ein Maßraum. Ist f: $X \to \overline{\mathbb{R}}$ $\mathfrak{A}$-meßbar, so auch $|f|^p$ für jedes $p \in (0,\infty)$, (wo $\infty^p \overset{\text{def}}{=} \infty$), denn $\{|f|^p > c\} = \{|f| > c^{1/p}\}$ für jedes $c \geq 0$, und wie wir schon wissen, ist $|f|$ meßbar.

(9.1) Definition. Eine $\mathfrak{A}$-meßbare Funktion f: $X \to \overline{\mathbb{R}}$ heißt **p-fach integrierbar** bezüglich μ, wenn $|f|^p \in \mathcal{L}^1(\mu)$, also $\int |f|^p \, d\mu < \infty$ gilt. Eine zweifach integrierbare Funktion heißt auch **quadratisch integrierbar** bezüglich μ. Die Menge der bezüglich μ p-fach integrierbaren Funktionen bezeichnen wir mit $\mathcal{L}^p(\mu)$, die Teilmenge der $f \in \mathcal{L}^p(\mu)$ mit endlichen Werten sei $\mathcal{L}^p_e(\mu)$. Für $f \in \mathcal{L}^p(\mu)$ definieren wir $\|f\|_p = (\int |f|^p d\mu)^{1/p}$.

Da $|f|^p = \infty \Leftrightarrow |f| = \infty$, gibt es zu jedem $f \in \mathcal{L}^p(\mu)$ ein $g \in \mathcal{L}^p_e(\mu)$ mit $f \sim g$ (zum Beispiel erhält man ein solches g, indem man bei f alle Werte $\pm \infty$ durch 0 ersetzt).

Im Folgenden sei $1 < p < \infty$.

(9.2) Lemma. Sind $a,b \geq 0$ und $p,q > 1$ mit $\dfrac{1}{p} + \dfrac{1}{q} = 1$, so gilt

$$ab \leq \frac{a^p}{p} + \frac{b^q}{q} .$$

Beweis. Ist a oder b gleich 0 oder gleich ∞, so stimmt die Behauptung. Seien also $a,b \in (0,\infty)$. Da der Logarithmus eine konkave Funktion ist, gilt $\log\left(\dfrac{1}{p} a + \dfrac{1}{q} b\right) \geq \dfrac{1}{p} \log a + \dfrac{1}{q} \log b$, also $\dfrac{a}{p} + \dfrac{b}{q} \geq a^{1/p} b^{1/q}$. Ersetzen wir a und b durch a^p bzw. b^q, so folgt die Behauptung. ∎

(9.3) Satz. Für $p,q > 1$ mit $\dfrac{1}{p} + \dfrac{1}{q} = 1$ und $f \in \mathcal{L}^p(\mu)$, $g \in \mathcal{L}^q(\mu)$ gilt $fg \in \mathcal{L}^1(\mu)$ und die **Höldersche Ungleichung**:

$$\int |fg| d\mu \leq \left(\int |f|^p d\mu\right)^{1/p} \cdot \left(\int |g|^q d\mu\right)^{1/q}, \text{ also } \|fg\|_1 \leq \|f\|_p \cdot \|g\|_q .$$

Beweis. Ist einer der Faktoren rechts Null, so ist die Funktion unter dem Integral fast überall gleich Null, also verschwindet auch die linke Seite der Ungleichung. Wir können also annehmen, daß beide Integrale rechts > 0, ja sogar gleich 1 sind (letzteres aus Gründen der Homogenität). Wegen 9.2 gilt

$$|f(x)g(x)| \le \frac{|f(x)|^p}{p} + \frac{|g(x)|^q}{q},$$

woraus durch Integration $\int |fg| \le \frac{1}{p} + \frac{1}{q} = 1 = \|f\|_p \|g\|_q$ folgt, womit der Beweis beendet ist. $\blacksquare$

(9.4) Folgerung. Ist $(X, \mathcal{A}, \mu)$ μ ein endlicher Maßraum, so gilt für $1 \le p < q < \infty$ die Inklusion $\mathcal{L}^q(\mu) \subset \mathcal{L}^p(\mu)$ und die Ungleichung $\|f\|_p \le \|f\|_q \cdot \mu(X)^{(1/p - 1/q)}$ für $f \in \mathcal{L}^q(\mu)$.

Beweis. Sei $f \in \mathcal{L}^q$, also $|f|^p \in \mathcal{L}^{q/p}$. Sei $r \in (1, \infty)$ mit $\frac{1}{r} + \frac{p}{q} = 1$. Da μ endlich ist, liegt die Konstante 1 in $\mathcal{L}^r$. Aus der Hölderschen Ungleichung, angewandt auf $|f|^p$ und 1, folgt $|f|^p \in \mathcal{L}^1$ (also $f \in \mathcal{L}^p$) und $\int |f|^p d\mu \le (\int |f|^q d\mu)^{p/q} \cdot \mu(X)^{1/r}$. Potenzieren mit $\frac{1}{p}$ liefert $\|f\|_p \le \|f\|_q \, \mu(X)^{1/p - 1/q}$. $\blacksquare$

(9.5) Bemerkung. Mit f und g liegt auch $f + g$ in $\mathcal{L}^p(\mu)$, denn es gilt:

$$\int |f + g|^p \, d\mu \le \int (2 \cdot (|f| \vee |g|))^p \, d\mu \le 2^p (\int |f|^p d\mu + \int |g|^p d\mu) < \infty.$$

(9.6) Satz. Ist $1 < p < \infty$ und sind $f, g \in \mathcal{L}^p(\mu)$, so gilt $f + g \in \mathcal{L}^p(\mu)$ und die **Minkowskische Ungleichung:**

$$(\int |f + g|^p \, d\mu)^{1/p} \le (\int |f|^p d\mu)^{1/p} + (\int |g|^p d\mu)^{1/p}, \text{ also } \|f + g\|_p \le \|f\|_p + \|g\|_p.$$

Beweis. Ist die linke Seite Null, so ist nichts zu beweisen. Wir können deshalb annehmen, daß die linke Seite > 0 ist. Es gilt $|f + g|^p = |f + g| \, |f + g|^{p-1} \le |f| \, |f + g|^{p-1} + |g| \, |f + g|^{p-1}$ und $|f + g|^{p-1} \in \mathcal{L}^q(\mu)$ (wo $\frac{1}{p} + \frac{1}{q} = 1$), denn $(p - 1) q = pq - q = p$, also $\int (|f + g|^{p-1})^q d\mu = \int |f + g|^p d\mu < \infty$. Die Höldersche Ungleichung impliziert nun $\int |f + g|^p d\mu \le (\int |f|^p d\mu)^{1/p} (\int |f + g|^p d\mu)^{1/q} + (\int |g|^p d\mu)^{1/p} (\int |f + g|^p d\mu)^{1/q}$. Division durch $(\int |f + g|^p d\mu)^{1/q}$ liefert die Behauptung, denn $1 - \frac{1}{q} = \frac{1}{p}$. $\blacksquare$

(9.7) Bemerkung. Nach dem letzten Satz ist $\mathcal{L}_e^p(\mu)$ mit $\|f\|_p = (\int |f|^p d\mu)^{1/p}$ ein halbnormierter Raum. Übrigens ist $\mathcal{L}_e^p(\mu)$ vollständig, was man ähnlich wie für $\mathcal{L}_e^1(\mu)$ beweisen kann (Übung 9.28). Ein anderer Beweis ergibt sich aus 9.11 und der Tatsache, daß Dualräume vollständig sind. Setzen wir $\mathcal{N} = \{f \in \mathcal{L}_e^p(\mu) \mid \|f\|_p = 0\}$, so ist

$L^p(\mu) \overset{\text{def}}{=} \mathcal{L}_e^p(\mu) / \mathcal{N}$ ein Banach-Raum, wenn wir Operationen und Norm durch Repräsentanten definieren. Wie im Fall von L^1 ist $L^p(\mu)$ vermöge der Abbildung $f + \mathcal{N} \mapsto f^\sim$ isometrisch isomorph zum Quotientenraum $\mathcal{L}^p/_\sim$, dem Raum der Äquivalenzklassen von $\mathcal{L}^p$ modulo $\sim$.

Wir wollen nun $\mathcal{L}^p$ für $p = \infty$ definieren. Hierzu benötigen wir folgende

(9.8) Definition. Sei $(X, \mathfrak{A}, \mu)$ ein Maßraum. Eine Funktion $f: X \to \overline{\mathbb{R}}$ heißt bezüglich μ **lokal fast $\mathfrak{A}$ -meßbar**, wenn $\chi_A f$ für jedes $A \in \mathfrak{A}$ mit $\mu(A) < \infty$ äquivalent zu einer $\mathfrak{A}$-meßbaren Funktion ist. Eine Eigenschaft P gilt **lokal (μ-)fast überall**, wenn für jedes $A \in \mathfrak{A}$ mit $\mu(A) < \infty$ P fast überall auf A gilt, d.h. $A \cap \{P \text{ gilt nicht}\}$ eine Teilmenge einer μ-Nullmenge ist. Für eine Funktion $f: X \to \overline{\mathbb{R}}$ setzen wir $\|f\|_\infty = \inf\{c \geq 0 \mid$ lokal μ-fast überall gilt $|f| \leq c\}$ und nennen $\|f\|_\infty$ das **wesentliche Supremum** von f bezüglich μ. Gilt $\|f\|_\infty < \infty$, so heißt f **wesentlich beschränkt** bezüglich μ. Die Menge der lokal fast $\mathfrak{A}$-meßbaren wesentlich beschränkten Funktionen bezeichnen wir mit $\mathcal{L}^\infty(\mu)$, die Menge der endlichwertigen $f \in \mathcal{L}^\infty(\mu)$ mit $\mathcal{L}_e^\infty(\mu)$.

Bemerkung. (a) Ist das Maß μ auf $\mathfrak{A}$ vollständig, so ist jede lokal fast $\mathfrak{A}$-meßbare Funktion f **lokal $\mathfrak{A}$-meßbar**, d.h. für jedes $A \in \mathfrak{A}$ mit $\mu(A) < \infty$ ist $\chi_A f$ $\mathfrak{A}$-meßbar. Faßt man die Definition von $\mathcal{L}^\infty(\mu)$ in 9.8 enger, indem man lokale $\mathfrak{A}$-Meßbarkeit der Funktionen verlangt, so ist für 9.18 und 9.19 Vollständigkeit von μ vorauszusetzen, wenn μ nicht σ-endlich ist. Im wichtigen Fall eines fast regulären Borel-Maßes auf einem lokal kompakten Raum, wird Vollständigkeit aber nicht benötigt.

(b) Die Definition von $\mathcal{L}^\infty(\mu)$ ist dadurch motiviert, daß für den Quotientenraum $L^\infty(\mu)$ (vgl. 9.10) „soweit möglich" die Dualität $L^1(\mu)' = L^\infty(\mu)$ gelten soll. Ist μ σ-endlich bzw. vollständig, so reicht es aus, meßbare bzw. lokal meßbare wesentlich beschränkte Funktionen zu betrachten, d.h. die Dualität gilt dann auch mit dem solchermaßen enger definierten $L^\infty(\mu)$.

(c) Gilt eine Eigenschaft fast überall, so gilt sie auch lokal fast überall. Ist μ σ-endlich, so gilt von dieser Aussage auch die Umkehrung. Im allgemeinen Fall gilt die Umkehrung nicht (vgl. 9.23).

(9.9) Satz. Mit punktweisen Operationen und der Halbnorm $\| \ \|_\infty$ ist $\mathcal{L}_e^\infty(\mu)$ ein vollständiger halbnormierter Raum.

Beweis. Gilt $\alpha \in \mathbb{R}$ und $f \in \mathcal{L}_e^\infty(\mu)$, so offenbar auch $\alpha f \in \mathcal{L}_e^\infty(\mu)$ und $\|\alpha f\|_\infty = |\alpha| \cdot \|f\|_\infty$. Seien $f,g \in \mathcal{L}_e^\infty(\mu)$ und gelte $|f| \le c$, $|g| \le d$ lokal μ-fast überall. Dann gilt

$|f + g| \le |f| + |g| \le d + c$ lokal μ-fast überall, also $f + g \in \mathcal{L}_e^\infty(\mu)$ und $\|f + g\|_\infty \le \|f\|_\infty + \|g\|_\infty$. Für die Vollständigkeit genügt es zu zeigen, daß jede Reihe $\sum_1^\infty f_n$ mit $\sum_1^\infty \|f_n\|_\infty < \infty$ in $\mathcal{L}_e^\infty(\mu)$ konvergiert. Seien also $f_n \in \mathcal{L}_e^\infty(\mu)$ mit $\sum \|f_n\|_\infty < \infty$. Setzen wir

$g_n = (f_n \wedge \|f\|_\infty) \vee (- \|f\|_\infty)$, so gilt $g_n \in \mathcal{L}_e^\infty(\mu)$ und $\|f_n - g_n\|_\infty = 0 \ \forall n$. Wegen $|g_n| \le \|f_n\|_\infty$ überall, existiert $g = \sum_1^\infty g_n$ als punktweiser Limes einer gleichmäßig konvergenten Reihe und es gilt $\|g\|_\infty \le \|g\|_{\sup} \le \sum_1^\infty \|g_n\|_{\sup} \le \sum_1^\infty \|f_n\|_\infty < \infty$. Da für jedes $A \in \mathfrak{A}$ mit $\mu(A) < \infty$ $\chi_A g_n$ äquivalent zu einer meßbaren Funktion h_n ist, für welche wir ebenfalls $|h_n| \le \|f_n\|_\infty$ annehmen können, gilt $\chi_A (\sum_1^\infty g_n) \sim h = \sum_1^\infty h_n \in \mathcal{M}(\mathfrak{A})$, d.h. $g = \sum_1^\infty g_n$ ist lokal fast $\mathfrak{A}$-meßbar. Somit liegt g in $\mathcal{L}_e^\infty(\mu)$. Nun gilt

$\|g - \sum_1^k f_n\|_\infty \le \|g - \sum_1^k g_n\|_\infty + \|\sum_1^k g_n - \sum_1^k f_n\|_\infty \le \|\sum_{k+1}^\infty g_n\|_{\sup} + 0 \le \sum_{k+1}^\infty \|g_n\|_{\sup}$

$\le \sum_{k+1}^\infty \|f_n\|_\infty$, was für $k \to \infty$ gegen null geht. Also ist $\mathcal{L}_e^\infty(\mu)$ vollständig. ∎

(9.10) Folgerung. Ist $\mathcal{N}_{\text{lok}}$ die Menge der lokalen Nullfunktionen in $\mathcal{L}_e^\infty(\mu)$, also der $f \in \mathcal{L}_e^\infty(\mu)$ mit $\|f\|_\infty = 0$, so ist $L^\infty(\mu) = \mathcal{L}_e^\infty(\mu) / \mathcal{N}_{\text{lok}}$ ein Banach-Raum.

Der Dualraum von L^p $(1 < p < \infty)$.

Sei μ ein Maß auf der σ-Algebra $\mathfrak{A} \subset P(X)$, seien $1 < p < \infty$, $1 < q < \infty$ mit $\frac{1}{p} + \frac{1}{q} = 1$ und sei $h \in \mathcal{L}_e^q(\mu)$. Für $g \in \mathcal{L}_e^p(\mu)$ setzen wir $F_h(g) = \int gh \ d\mu$. Wegen der Hölderschen Ungleichung ist $F_h(g)$ wohldefiniert und F_h ein stetiges lineares Funktional auf $\mathcal{L}_e^p(\mu)$ mit Norm $\|F_h\| \le \|h\|_q$. Wir wollen $\|F_h\| = \|h\|_q$ zeigen: Wegen $\{h > 0\}$, $\{h < 0\} \in \mathfrak{A}$ ist die Abbildung $\text{sign}\,(h) = \chi_{\{f > 0\}} - \chi_{\{f < 0\}}$ $\mathfrak{A}$-meßbar, also $|h|^{q-1} \text{sign}\,(h) \in \mathcal{L}_e^p$ (denn $(q - 1)p = q$ und $h \in \mathcal{L}_e^q$). Folglich gilt $\int |h|^q \ d\mu = F_h(|h|^{q-1} \text{sign}\,(h)) \le \|F_h\| \cdot (\int |h|^q \ d\mu)^{1/p}$, woraus $(\int |h|^q \ d\mu)^{1-1/p} \le \|F_h\|$, also $\|h\|_q \le \|F_h\|$ folgt. Damit gilt $\|h\|_q = \|F_h\|$, die Abbildung F: $h \mapsto F_h$ ist also isometrisch und offenbar auch linear von $\mathcal{L}_e^q$ nach $(\mathcal{L}_e^p)' = \{ \varphi : \mathcal{L}_e^p \to \mathbb{R} \mid \varphi$ linear, stetig$\}$, dem Dualraum von $\mathcal{L}_e^p$. Wüßten wir schon die Surjektivität von F, so folgte nach A.17 im Anhang, daß die durch F in kanonischer Weise induzierte Abbildung $\widetilde{F}$ von L^q nach $(L^p)'$ ein isometrischer Isomorphismus ist, also

(9.11) Satz. Für $1 < p < \infty$ und $1 < q < \infty$ mit $\frac{1}{p} + \frac{1}{q} = 1$ ist der Dualraum $L^p(\mu)'$ isometrisch isomorph zu $L^q(\mu)$ (wofür man oft einfach $L^p(\mu)' = L^q(\mu)$ schreibt). Insbesondere ist $L^q(\mu)$ als Dualraum vollständig. Somit ist auch $\mathcal{L}_e^q(\mu)$ vollständig.

Zum Beweis von 9.11 ist noch die Surjektivität von $F: h \mapsto F_h$ zu zeigen. Diesem Ziel dienen 9.12 - 9.15. Zunächst zeigen wir, daß wir uns auf positive Funktionale beschränken können, also Funktionale φ mit $\varphi(f) \geq 0$ für $f \geq 0$. Zur Vorbereitung folgendes

(9.12) Lemma. Sind $h, f_1, f_2 \in (\mathcal{L}_e^p)^+$ und $0 \leq h \leq f_1 + f_2$, so gibt es $h_1, h_2 \in (\mathcal{L}_e^p)^+$ mit $h_1 \leq f_1$ und $h_2 \leq f_2$ sowie $h = h_1 + h_2$.

Beweis. Mit $h_1 = h \wedge f_1$ und $h_2 = h - h_1$ ist die Behauptung erfüllt. ∎

(9.13) Satz. Sei $1 \leq p \leq \infty$. Jedes Funktional $\varphi \in (\mathcal{L}_e^p)'$ ist die Differenz von zwei positiven Funktionalen $\varphi^+, \varphi^- \in (\mathcal{L}_e^p)'$.

Beweis. Für $f \in (\mathcal{L}_e^p)^+$ setzen wir $\varphi^+(f) = \sup\{\varphi(g) \mid g \in (\mathcal{L}_e^p)^+, g \leq f\}$.

(a) φ^+ ist positiv homogen und additiv auf $(\mathcal{L}_e^p)^+$: Für $\alpha \in \mathbb{R}^+$ gilt offenbar $\varphi^+(\alpha f) = \alpha \varphi^+(f)$. Seien $f_1, f_2 \in (\mathcal{L}_e^p)^+$. Wegen des Lemmas gilt
$$\varphi^+(f_1 + f_2) = \sup\{\varphi(h) \mid h \in (\mathcal{L}_e^p)^+, h \leq f_1 + f_2\} = \sup\{\varphi\{h_1\} \mid h_1 \in (\mathcal{L}_e^p)^+, h_1 \leq f_1\}$$
$$+ \sup\{\varphi(h_2) \mid h_2 \in (\mathcal{L}_e^p)^+, h_2 \leq f_2\} = \varphi^+(f_1) + \varphi^+(f_2).$$

(b) φ^+ läßt sich eindeutig zu einem linearen Funktional auf ganz $\mathcal{L}_e^p$ fortsetzen: Sind $f_1, f_2, g_1, g_2 \in (\mathcal{L}_e^p)^+$ und $f_1 - f_2 = g_1 - g_2$, so gilt $f_1 + g_2 = f_2 + g_1$, also $\varphi^+(f_1) + \varphi^+(g_2) = \varphi^+(f_2) + \varphi^+(g_1)$ und somit $\varphi^+(f_1) - \varphi^+(f_2) = \varphi^+(g_1) - \varphi^+(g_2)$. Ist also $h \in \mathcal{L}_e^p$ und $f_1, f_2 \in (\mathcal{L}_e^p)^+$ mit $h = f_1 - f_2$, so ist durch $\varphi^+(h) = \varphi^+(f_1) - \varphi^+(f_2)$ auch $\varphi^+(h)$ wohldefiniert und man prüft leicht nach, daß φ^+ auf diese Weise zu einem linearen Funktional auf $\mathcal{L}_e^p$ wird.

(c) Es gilt $|\varphi^+(f)| = |\varphi^+(f^+) - \varphi^+(f^-)| \leq \|\varphi\| \cdot \|f^+\|_p + \|\varphi\| \cdot \|f^-\|_p \leq 2 \cdot \|\varphi\| \cdot \|f\|_p$, φ^+ ist also stetig. Somit ist auch das Funktional $\varphi^- = \varphi^+ - \varphi$ stetig und wegen $\varphi^+(f) \geq \varphi(f)$ für $f \geq 0$ auch positiv. Also gilt $\varphi = \varphi^+ - \varphi^-$ mit positiven Funktionalen $\varphi^+, \varphi^- \in (\mathcal{L}_e^p)'$. ∎

(9.14) Lemma. Sei $(X, \mathfrak{A}, \mu)$ ein Maßraum und sei $1 < p < \infty$. Jedes Funktional $\varphi \in (\mathcal{L}_e^p(\mu))'$ wird von einer σ-endlichen Menge $S \in \mathfrak{A}$ getragen, d.h. für $f \in \mathcal{L}_e^p$ mit $f = 0$ auf S gilt $\varphi(f) = 0$.

Beweis. Wir können $\|\varphi\| = 1$ annehmen. Sei $\{g_n\}$ eine Folge in $\mathcal{L}_e^p$ mit $\|g_n\|_p = 1$ und

$\varphi(g_n) \to \|\varphi\| = 1$. Die Menge $S = \bigcup_n \{g_n \neq 0\}$ ist σ-endlich, da die Mengen

$\{g_n \neq 0\} = \bigcup_k \{|g_n| > \frac{1}{k}\}$ σ-endlich sind. Sei $f \in \mathcal{L}_e^p$ mit $\|f\|_p = 1$ und $f = 0$ auf S. Wir

können $\alpha \overset{\text{def}}{=} \varphi(f) \geq 0$ annehmen. Sei $\beta_n \overset{\text{def}}{=} \varphi(g_n)$. Wir betrachten

$q_n(\lambda) = \varphi(g_n + \lambda f) / \|g_n + \lambda f\|_p = (\beta_n + \lambda\alpha) / (1 + \lambda^p)^{1/p}$ für $\lambda \in \mathbb{R}^+$. Die Ableitung $q_n'(\lambda)$

verschwindet in $\lambda_n = (\alpha/\beta_n)^{\frac{1}{p-1}}$. Für dieses λ_n ergibt sich

$q_n(\lambda_n) = \left(\beta_n + (\alpha / \beta_n)^{\frac{1}{p-1}} \cdot \alpha \right) / \left(1 + (\alpha / \beta_n)^{\frac{p}{p-1}} \right)^{\frac{1}{p}}$, was für $n \to \infty$ gegen

$\left(1 + \alpha^{\frac{p}{p-1}} \right) / \left(1 + \alpha^{\frac{p}{p-1}} \right)^{\frac{1}{p}} = \left(1 + \alpha^{\frac{p}{p-1}} \right)^{1 - \frac{1}{p}}$ konvergiert. Wegen $|q_n(\lambda_n)| \leq \|\varphi\| = 1$ ist

dieser Grenzwert ≤ 1, woraus $\alpha = 0$ folgt, also $\varphi(f) = 0$. ∎

(9.15) Satz. Sei $(X, \mathfrak{A}, \mu)$ ein Maßraum und sei $1 < p < \infty$. Dann ist jedes Funktional

$\varphi \in (\mathcal{L}_e^p)'$ von der Form

$$\varphi(f) = \int fg \, d\mu$$

mit einem $g \in \mathcal{L}_e^q$, wobei $\frac{1}{p} + \frac{1}{q} = 1$.

Beweis. Wegen 9.13 kann φ als positiv vorausgesetzt werden. Wegen des Lemmas können wir annehmen, daß μ σ-endlich ist (denn wird φ von S wie in 9.14 getragen, so gilt für $f \in \mathcal{L}_e^q$: $\varphi(f) = \varphi(\chi_S f + \chi_{X \setminus S} f) = \varphi(\chi_S f)$ und S ist σ-endlich bezüglich μ). Das Funktional φ ist ein Daniell-Integral auf dem Verband $\mathcal{L}_e^p$, denn aus $f_n \downarrow 0$ folgt $f_n^p \downarrow 0$, also nach dem Satz von der monotonen Konvergenz $\int f_n^p \downarrow 0$ und somit $\|f_n\|_p \to 0$, woraus $\varphi(f_n) \to 0$ folgt. Deshalb ist das durch $\varphi(\sum_1^\infty f_n) = \sum_1^\infty \varphi(f_n)$, $f_n \in (\mathcal{L}_e^p)^+$, auf $(\mathcal{L}_e^p)^{+\uparrow} = \{ \sum_1^\infty f_n | f_n \in (\mathcal{L}_e^p)^+ \}$ fortgesetzte Funktional φ wohldefiniert, und es ist offenbar abzählbar additiv. Für $A \in \mathfrak{A}$ gilt $\chi_A \in (\mathcal{L}_e^p)^{+\uparrow}$, denn wegen der σ-Endlichkeit von μ gibt es paarweise disjunkte $A_n \in \mathfrak{A}$ mit $\mu(A_n) < \infty$ und $\bigcup_1^\infty A_n = A$, also $\chi_A = \sum_1^\infty \chi_k \in (\mathcal{L}_e^p)^{+\uparrow}$. Somit definiert $\nu(A) = \varphi(\chi_A)$ ein Maß auf $\mathfrak{A}$. Es gilt $\nu << \mu$, denn $\mu(A) = 0$ impliziert $\|\chi_A\|_p = 0$ und somit $\varphi(\chi_A) = 0$, also $\nu(A) = 0$. Nach dem Satz von Radon-Nikodym gibt es eine $\mathfrak{A}$-meßbare Funktion $g \geq 0$ mit $\nu(A) = \int_A g d\mu$, $\forall A \in \mathfrak{A}$, insbesondere gilt $\varphi(\chi_A) = \int \chi_A g d\mu$ für $A \in \mathfrak{A}$ mit $\mu(A) < \infty$. Durch Bildung von Linearkombinationen und isotonen Limes erhalten wir $\varphi(f) = \int fg \, d\mu$ zunächst für $f \in (\mathcal{L}_e^p)^+$, dann aber auch für beliebiges $f \in \mathcal{L}_e^p$. Es ist nun ein Leichtes, $g \in \mathcal{L}^q$ zu zeigen: Ist $\{X_n\}$ eine Folge in $\mathfrak{A}$ mit $X_n \uparrow X$, $\mu(X_n) < \infty$, so gilt $g_n = (\chi_{X_n} g) \wedge n \in \mathcal{L}^q$, denn $g_n \geq 0$ ist meßbar und $\int g_n^q \, d\mu \leq n^q \, \mu(X_n) < \infty$. Ferner ist $\int g_n^q \, d\mu \leq \int g_n^{q-1} g \, d\mu = \varphi(g_n^{q-1}) \leq \|\varphi\| \cdot \|g_n^{q-1}\|_p$ $= \|\varphi\| \, (\int g_n^q \, d\mu)^{1/p}$, also $\|g_n\|_q = (\int g_n^q \, d\mu)^{1-1/p} \leq \|\varphi\|$. Wegen $g_n \uparrow g$ gilt $\|g_n\|_q \to \|g\|_q$, also $\|g\|_q \leq \|\varphi\| < \infty$, d.h. $g \in \mathcal{L}^q$. Ersetzen wir g nun durch eine äquivalente Funktion aus $\mathcal{L}_e^q$, so ist damit die Behauptung des Satzes erfüllt. ∎

Mit 9.15 ist die Surjektivität von F gezeigt und der Beweis von 9.11 beendet. ∎

Der Dualraum von L^1.

Nun zum Dualraum von $\mathcal{L}_e^1$ (bzw. L^1). Ist $h \in \mathcal{L}_e^\infty$ und $g \in \mathcal{L}_e^1$, so ist die Menge $\{g \neq 0\} = \bigcup_1^\infty \{|g| > \frac{1}{n}\}$ σ-endlich und deshalb $h\chi_{\{g \neq 0\}}$ äquivalent zu einer meßbaren Funktion und fast überall $\leq \|h\|_\infty$. Folglich ist $gh = gh\chi_{\{g \neq 0\}}$ äquivalent zu einer meßbaren Funktion und $|gh| \leq |g| \, \|h\|_\infty$ f.ü., also $gh \in \mathcal{L}_e^1$. Somit ist $F_h(g) = \int gh \, d\mu$ wohldefiniert, und es gilt $|F_h(g)| \leq \|h\|_\infty \, \|g\|_1$. Wegen der Linearität des Integrals ist also $F_h \in (\mathcal{L}_e^1)'$ und $\|F_h\| \leq \|h\|_\infty$. Wir zeigen $\|F_h\| = \|h\|_\infty$: Sei $\varepsilon > 0$ und $c = \|h\|_\infty - \varepsilon > 0$. Nach Definition von $\|h\|_\infty$ gibt es ein $A \in \mathfrak{A}$ mit $\mu(A) < \infty$ und so daß $A \cap \{|h| > c\}$ in keiner μ-Nullmenge enthalten ist. Da $h\chi_A$ zu einer meßbaren Funktion äquivalent ist, gibt es eine Nullmenge N, so daß $h\chi_{A\backslash N}$ meßbar ist. Wegen obigem ist $\mu((A \backslash N) \cap \{|h| > c\}) > 0$. Für $B = (A \backslash N) \cap \{|h| > c\}$ gilt $\chi_B \, \text{sign}(h) \in \mathcal{L}_e^1$ und $F_h(\chi_B \, \text{sign}(h)) = \int \chi_B |h| \, d\mu \geq c\mu(B)$ $= (\|h\|_\infty - \varepsilon) \cdot \|\chi_B \, \text{sign}(h)\|_1$ woraus $\|F_h\| \geq \|h\|_\infty$ folgt. Die Abbildung $h \mapsto F_h$ ist somit isometrisch und natürlich linear von $\mathcal{L}_e^\infty$ nach $(\mathcal{L}_e^1)'$. Im allgemeinen braucht F *nicht* surjektiv zu sein (vgl. 9.45). Wir zeigen die Surjektivität unter der Voraussetzung der Zerlegbarkeit von μ.

(9.16) Definition. Ein Maß μ auf einer σ-Algebra $\mathfrak{A} \subset P(X)$ heißt **zerlegbar** , wenn es ein Mengensystem $\mathfrak{C} \subset \mathfrak{A}$ gibt mit

    (i) $\mu(B) < \infty \; \forall \; B \in \mathfrak{C}$.

    (ii) Die Elemente von $\mathfrak{C}$ sind paarweise disjunkt.

    (iii) Für $A \in \mathfrak{A}$ mit $\mu(A) < \infty$ gibt es höchstens abzählbar viele $B_i \in \mathfrak{C}$ mit
        $\mu(B_i \cap A) > 0$ (das folgt schon aus (ii)), und die Menge $N = A \backslash \bigcup_i B_i$ ist
        eine μ-Nullmenge.[*]

Wir nennen $\mathfrak{C}$ dann ein **zerlegendes System** für μ.

---

[*]   Äquivalente Formulierungen von 9.16(iii) sind:
    (iii)'   Zu $A \in \mathfrak{A}$ mit $0 < \mu(A) < \infty$ gibt es $B \in \mathfrak{C}$ mit $\mu(A \cap B) > 0$.
    (iii)''   Für $A \in \mathfrak{A}$ mit $\mu(A) < \infty$ gilt $\mu(A) = \sum_{B \in \mathfrak{C}} \mu(A \cap B)$.

(9.17) Bemerkung. Jedes σ-endliche Maß ist zerlegbar. Ist $X = \bigcup_1^\infty X_i$ mit paarweise disjunkten X_i und $\mu(X_i) < \infty$, so ist $\mathbb{C} = \{X_i \mid i \in \mathbb{N}\}$ von der gewünschten Art.

(9.18) Satz. Sei μ zerlegbar und sei $\varphi \in (\mathcal{L}_e^1)'$. Dann gibt es ein $h \in \mathcal{L}_e^\infty$ mit $\varphi = F_h$.

Beweis. Wegen 9.13 können wir φ als positiv voraussetzen. φ ist σ-stetig auf $\mathcal{L}_e^1$, denn aus $f_n \downarrow 0$ folgt $\|f_n\|_1 = \int f_n \to 0$, also auch $\varphi(f_n) \to 0$. Sei $\mathbb{C}$ wie in 9.16 und sei $B \in \mathbb{C}$. Für $A \subset B$, $A \in \mathfrak{A}$, definieren wir: $v_B(A) = \varphi(\chi_A)$, was auf der σ-Algebra $\{A \in \mathfrak{A} \mid A \subset B\} \subset P(B)$ ein Maß v_B definiert. Aus $\mu(A) = 0$ folgt $\|\chi_A\|_1 = 0$, also $v_B(A) = \varphi(\chi_A) = 0$, es gilt also $v_B \ll \mu$. Nach dem Satz von Radon-Nikodym gibt es ein meßbares $h_B \geq 0$ (definiert auf B) mit $v_B(A) = \int_A h_B \, d\mu \;\forall\, A \in \mathfrak{A}$, $A \subset B$. Setzen wir $h(x) = h_B(x)$ für $x \in B$, $B \in \mathbb{C}$, und $h(x) = 0$ für $x \notin \bigcup_{B \in \mathbb{C}} B$, so ist h lokal fast $\mathfrak{A}$-meßbar: Ist $A \in \mathfrak{A}$ mit $\mu(A) < \infty$ und sind $B_i \in \mathbb{C}$ und N wie in 9.16(iii), so gilt $h\chi_A = \sum_1^\infty h\chi_{A \cap B_i} + h\chi_N \sim \sum_1^\infty h\chi_{A \cap B_i} = \sum_1^\infty \chi_A h\chi_{B_i}$, was als Limes meßbarer Funktionen meßbar ist. Weiter gilt wegen der Normstetigkeit und σ-Stetigkeit von φ: $\varphi(\chi_A) = \varphi(\chi_{A \setminus N})$ $= \sum_i \varphi(\chi_{B_i \cap A}) = \sum_i v_{B_i}(B_i \cap A) = \sum_i \int_{B_i \cap A} h \, d\mu = \int_{A \setminus N} h \, d\mu = \int_A h \, d\mu = \int \chi_A h \, d\mu$. Durch Bildung von Linearkombinationen und isotonen Limes ergibt sich $\varphi(f) = \int f h \, d\mu$ für alle $f \in (\mathcal{L}_e^1)^+$, dann aber auch für beliebige $f \in \mathcal{L}_e^1$. Analog wie kurz vor 9.16 ergibt sich $\|h\|_\infty \leq \|\varphi\|$, also $h \in \mathcal{L}^\infty$. Ersetzen wir h durch $h\chi_{\{|h| \leq \|h\|_\infty\}}$ so ist die neue Funktion aus $\mathcal{L}_e^\infty$ und definiert dasselbe Funktional wie h. Damit ist der Satz bewiesen. ∎

Mit Hilfe von A.17 im Anhang erhalten wir

(9.19) Folgerung. $L^1(\mu)' = L^\infty(\mu)$ im Sinne eines isometrischen Isomorphismus, wenn μ zerlegbar ist.

(9.20) Bemerkung. Wir haben für $1 \leq p < \infty$ und $\frac{1}{p} + \frac{1}{q} = 1$ bewiesen, daß $(L^p)' = L^q$, im Fall $p = 1$ unter der Voraussetzung der Zerlegbarkeit von μ, die aber oft, z. B. für σ-endliche Maß, erfüllt ist. Dagegen gilt $(L^\infty)' = L^1$ fast nie, nämlich nur im endlichdimensionalen Fall.

Übungen, Beispiele, Ergänzungen

(9.21) Sei $(X, \mathfrak{A}, \mu)$ ein Maßraum. (a) Sei $1 \leq p < \infty$. Für $f\colon X \to \overline{\mathbb{R}}$ gilt $\|f\|_p = 0$ genau dann, wenn f fast überall Null ist, also wenn $f \sim 0$ gilt.

(b) Für $f\colon X \to \overline{\mathbb{R}}$ gilt $\|f\|_\infty = 0$ genau dann, wenn f lokal fast überall Null ist.

(9.22) Zwei Funktionen $f, g\colon X \to \overline{\mathbb{R}}$ heißen **lokal äquivalent** (in Zeichen: $f \underset{\text{lok}}{\sim} g$), wenn $f = g$ lokal fast überall gilt. 9.21(b) lautet somit: $\|f\|_\infty = 0 \Leftrightarrow f \underset{\text{lok}}{\sim} 0$.

(9.23) Sei $X \neq \emptyset$, $\mathfrak{A} = \{\emptyset, X\}$, μ das Maß $\mu(\emptyset) = 0$, $\mu(X) = \infty$. Sind f, g beliebige Funktionen von X nach $\overline{\mathbb{R}}$, so gilt $f \underset{\text{lok}}{\sim} g$. Dagegen gilt $f \sim g$ genau dann, wenn $f = g$ gilt. Jede Funktion $f\colon X \to \overline{\mathbb{R}}$ ist lokal $\mathfrak{A}$-meßbar und somit lokal fast $\mathfrak{A}$-meßbar, aber nur die konstanten Funktionen sind $\mathfrak{A}$-meßbar. Es gilt $\mathcal{L}^1(\mu) = \{0\}$, $\mathcal{L}^\infty(\mu) = \overline{\mathbb{R}}^X$ und $L^\infty(\mu) = \{0\}$.

(9.24) Sei μ ein Maß auf einem Ring $\mathfrak{R}$ auf X. Eine Menge $A \subset X$ heißt **lokale** $(\mu\text{-})$ **Nullmenge**, wenn $A \cap B$ für jedes $B \in \mathfrak{R}$ mit $\mu(B) < \infty$ eine μ-Nullmenge ist. Man zeige:

(a) Gilt eine Eigenschaft P außerhalb einer lokalen Nullmenge, so gilt P lokal f.ü. Die Umkehrung gilt, falls μ vollständig ist.

(b) Ist A eine lokale μ-Nullmenge, so gilt $A \in \mathfrak{M}_\mu$. Falls $A \in \mathfrak{R}$ gilt, ist offenbar $\mu(A) = 0$ oder ∞, allgemeiner gilt $\overline{\mu}(A) = 0$ oder ∞.

(9.25) (a) Seien X, $\mathfrak{A}$, μ wie in 9.23. Ist $f = 1$, so gilt $\|f\|_\infty = 0$, während die Supremumsnorm $\|f\|_{\text{sup}}$ von f gleich 1 ist.

(b) Sei λ das Lebesgue-Maß auf $\mathbb{R}$ und sei $f \in \mathcal{K}(\mathbb{R})$. Man zeige, daß $\|f\|_\infty$ mit $\|f\|_{\text{sup}}$ übereinstimmt.

(c) Man gebe ein Maß μ auf der σ-Algebra der Borelmengen von $\mathbb{R}$ und ein $f \in \mathcal{K}(\mathbb{R})$ mit $\|f\|_{\text{sup}} = 5$ und $\|f\|_\infty = 1$.

(9.26) (a) Ist $\mathfrak{A}$ eine σ-Algebra auf X, die alle einpunktigen Teilmengen von X enthält, und ist μ das Zählmaß auf $\mathfrak{A}$, so ist $\mathcal{L}^p(\mu) = \{f\colon X \to \mathbb{R} \mid \sum_{x \in X} |f(x)|^p < \infty\}$ für $0 < p < \infty$ und $\mathcal{L}^\infty(\mu) = \{f\colon X \to \mathbb{R} \mid f \text{ beschränkt}\}$. Es ist in diesem Fall üblich, für $0 < p \leq \infty$ $\mathcal{L}^p(\mu)$ mit $\ell^p(X)$ zu bezeichnen. Für $p, q \in (0, \infty]$, $p < q$ gilt offenbar $\ell^p(X) \subset \ell^q(X)$ (anders als in 9.4).

(b) Nach 9.19 gilt $\ell^1(X)' = \ell^\infty(X)$. Funktionen aus $\ell^\infty(X)$ sind lokal meßbar aber nicht notwendig meßbar. Hätten wir in der Definition von $\mathcal{L}^\infty$ Meßbarkeit statt lokaler Meßbarkeit verlangt, so wäre $\ell^1(X)' \neq \ell^\infty(X)$ (außer wenn $\mathfrak{A} = P(X)$) und daher 9.19 falsch.

(9.27) Sei $1 < p < \infty$ und $(X, \mathfrak{A}, \mu)$ ein Maßraum. Man zeige: Für $f_n \in \mathcal{L}^p(\mu)^+$ gilt $\|\sum_1^\infty f_n\|_p \leq \sum_1^\infty \|f_n\|_p$. Insbesondere gilt $\sum_1^\infty f_n \in \mathcal{L}^p(\mu)$, wenn $\sum_1^\infty \|f_n\|_p < \infty$ ist.

(9.28) Sei $1 < p < \infty$. Man zeige, daß mit $\mathcal{L}^p$ mit $\| \ \|_p$ vollständig ist.

(9.29) Sei $1 < p < \infty$. Man zeige: Gilt $\|f - f_n\|_p \to 0$, so gibt es eine Teilfolge $\{f_{n_k}\}$ mit $\{f_{n_k}\} \to f$ f.ü. Man kann sogar erreichen, daß die Teilfolge durch ein geeignetes Element $h \in \mathcal{L}^p(\mu)$ dem Betrag nach dominiert wird (vgl. den Beweis von 2.23, dem der Fall $p = 1$ entnommen werden kann).

(9.30) Aus den Konvergenzsätzen für $\mathcal{L}^1$ erhält man entsprechende für $\mathcal{L}^p$ ($1 < p < \infty$). Zum Beispiel lautet der Satz von Lebesgue: Sind $f_n \in \mathcal{L}^p$ mit $|f_n| \leq g \in (\mathcal{L}^p)^+$ und ist $f \in \mathcal{M}(\mathfrak{A})$ mit $f_n \to f$ f.ü., so gilt $f \in \mathcal{L}^p$ und $\|f - f_n\|_p \to 0$.
(*Beweis.* Man wendet 2.30 auf $f'_n = |f - f_n|^p$ und $g' = (2g)^p$ an).

(9.31) Man zeige: Ist $(X, \mathfrak{A}, \mu)$ ein Maßraum , so ist $\mathcal{E}_\mu$ dicht in jedem $\mathcal{L}^p(\mu)$ ($1 \leq p < \infty$), d.h. zu $f \in \mathcal{L}^p(\mu)$ gibt es $f_n \in \mathcal{E}_\mu$ mit $\|f - f_n\|_p \to 0$.

(9.32) (a) Sei I ein Daniell-Integral auf einem Stoneschen Vektorverband und sei μ das durch I definierte Maß. Man zeige, daß $\mathcal{E}_b = \{f \in \mathcal{E} \mid f \text{ beschränkt}\}$ dicht ist in jedem $\mathcal{L}^p(\mu)$, $1 \leq p < \infty$.
(Hinweis: Zu $A \in \mathfrak{U}$ und $\varepsilon > 0$ gibt es $f \in \mathcal{E}$ mit $0 \leq f \leq 1$ und $\|\chi_A - f\| = \int |\chi_A - f| \, d\mu < \varepsilon$).

(b) Sei λ das Lebesgue-Maß auf $\mathbb{R}$. Man nennt $\mathcal{L}^p(\lambda)$ den Raum der **p-fach Lebesgue-integrierbaren Funktionen** auf $\mathbb{R}$ und bezeichnet ihn mit $\mathcal{L}^p(\mathbb{R})$. Nach (a) ist $\mathcal{K}(\mathbb{R})$ für jedes $1 \leq p < \infty$ dicht in $\mathcal{L}^p(\mathbb{R})$.

(9.33) Sei $1 \leq p < \infty$ und sei I ein Daniell-Integral auf einem Stoneschen Vektorverband $\mathcal{E}$. Für beliebiges f: $X \to \overline{\mathbb{R}}$ können wir $\|f\|_p = (\overline{I} \, |f|^p)^{1/p}$ setzen und $\mathcal{L}^p(I) = \mathcal{L}^p(X, \mathcal{E}, I)$ als den Raum derjenigen erweiterten reellen Funktionen definieren, die sich in $\| \ \|_p$ durch Funktionen aus $\mathcal{E}_b = \{f \in \mathcal{E} \mid f \text{ beschränkt}\}$ approximieren lassen. Ist μ ein Maß und I_μ das μ-Integral auf den μ-Treppenfunktionen $\mathcal{E}_\mu$, so schreiben wir statt $\mathcal{L}^p(X, \mathcal{E}_\mu, I_\mu)$ auch kurz $\mathcal{L}^p[\mu]$.

(a) Sei μ ein Maß auf einer σ-Algebra. Wie im Fall $p = 1$ gilt $\mathcal{L}^p[\mu] \supset \mathcal{L}^p(\mu)$, und zu $f \in \mathcal{L}^p[\mu]$ gibt es $g \in \mathcal{L}^p(\mu)$ mit $f \sim g$, d.h. die beiden Räume sind gleich, wenn man äquivalente Funktionen identifiziert, anders gesagt: die Quotientenräume $L^p[\mu]$ und $L^p(\mu)$ sind in kanonischer Weise isometrisch isomorph..

(b) Ist μ das durch ein Daniell-Integral I auf einem Stoneschen Vektorverband definierte Maß auf der σ-Algebra $\mathfrak{M}$ der I-meßbaren Mengen, so gilt $\overline{I} = \overline{I}_\mu$ und deshalb $\mathcal{L}^p(I) = \mathcal{L}^p[\mu] = \mathcal{L}^p(\mu) =$ Raum der p-integrierbaren $\mathfrak{M}$-meßbaren Funktionen.

(Hinweis: für das erste Gleichheitszeichen $\mathcal{E}_b$ durch $\mathcal{E}_\mu$ bzw. $\mathcal{E}_\mu$ durch $\mathcal{E}_b$ in $\| \ \|_p$ approximieren. Für die Inklusion $\mathcal{L}^p[\mu] \subset \mathcal{L}^p(\mu)$: Sind $f_n \in \mathcal{E}_\mu$ mit $\|f - f_n\|_p \to 0$, so gibt es eine Teilfolge $\{f_{n_k}\}$ mit $f_{n_k} \to f$ f.ü. Folglich ist f $\mathfrak{M}$-meßbar. Die Inklusion $\mathcal{L}^p(\mu) \subset \mathcal{L}^p[\mu]$ gilt nach (a)).

(9.34) Man zeige, daß für $p \neq q$ weder $\mathcal{L}^p(\mathbb{R}) \subset \mathcal{L}^q(\mathbb{R})$ noch $\mathcal{L}^q(\mathbb{R}) \subset \mathcal{L}^p(\mathbb{R})$ gilt.

(9.35) Sei $\lambda_{[0,1]}$ das Lebesgue-Maß auf [0,1]. Man nennt $\mathcal{L}^p(\lambda_{[0,1]})$ den **Raum der p-fach Lebesgue-integrierbaren Funktionen auf [0,1]** und bezeichnet ihn mit $\mathcal{L}^p[0,1]$. Man zeige: $\bigcap_{p > 1} \mathcal{L}^p[0,1] \neq \mathcal{L}^\infty[0,1]$.

(9.36) Man zeige: Gilt $f \in \mathcal{L}^p(\mu) \ \forall \ p \in [1, \infty)$, so ist $\|f\|_\infty = \lim_{p \to \infty} \|f\|_p$.

(Es genügt sogar, $f \in \mathcal{L}^p(\mu)$ für ein $p < \infty$ vorauszusetzen. Dagegen ist für $f \in \mathcal{M}(\mathfrak{A})$ $\|f\|_\infty = 0$ und $\|f\|_p = \infty$ für alle $p < \infty$ möglich (vgl. 9.25(a)).

(9.37) Seien $p, q, r > 0$ mit $\frac{1}{p} + \frac{1}{q} = \frac{1}{r}$. Man zeige: $f \in \mathcal{L}^p$, $g \in \mathcal{L}^q \Rightarrow fg \in \mathcal{L}^r$ und $\|fg\|_r \leq \|f\|_p \|g\|_q$.

(9.38) Man zeige durch ein Beispiel, daß die Minkowski-Ungleichung 9.6 für $0 < p < 1$ nicht mehr gilt.

(9.39) Für $f, g \in \mathcal{L}^2_\mathbb{R}(\mu)$ ist $\langle f, g \rangle \overset{\text{def}}{=} \int fg\,d\mu$ nach 9.3 wohldefiniert, und es gilt $\langle f, f \rangle = \|f\|_2^2$. Das durch $\langle \ , \ \rangle$ auf $L^2(\mu)$ induzierte Skalarprodukt, es sei wieder mit $\langle \ , \ \rangle$ bezeichnet, macht $L^2(\mu)$ zu einem reellen Hilbert-Raum. Übrigens hat jeder Hilbert-Raum H diese Form: zu H gibt es X mit $H \cong l^2(X)$ im Sinne isometrischer Isomorphie. (Man nimmt für X eine Orthonormalbasis von H oder eine gleichmächtige Menge).

(9.40) Man kann auch p-fach integrierbare komplexwertige Funktionen auf X betrachten: Man definiert $\mathcal{L}^p_\mathbb{C}(\mu) = \{ f \colon X \to \mathbb{C} \mid f = f_1 + if_2, \ f_1, f_2 \in \mathcal{L}^p_\mathbb{R}(\mu) \}$. Für $f \in L^p_\mathbb{C}(\mu)$ ist $|f| = \sqrt{f_1^2 + f_2^2}$ $\mathfrak{A}$-meßbar und wird durch $|f_1| + |f_2|$ dominiert, liegt also in $\mathcal{L}^p_\mathbb{R}(\mu)$. Man setzt wieder $\|f\|_p = \left(\int |f|^p \, d\mu \right)^{1/p}$. Aus dem für $\mathcal{L}^p_\mathbb{R}(\mu)$ gezeigten folgt, daß $\mathcal{L}^p_\mathbb{C}(\mu)$ mit $\| \ \|_p$ ein vollständiger halbnormierter Raum ist, also $L^p_\mathbb{C}(\mu) = \mathcal{L}^p_\mathbb{C}(\mu)/_N$ ein Banach-Raum (wobei $N = \{ f \in \mathcal{L}^p_\mathbb{C}(\mu) \mid \|f\|_p = 0 \}$). Für $f = f_1 + if_2 \in \mathcal{L}^1_\mathbb{C}(\mu)$ definiert man $\int f\,d\mu = \int f_1 d\mu + i \int f_2 d\mu$. Das Integral $f \mapsto \int f d\mu$ ist dann ein $\mathbb{C}$-lineares Funktional auf $\mathcal{L}^1_\mathbb{C}$ mit $|\int f d\mu| \leq \int |f| \, d\mu = \|f\|_1$. Die Dualität $(\mathcal{L}^p_\mathbb{C})' = \mathcal{L}^q_\mathbb{C}(\mu)$ läßt sich aus der reellen Dualität gewinnen. (Ein $\mathbb{C}$-lineares Funktional φ auf $\mathcal{L}^p_\mathbb{C}$ ist eindeutig bestimmt durch seine Restriktion auf $\mathcal{L}^p_\mathbb{R}$. Diese Restriktion ist $\mathbb{R}$-linear von $\mathcal{L}^p_\mathbb{R}$ nach $\mathbb{C}$, läßt sich also in der Form $\varphi_1 + i\varphi_2$ mit $\varphi_1, \varphi_2 \in (\mathcal{L}^p_\mathbb{R})'$ schreiben. Nach 9.15 gibt es $h_1, h_2 \in \mathcal{L}^q_\mathbb{R}$ mit $F_{h_1} = \varphi_1$, $F_{h_2} = \varphi_2$. Für $h = h_1 + ih_2$ gilt nun $\varphi(g) = \int gh d\mu \ \ \forall \ g \in \mathcal{L}^p_\mathbb{C}$). Für $f, g \in \mathcal{L}^2_\mathbb{C}(\mu)$ ist wegen 9.39 $(f \mid g) \overset{\text{def}}{=} \int f \, \overline{g} \, d\mu$ wohldefiniert, und offenbar gilt $(f \mid f) = \|f\|_2^2$. Das durch $(\ \mid \ )$ auf $L^2_\mathbb{C}(\mu)$ induzierte Skalarprodukt, es sei wieder mit $(\ \mid \ )$ bezeichnet, macht $L^2_\mathbb{C}(\mu)$ zu einem komplexen Hilbert-Raum. Jeder komplexe Hilbertraum H hat diese Form: es gilt $H \cong l^2_\mathbb{C}(X)$ mit geeignet gewähltem X (Man nimmt für X eine Orthonormalbasis von H oder eine gleichmächtige Menge).

(9.41) Ein normierter Raum heißt **separabel**, wenn er eine abzählbare dichte Teilmenge besitzt. Man zeige: Ist $L^\infty(\mu)$ separabel, so gibt es höchstens endlich viele disjunkte Mengen $A_i \in \mathfrak{A}$ mit $0 < \mu(A_i) < \infty$.

(9.42) Man gebe ein Beispiel für $\mathfrak{A}$ und μ, so daß $L^\infty(\mu) = \{0\}$ ist und es unendlich viele disjunkte $A_i \in \mathfrak{A}$ mit $\mu(A_i) = \infty$ gibt.

(9.43) Man zeige: Ist $L^{\infty}(\mu)$ separabel, so ist es endlichdimensional.

(9.44) Ein normierter Raum ist separabel, wenn sein Dualraum separabel ist. Man zeige an einem Beispiel, daß die Umkehrung dieses Satzes nicht gilt.

(9.45) Nicht jedes Maß ist zerlegbar. Für das folgende Beispiel von Halmos gilt auch die Behauptung von 9.18 nicht. Seien A,B überabzählbar mit Kardinalzahl α bzw. β, wobei $\alpha < \beta$ sei. Wir betrachten $X = A \times B$. Mengen der Form $A \times \{b\}$ bzw. $\{a\} \times B$ nennen wir **horizontale** bzw. **vertikale Geraden**. Ist G eine solche Gerade und $E \subset X$ beliebig, so heißt E **voll** auf G, wenn $G \setminus E$ abzählbar ist. Sei $\mathfrak{R}$ das System der Mengen $E \subset X$, die mit abzählbar vielen horizontalen und vertikalen Geraden überdeckt werden können und auf jeder horizontalen sowie jeder vertikalen Geraden abzählbar oder voll sind. $\mathfrak{R}$ ist ein σ-Ring, also $\mathfrak{A} = \{E \subset X \mid E \in \mathfrak{R} \text{ oder } X \setminus E \in \mathfrak{R}\}$ eine σ-Algebra. Für $E \in \mathfrak{A}$ sei

$\mu(E) =$ Anzahl der horizontalen und vertikalen Geraden, auf denen E voll ist,

$\nu(E) =$ Anzahl der vertikalen Geraden, auf denen E voll ist.

μ und ν sind Maße auf $\mathfrak{A}$, und offenbar gilt $\nu \leq \mu$. Deshalb können wir durch $\varphi(g) = \int g\,d\nu$ ein Funktional $\varphi \in \mathcal{L}_e^1(\mu)'$ definieren. Es gibt aber kein $f \in \mathcal{L}^{\infty}(\mu)$ mit $\varphi(g) = \int g f\,d\mu \quad \forall g \in \mathcal{L}_e^1(\mu)$, wie wir durch Widerspruch zeigen wollen: Wählen wir $g = \chi_G$, wo G eine horizontale Gerade ist, so gilt $\varphi(g) = 0$, weshalb die Menge $\{f = 0\}$ auf G voll sein muß. Analog sieht man, daß $\{f = 0\}$ auf jeder vertikalen Geraden abzählbar sein muß. Dies erlaubt für die Kardinalzahl von $\{f = 0\}$ zwei Abschätzungen:
$\#\{f = 0\} \geq (\alpha - \aleph_0)\beta = \beta$ und $\#\{f = 0\} \leq \aleph_0 \cdot \alpha = \alpha$, was einen Widerspruch zu $\alpha < \beta$ darstellt.

10 Konvergenz meßbarer Funktionen

Konvergenz im Maß bzw. lokal im Maß, Konvergenz im p-ten Mittel (= $\| \ \|_p$-Konvergenz), gleichgradige p-fache Integrierbarkeit. Straffheit bezüglich eines Maßes, gleichgradige absolute Stetigkeit, Charakterisierung der Konvergenz im p-ten Mittel. Fast gleichmäßige bzw. lokal fast gleichmäßige Konvergenz, Satz von Egoroff. Übersicht zur Konvergenz.

Neben den bisher vor allem benutzten Konvergenzbegriffen (Konvergenz f.ü., Normkonvergenz bezüglich $\| \ \|_p$, wo $1 \le p \le \infty$) sind auch Konvergenz im Maß und fast gleichmäßige Konvergenz nützliche Hilfsmittel.

(10.1) Definition. Sei $(X, \mathcal{A}, \mu)$ ein Maßraum, seien f_n, $f \in \mathcal{M}(\mathcal{A})$ und sei $B \in \mathcal{A}$. Die Folge $\{f_n\}$ heißt **auf B im Maß** (μ) **konvergent gegen** f (in Zeichen: $f_n \overset{\mu}{\to} f$ auf B), wenn für jedes $c > 0$ $\mu(\{|f - f_n| \ge c\} \cap B) \to 0$ gilt. Im Falle $B = X$ lassen wir den Zusatz „auf X" meistens weg. Die Folge $\{f_n\}$ heißt **lokal im Maß** (μ) **konvergent gegen** f (in Zeichen: $f_n \overset{\text{lok }\mu}{\to} f$), wenn $f_n \overset{\mu}{\to} f$ auf jeder Menge endlichen Maßes gilt. Konvergenz lokal im Maß heißt auch μ-**stochastische Konvergenz**.

(10.2) Bemerkung. (a) Sind $f_n, f \in \mathcal{M}(\mathcal{A})$ mit $f_n \overset{\mu}{\to} f$ bzw. $f_n \overset{\text{lok }\mu}{\to} f$, so muß notwendig $|f| < \infty$ f.ü. bzw. lokal f.ü. (vgl. 9.8) gelten.

(b) Gilt $f_n \overset{\mu}{\to} f$ und $f_n \overset{\mu}{\to} g$, so folgt $f \sim g$, denn wegen
$\{|f - g| \ge c\} \subset \{|f - f_n| \ge \frac{c}{2}\} \cup \{|g - f_n| \ge \frac{c}{2}\}$, gilt $\mu\{|f - g| \ge c\} = 0 \ \forall c > 0$, also $f \sim g$.

Analog folgt aus $f_n \overset{\text{lok }\mu}{\to} f$ und $f_n \overset{\text{lok }\mu}{\to} g$, daß $f \overset{\text{lok}}{\sim} g$ gilt. Der Grenzwert einer im Maß (bzw. lokal im Maß) konvergenten Folge ist also bis auf Äquivalenz (bzw. lokale Äquivalenz) eindeutig bestimmt.

(c) Konvergiert $\{f_n\}$ gegen f im Maß, so folgt aus $\{|f_n - f_m| \ge c\} \subset \{|f - f_n| \ge \frac{c}{2}\}$
$\cup \{|f - f_m| \ge \frac{c}{2}\}$, daß $\mu\{f_n - f_m| \ge c\} \to 0$ für $n, m \to \infty$ gilt, d.h. daß $\{f_n\}$ **Cauchy im Maß** ist. Umgekehrt ist jede Cauchy-Folge im Maß auch im Maß konvergent (d.h. der Raum der $\mathcal{A}$-meßbaren Funktionen ist **im Maß vollständig**). Man erhält dies aus einer Modifikation des Beweises von 10.11 (mit $\varepsilon_k = 2^{-k}$, $|f_m - f_n|$ statt $|f - f_n|$ und $A = \bigcup_{k \ge k_0} \{|f_{n_{k+1}} - f_{n_k}| \ge 2^{-k}\}$) zusammen mit 10.13 (a).

(10.3) Proposition. Sei $1 \leq p < \infty$. Aus Konvergenz in $\|\ \|_p$ (auch genannt **Konvergenz im p-ten Mittel**, im Fall $p = 1$ bzw. $p = 2$ **Konvergenz im Mittel** bzw. **Konvergenz im quadratischen Mittel**) folgt Konvergenz im Maß.

Beweis. Für $p, c \in (0, \infty)$ und $g \in \mathcal{M}(\mathfrak{A})$ gilt $c \cdot \chi_{\{|g| \geq c\}} \leq |g|$, also $c^p \mu\{|g| \geq c\} \leq \int |g|^p d\mu$. Sind $f_n, f \in \mathcal{M}(\mathfrak{A})$ mit $\|f - f_n\|_p \to 0$, so setzen wir $g = |f - f_n|$ und erhalten
$$\mu\{|f - f_n| \geq c\} \leq c^{-p} \|f - f_n\|_p^p \to 0, \text{ also } f_n \xrightarrow{\mu} f. \ \blacksquare$$

Umgekehrt folgt aus Konvergenz im Maß nicht Konvergenz im p-ten Mittel:

(10.4) Beispiel. Auf dem Einheitsintervall mit dem Lebesgue-Maß λ sei $f = 0$ und $f_n = n\,\chi_{(0,1/n)}$. Es gilt $f_n \xrightarrow{\lambda} 0$, aber $\int f_n^p \, d\lambda = n^p \cdot \frac{1}{n} \geq 1$.

Trotzdem gilt die Umkehrung von 10.3 unter der zusätzlichen Voraussetzung der gleichgradigen p-fachen Integrierbarkeit der Folge $\{f_n\}$ oder der schwächeren Voraussetzung, daß die Folge der Maße $\{|f_n|^p \mu\}$ straff und gleichgradig μ-stetig ist. Wir definieren zunächst den erstgenannten Begriff:

(10.5) Definition. Sei $1 \leq p < \infty$. Eine Menge $\mathcal{G} \subset \mathcal{M}(\mathfrak{A})$ heißt **gleichgradig p-fach integrierbar** bezüglich μ, wenn es zu jedem $\varepsilon > 0$ ein $h \in \mathcal{L}^p(\mu)^+$ gibt mit $\int_{\{|g| \geq h\}} |g|^p d\mu \leq \varepsilon$ für alle $g \in \mathcal{G}$. Eine Folge $\{g_n\}$ heißt gleichgradig p-fach integrierbar, wenn die Menge $\{g_n \mid n \in \mathbb{N}\}$ gleichgradig p-fach integrierbar ist. Im Fall $p = 1$ spricht man abkürzend von gleichgradiger Integrierbarkeit.

(10.6) Proposition. Ist $\mathcal{G} \subset \mathcal{M}(\mathfrak{A})$ gleichgradig p-fach integrierbar, so gilt:

    (a) $\mathcal{G} \subset \mathcal{L}^p(\mu)$ und $\sup\{\|g\|_p \mid g \in \mathcal{G}\} < \infty$.

    (b) Zu $\varepsilon > 0$ gibt es $B \in \mathfrak{A}$ mit $\mu(B) < \infty$ und $\int_{X \setminus B} |g|^p \, d\mu < \varepsilon$ für alle $g \in \mathcal{G}$.

    (c) Zu $\varepsilon > 0$ gibt es $\delta > 0$ mit $\int_A |g|^p \, d\mu < \varepsilon$ für alle $g \in \mathcal{G}$ und alle $A \in \mathfrak{A}$ mit $\mu(A) < \delta$.

Beweis. (a) Für $g \in \mathcal{G}$ und h wie in 10.5 gilt
$$\int |g|^p \, d\mu = \int_{\{|g| < h\}} |g|^p \, d\mu + \int_{\{|g| \geq h\}} |g|^p \, d\mu \leq \int h^p \, d\mu + \varepsilon < \infty \ .$$

    (b) Ist $h \in \mathcal{L}^p(\mu)^+$, so hat $\{h > \frac{1}{n}\}$ endliches μ-Maß. Wegen $\{h > \frac{1}{n}\} \uparrow \{h > 0\}$ gilt

$\int_{\{h>1/n\}} h^p d\mu \uparrow \int h^p d\mu$. Es gibt also $B = \{h > \frac{1}{n_0}\}$ mit $\int_B h^p d\mu > \int h^p d\mu - \varepsilon$, d.h. mit $\int_{X\backslash B} h^p d\mu < \varepsilon$. Ist nun h wie in 10.5 und B wie soeben gewählt, so ist $\mu(B) < \infty$ und für $g \in G$ gilt

$$\int_{X\backslash B} |g|^p d\mu \leq \int_{\{|g|\geq h\}} |g|^p d\mu + \int_{X\backslash B} h^p d\mu < 2\varepsilon \ .$$

(c) Ist h wie in 10.5, so ist $h^p \mu$ ein endliches Maß mit $h^p \mu << \mu$, nach 8.4 gibt es also zu $\varepsilon > 0$ ein $\delta > 0$ mit $\int_A h^p d\mu \leq \varepsilon$ für alle $A \in \mathfrak{A}$ mit $\mu(A) < \delta$. Für $g \in G$ folgt $\int_A |g|^p d\mu \leq \int_{\{|g|\geq h\}} |g|^p d\mu + \int_A h^p d\mu \leq 2\varepsilon.$ ∎

Die Eigenschaften 10.6(b) und (c) geben Anlaß zu folgender

(10.7) Definition. Sei $(X, \mathfrak{A}, \mu)$ ein Maßraum. Eine Menge M signierter Maße auf $\mathfrak{A}$ heißt **straff** bezüglich μ oder **μ-straff**, wenn es zu jedem $\varepsilon > 0$ ein $B \in \mathfrak{A}$ mit $\mu(B) < \infty$ und $|\nu|(X \backslash B) < \varepsilon$ $\forall \nu \in M$ gibt. M heißt **gleichgradig absolut stetig** bezüglich μ oder **gleichgradig μ-stetig**, wenn es zu jedem $\varepsilon > 0$ ein $\delta > 0$ gibt, so daß für alle $\nu \in M$ gilt: $A \in \mathfrak{A}$, $\mu(A) < \delta \Rightarrow |\nu|(A) < \varepsilon$. Eine Folge signierter Maße ν_i heißt straff bzw. gleichgradig μ-stetig, wenn die Menge $\{\nu_i \mid i \in \mathbb{N}\}$ straff bzw. gleichgradig μ-stetig ist.

Nun zum oben angekündigten Resultat:

(10.8) Satz. Sei $1 \leq p < \infty$. Für eine Folge $\{f_n\}$ in $\mathcal{L}^p(\mu)$ sind äquivalent:

(i) $\{f_n\}$ konvergiert im p-ten Mittel.

(ii) $\{f_n\}$ konvergiert lokal im Maß und ist gleichgradig p-fach integrierbar bezüglich μ.

(iii) $\{f_n\}$ konvergiert lokal im Maß, und die Folge der Maße $\{|f_n|^p \mu\}$ ist μ-straff und gleichgradig μ-stetig.

Weitere äquivalente Bedingungen finden sich in 10.22, 10.27, 10.29.

Beweis. (i) $\Rightarrow$ (ii). Gelte $\|f - f_n\|_p \to 0$, sei $\varepsilon > 0$, und sei $k \in \mathbb{N}$ so gewählt, daß $\int |f - f_n|^p d\mu < \varepsilon 2^{-p}$ $\forall n > k$ gilt. Sei $h = 2(|f| + \sum_1^k |f_i|)$. Es gilt $h \in \mathcal{L}^p(\mu)^+$. Wir zeigen $\int_{\{|f_n|\geq h\}} |f_n|^p d\mu \leq \varepsilon$ für alle n. Für $n = 1, \dots, k$ ist das Integral sogar 0, denn $\{|f_n| \geq h\} \subset \{|f_n| \geq 2|f_n|\} = \{f_n = 0\} \cup \{|f_n| = \infty\}$ und $\{|f_n| = \infty\}$ hat μ-Maß 0. Sei nun $n > k$. Aus $|f_n| \geq h$ folgt $|f_n| \geq 2|f|$, also $|f| \leq |f_n| - |f| \leq |f_n - f|$ und somit $|f_n| \leq |f_n - f| + |f| \leq 2|f_n - f|$. Es gilt also $\{|f_n| \geq h\} \subset \{|f_n| \leq 2|f_n - f|\}$. Deshalb gilt

$\int_{\{|f_n| \geq h\}} |f_n|^p d\mu \leq 2^p \int |f_n - f|^p d\mu < \varepsilon$. Damit ist die gleichgradig p-fache Integrierbarkeit von $\{f_n\}$ gezeigt. Daß $\{f_n\}$ lokal im Maß konvergiert, folgt aus 10.3.

(ii) $\Rightarrow$ (iii) folgt aus 10.6(b) und (c).

(iii) $\Rightarrow$ (i) Sei $\{f_n\}$ wie in (iii). Wir zeigen, daß $\{f_n\}$ eine Cauchyfolge bezüglich $\|\ \|_p$ ist. Sei $\varepsilon > 0$. Da $\{|f_n|^p \mu\}$ μ-straff ist, gibt es $B \in \mathfrak{A}$ mit $\mu(B) < \infty$ und $\int_{X\setminus B} |f_n|^p d\mu < \varepsilon \ \forall n$. Da $\{|f_n|^p \mu\}$ gleichgradig μ-stetig ist, gibt es $\delta > 0$, so daß $\int_A |f_n|^p d\mu < \varepsilon$ für alle $A \in \mathfrak{A}$ mit $\mu(A) < \delta$ gilt. Sei $c = \left(\dfrac{\varepsilon}{\mu(B) + 1} \right)^{1/p}$. Da $f_n \to f$ lokal im Maß, gilt $f_n \to f$ auf B im Maß, es gibt also $n_0 \in \mathbb{N}$ mit $\mu(\{|f - f_n| > c\} \cap B) < \delta/2$ für $n > n_0$. Wegen $\{|f_m - f_n| > 2c\} \subset \{|f - f_m| > c\} \cup \{|f - f_n| > c\}$ folgt $\mu(\{|f_m - f_n| > 2c\} \cap B) < \delta$ für $m,n > n_0$. Nun können wir $\int |f_n - f_m|^p d\mu$ für $m,n > n_0$ abschätzen, wobei wir für die erste Ungleichung unten zweimal $|f_n - f_m|^p \leq 2^p(|f_n|^p + |f_m|^p)$ benutzen:

$$
\begin{aligned}
\int |f_n - f_m|^p d\mu &= \int_{X\setminus B} \ + \ \int_{\{|f_m - f_n| > 2c\} \cap B} \ + \ \int_{\{|f_m - f_n| \leq 2c\} \cap B} \\
&\leq 2^p(\varepsilon + \varepsilon) + 2^p(\varepsilon + \varepsilon) + (2c)^p \cdot \mu(B) \\
&\leq 2^p \cdot 5\,\varepsilon \quad \text{für } m,n > n_0.
\end{aligned}
$$

Also ist $\{f_n\}$ eine Cauchy-Folge in $\|\ \|_p$ und somit im p-ten Mittel konvergent. ∎

Die Voraussetzung der Straffheit in 10.8(iii) kann nicht weggelassen werden: Ist $X = \mathbb{R}$, μ das Lebesgue-Maß und $f_n = \chi_{[n,n+1]}$ für $n \in \mathbb{N}$, so ist 10.8 (iii) bis auf die Straffheit erfüllt, während weder (i) noch (ii) gilt.

(10.9) Bemerkung. Sei $1 \leq p < \infty$.

(a) Wir erinnern daran, daß aus $\|f - f_n\|_p \to 0$ die Existenz einer Teilfolge $\{f_{n_k}\}$ mit $f_{n_k} \to f$ f.ü. folgt. (Falls f und damit auch f_n in $\mathcal{M}(\mathfrak{A}) \setminus \mathcal{L}^p(\mu)$ liegt, gilt die Aussage immer noch, denn das $\mathcal{L}^p$-Resultat läßt sich auf $g_n \stackrel{\text{def}}{=} f - f_n \in \mathcal{L}^p(\mu)$ anwenden: aus $\|g_n - 0\|_p \to 0$ folgt $g_{n_k} \to 0$ f.ü.).

(b) Unter geeigneten Zusatzvoraussetzungen folgt aus Konvergenz f.ü. Konvergenz im p-ten Mittel: Die Implikationen (ii) $\Rightarrow$ (iii) $\Rightarrow$ (i) in 10.8 bleiben richtig, wenn wir „konvergiert lokal im Maß" durch „konvergiert lokal f.ü. (mit lokal f.ü. endlicher Grenzfunktion)" ersetzen, denn wie wir in 10.16 sehen werden, impliziert dies Konvergenz lokal im Maß.

(10.10) Definition. Sei $(X, \mathfrak{A}, \mu)$ ein Maßraum und sei $B \in \mathfrak{A}$. Die Folge $\{f_n\}$ in $\mathcal{M}(\mathfrak{A})$ heißt **fast gleichmäßig auf B konvergent** gegen $f \in \mathcal{M}(\mathfrak{A})$, (in Zeichen: $f_n \overset{f.glm}{\to} f$ auf B), wenn es zu jedem $\varepsilon > 0$ ein $A \in \mathfrak{A}$ mit $\mu(A) < \varepsilon$ gibt, so daß $f_n \to f$ gleichmäßig auf $B \backslash A$ gilt. Im Falle $B = X$ lassen wir den Zusatz „auf X" in der Regel weg. Die Folge $\{f_n\}$ heißt **lokal fast gleichmäßig konvergent** gegen f (in Zeichen: $f_n \overset{lok.f.glm}{\to} f$), wenn $\{f_n\}$ auf jedem $B \in \mathfrak{A}$ mit $\mu(B) < \infty$ fast gleichmäßig gegen f konvergiert.

Bemerkung. Gilt $f_n \to f$ f.glm. bzw. lokal f.glm., so folgt $|f| < \infty$ f.ü. bzw. lokal f.ü.

(10.11) Satz. Konvergiert $\{f_n\}$ auf $B \in \mathfrak{A}$ im Maß gegen f, so gibt es eine Teilfolge $\{f_{n_k}\}$, die fast gleichmäßig auf B gegen f konvergiert.

Beweis. Zu $\varepsilon_k = \frac{1}{k}$ gibt es $n_k \in \mathbb{N}$ mit $\mu(\{|f - f_n| \geq \frac{1}{k}\} \cap B) < 2^{-k}$ $\forall n \geq n_k$. Ohne Einschränkung gelte $n_{k+1} > n_k$. Sei nun $\varepsilon > 0$ und sei k_0 so gewählt, daß $\sum_{k_0}^{\infty} 2^{-k} < \varepsilon$ gilt. Setzen wir $A = \bigcup_{k \geq k_0} \{|f - f_{n_k}| \geq \frac{1}{k}\} \cap B$, so gilt $\mu(A) < \varepsilon$. Auf $B \backslash A$ gilt $|f - f_{n_k}| < \frac{1}{k}$ für $k \geq k_0$, also $|f - f_{n_k}| \to 0$ gleichmäßig auf $B \backslash A$. Somit gilt $f_{n_k} \overset{f.glm}{\to} f$ auf B. $\blacksquare$

Umgekehrt folgt aus fast gleichmäßiger Konvergenz auf B stets Konvergenz im Maß auf B (vgl. 10.13).

Geht man von $f_n \overset{lok\,\mu}{\to} f$ aus, so gibt es nach 10.11 zu jedem $B \in \mathfrak{A}$ mit endlichem μ-Maß eine Teilfolge $\{f_{n_k}\}$ mit $f_{n_k} \overset{f.glm}{\to} f$ auf B, aber diese Teilfolge hängt natürlich von B ab. Ist μ σ-endlich, so läßt sich eine Teilfolge finden, die simultan für alle B das Gewünschte leistet:

(10.12) Satz. Sei μ σ-endlich. Konvergiert $\{f_n\}$ lokal im Maß gegen f, so gibt es eine Teilfolge $\{f_{n_k}\}$, die lokal fast gleichmäßig gegen f konvergiert.

Beweis. Seien $B_i \in \mathfrak{A}$ paarweise disjunkt mit $\mu(B_i) < \infty$ und $X = \bigcup_1^{\infty} B_i$. Nach 10.11 gibt es zu B_1 eine Teilfolge $\{f_{n_{1,k}}\}$ mit $f_{n_{1,k}} \to f$ fast gleichmäßig auf B_1. Aus $\{f_{n_{1,k}}\}$ läßt sich eine Teilfolge $\{f_{n_{2,k}}\}$ auswählen mit $f_{n_{2,k}} \to f$ fast gleichmäßig auf B_2. Man fährt per Induktion fort: Aus $\{f_{n_{j,k}}\}$ läßt sich eine Teilfolge $\{f_{n_{j+1,k}}\}$ auswählen mit $f_{n_{j+1,k}} \to f$ (für $k \to \infty$) fast gleichmäßig auf B_{j+1}. Wir zeigen nun, daß die Diagonalfolge $\{f_{n_{k,k}}\}$, die bis

auf Anfangsterme Teilfolge jeder Folge $\{f_{n_{j,k}}\}$ ist, lokal fast gleichmäßig gegen f
konvergiert: Sei $B \in \mathfrak{A}$ mit $\mu(B) < \infty$ und sei $\varepsilon > 0$. Es gilt $\mu(B) = \sum_1^\infty \mu(B \cap B_i)$. Es gibt
$m \in \mathbb{N}$ mit $\sum_{m+1}^\infty \mu(B \cap B_i) < \frac{\varepsilon}{2}$. Für $i \in \{1, \ldots, m\}$ gibt es $A_i \in \mathfrak{A}$ mit $\mu(A_i) < \frac{\varepsilon}{2m}$, so daß
$f_{n_{k,k}} \to f$ (für $k \to \infty$) gleichmäßig auf $B_i \setminus A_i$. Somit gilt $f_{n_{k,k}} \to f$ gleichmäßig auf
$B \setminus [(\bigcup_1^m A_i) \cup (\bigcup_{m+1}^\infty B \cap B_i)]$, und die Menge in eckigen Klammern hat Maß
$< m \cdot \frac{\varepsilon}{2m} + \frac{\varepsilon}{2} = \varepsilon$. ∎

(10.13) Proposition. (a) Gilt $f_n \to f$ f.glm. auf B, so folgt $f_n \to f$ im Maß auf B.

 (b) Gilt $f_n \to f$ lokal f.glm., so folgt $f_n \to f$ lokal im Maß.

Beweis. (a) Gelte $f_n \to f$ f.glm. auf B und seien $c, \delta > 0$. Sei $A \in \mathfrak{A}$ mit $\mu(A) < \delta$, so daß
$f_n \to f$ gl.m. auf $B \setminus A$ gilt. Ist n_0 so gewählt, daß $\sup_{x \in B \setminus A} |f_n(x) - f(x)| < c$ für alle $n \geq n_0$
gilt, so folgt $\mu(\{|f_n - f| \geq c\} \cap B) < \delta \ \forall \, n \geq n_0$. Also gilt $\mu(\{|f_n - f| \geq c\} \cap B) \to 0$.

 (b) folgt direkt aus (a). ∎

(10.14) Proposition. (a) Gilt $f_n \to f$ f.glm. auf B, so folgt $f_n \to f$ f.ü. auf B.

 (b) Gilt $f_n \to f$ lokal f.glm., so folgt $f_n \to f$ lokal f.ü.

Beweis. (a) Gelte $f_n \to f$ f.glm. auf B und sei $\varepsilon > 0$. Es gibt $A \in \mathfrak{A}$ mit $\mu(A) < \varepsilon$, so daß
$f_n \to f$ glm. auf $B \setminus A$ gilt. Wegen $\{f_n \not\to f\} \cap B \subset A$ gilt $\mu(\{f_n \not\to f\} \cap B) < \varepsilon$. Dies gilt
für alle $\varepsilon > 0$, d.h. es gilt $f_n \to f$ f.ü. auf B.

 (b) folgt direkt aus (a). ∎

Der letzte Satz besitzt eine teilweise Umkehrung, den

(10.15) Satz von Egoroff. Sei $(X, \mathfrak{A}, \mu)$ ein Maßraum und sei $A \in \mathfrak{A}$ mit $\mu(A) < \infty$.
Seien $f_n, f \in \mathcal{M}(\mathfrak{A})$ mit $|f| < \infty$ f.ü. Gilt $f_n \to f$ f.ü. auf A, so folgt $f_n \to f$ fast gleichmäßig
auf A.

Beweis. Wir können $A = X$, $|f| < \infty$ und $f_n \to f$ überall annehmen. Sei $\varepsilon > 0$ und sei $m \in \mathbb{N}$
zunächst fest. Für $n \in \mathbb{N}$ sei $A_n = \bigcup_{k=n+1}^\infty \{|f - f_k| > \frac{1}{m}\}$. Es gilt $A_n \in \mathfrak{A}$ und $A_{n+1} \subset A_n$
sowie $\bigcap_1^\infty A_n = \emptyset$ (wegen $f_n \to f$), also $\mu(A_n) \downarrow 0$, da $\mu(X) < \infty$. Es gibt somit ein $n_m \in \mathbb{N}$
mit $\mu(A_{n_m}) < \frac{\varepsilon}{2^m}$. Indem wir diese Prozedur für jedes m durchführen, erhalten wir eine

Folge von Mengen $C_m (= A_{n_m})$ mit $\mu(\bigcup_1^\infty C_m) < \varepsilon$ und $|f - f_k| \le \frac{1}{m}$ auf $X \setminus \bigcup_1^\infty C_m$ für alle $k > n_m$, also $f_n \to f$ gleichmäßig auf $X \setminus \bigcup_1^\infty C_m$, womit der Satz bewiesen ist. ∎

(10.16) Folgerung. Seien f_n, $f \in \mathcal{M}(\mathfrak{A})$ und sei $|f| < \infty$ lokal f.ü.

    (a) Es gilt $f_n \to f$ lokal f.ü. genau dann, wenn $f_n \to f$ lokal f.glm. gilt.

    (b) Aus $f_n \to f$ lokal f.ü. folgt $f_n \to f$ lokal im Maß.

Beweis. (a) folgt aus 10.15 und 10.14(b). (b) folgt aus (a) und 10.13(b). ∎

Übungen, Beispiele, Ergänzungen

(10.17) Aus $\|f - f_n\|_\infty \to 0$ folgt Konvergenz von $\{f_n\}$ gegen f lokal im Maß, lokal f.ü. und lokal f.glm. Ist μ σ-endlich, so folgt aus $\|f - f_n\|_\infty \to 0$ Konvergenz im Maß, f.ü. und f.glm.

(10.18) Ist μ σ-endlich und gilt $f_n \to f$ lokal f.ü., so folgt $f_n \to f$ f.ü.

(10.19) Vorsicht: Ist μ σ-endlich und gilt $f_n \to f$ lokal im Maß bzw. lokal f.glm., so folgt nicht $f_n \to f$ im Maß bzw. f.glm. Man gebe ein Beispiel.

(10.20) Man zeige durch ein Beispiel, daß aus $f_n \to f$ f.glm. nicht $\|f - f_n\|_\infty \to 0$ folgt.

(10.21) Sei $1 \le p < \infty$. Aus 10.8 folgt insbesondere folgende Verschärfung des Satzes von Lebesgue: Für $f_n \in \mathcal{L}^p(\mu)$ mit $|f_n| \le g \in \mathcal{L}^p(\mu)^+$ und $f_n \to f$ lokal im Maß gilt $\|f - f_n\|_p \to 0$.

(10.22) Sei $1 \le p < \infty$ und seien $f, f_n \in \mathcal{L}^p(\mu)$ mit $\|f_n\|_p \to \|f\|_p$ und $f_n \to f$ lok. im Maß. Man zeige $\|f - f_n\|_p \to 0$. Somit läßt sich Satz 10.8 um folgende äquivalente Bedingung erweitern:

    (iv) $\{f_n\}$ konvergiert lokal im Maß gegen ein $f \in \mathcal{L}^p(\mu)$ und es gilt $\|f_n\|_p \to \|f\|_p$.

(10.23) Lemma von Scheffé. Für $f, f_n \in \mathcal{L}^1(\mu)$ mit $f_n \to f$ f.ü. und $\limsup \int |f_n| \le \int |f|$ gilt $\|f - f_n\|_1 \to 0$. (Hinweis: Fatou für $|f_n|$, dann 10.22).

(10.24) Sei $1 \leq p < \infty$. Ist $X = \mathbb{N}$, $\mathfrak{A} = P(\mathbb{N})$, μ das Zählmaß und $f_n = n \cdot \chi_{\{1\}}$ für $n \in \mathbb{N}$, so ist $\{f_n^p \, \mu\}$ μ-straff und gleichgradig μ-stetig, aber $\{f_n\}$ ist nicht gleichgradig p-fach integrierbar bezüglich μ. Die Bedingungen 10.8 (ii) und (iii) ohne die Konvergenz lokal im Maß sind also nicht äquivalent.

(10.25) Sei μ ein Maß auf einer σ-Algebra $\mathfrak{A}$. Man zeige: Eine Menge M signierter Maße auf $\mathfrak{A}$ ist genau dann gleichgradig μ-stetig , wenn für $B_n \in \mathfrak{A}$ mit $\mu(B_n) \to 0$ stets $|\nu| (B_n) \to 0$ gleichmäßig in $\nu \in M$ gilt.

(10.26) Ein hinreichendes Kriterium für gleichgradige absolute Stetigkeit ist der folgende **Satz von Vitali-Hahn-Saks**: Ist μ ein endliches Maß auf der σ-Algebra $\mathfrak{A}$ und ist $\{\nu_n\}$ eine Folge beschränkter signierter Maße auf $\mathfrak{A}$, mit $\nu_n \ll \mu$ $\forall n$ und so, daß $\nu(B) \stackrel{\text{def}}{=} \lim \nu_n(B)$ für jedes $B \in \mathfrak{A}$ existiert und endlich ist, so ist die Folge $\{\nu_n\}$ gleichgradig μ-stetig . Außerdem ist ν σ-additiv, also ein beschränktes signiertes Maß auf $\mathfrak{A}$, das $\nu \ll \mu$ erfüllt. Beweis: siehe [Y], S. 70/71.

(10.27) Man zeige, daß Satz 10.8 um folgende äquivalente Bedingung erweitert werden kann:

(v) $\{f_n\}$ konvergiert lokal im Maß und für jedes $B \in \mathfrak{A}$ existiert $\lim \int_B |f_n|^p d\mu$ und ist endlich.

(Hinweis: Mit 10.26 und Radon-Nikodym μ-Straffheit zeigen, dann 10.26 und 10.8(iii)).

(10.28) Eine Menge M von Maßen auf einer σ-Algebra $\mathfrak{A}$ heißt **gleichgradig stetig bei** $\emptyset$, wenn für jede Folge $A_n \in \mathfrak{A}$ mit $A_n \downarrow \emptyset$ gilt: $\mu(A_n) \to 0$ gleichmäßig in $\mu \in M$, oder anders gesagt sup $\{\mu(A_n) \mid \mu \in M\} \to 0$. Man zeige: Ist M gleichgradig stetig bei $\emptyset$ und ist ν ein Maß auf $\mathfrak{A}$ mit $\mu \ll \nu$ $\forall \mu \in M$, so ist M gleichgradig ν-stetig. (Hinweis: vgl. den Beweis von 8.4).

(10.29) Zu den äquivalenten Bedingungen 10.8 (i) - (iii), 10.22 (iv) und 10.27 (v) läßt sich folgende hinzufügen:

(vi) $\{f_n\}$ konvergiert lokal im Maß, und die Folge der Maße $\{|f_n|^p \mu\}$ ist gleichgradig stetig bei $\emptyset$.

(Hinweis: (ii) $\Rightarrow$ (vi) ist einfach, (vi) $\Rightarrow$ (iii) folgt aus 10.28 und einem Zusatzargument für die Straffheit).

(10.30) Ohne die Voraussetzung der σ-Endlichkeit wird Satz 10.12 falsch. Man sieht das an folgendem Beispiel: Sei I die Menge aller Teilfolgen der Folge 1,2,3, … . Sei $\{g_n\}$ eine Folge von Treppenfunktionen auf [0,1], die im Lebesgue-Maß λ konvergent, aber nicht fast gleichmäßig konvergent ist. Ist X die disjunkte Vereinigung $\bigcup_{i\in I} X_i$, wo $X_i = [0,1]$ $\forall i$, $\mathfrak{A} = \{A \subset X \mid A \cap X_i \text{ Borelsch } \forall i\in I\}$, $\mu(A) = \sum_i \lambda(A \cap X_i)$ für $A\in \mathfrak{A}$, und ist $f_n\colon X \to \mathbb{R}$ definiert durch

$$f_n \mid_{X_i} = \begin{cases} g_k & \text{wenn } n = i(k) \\ 0 & \text{wenn } n \text{ nicht in der Folge } i \text{ vorkommt} , \end{cases}$$

so gibt es keine Teilfolge von $\{f_n\}$, die lokal fast gleichmäßig konvergiert.

Übersicht zur Konvergenz

$x \longrightarrow y$ bedeutet: x-Konvergenz impliziert y-Konvergenz

$x \dashrightarrow y$ bedeutet: Ist $\{f_n\}$ x-konvergent, so gibt es eine y-konvergente Teilfolge $\{f_{n_k}\}$.

Zur besseren Übersicht sind Pfeile, die sich durch Zusammensetzung anderer Pfeile ergeben, nicht eingezeichnet.

Allgemeines Maß

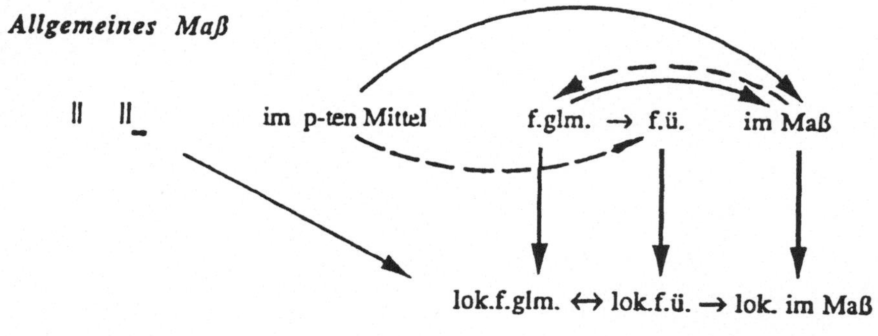

σ-endliches Maß

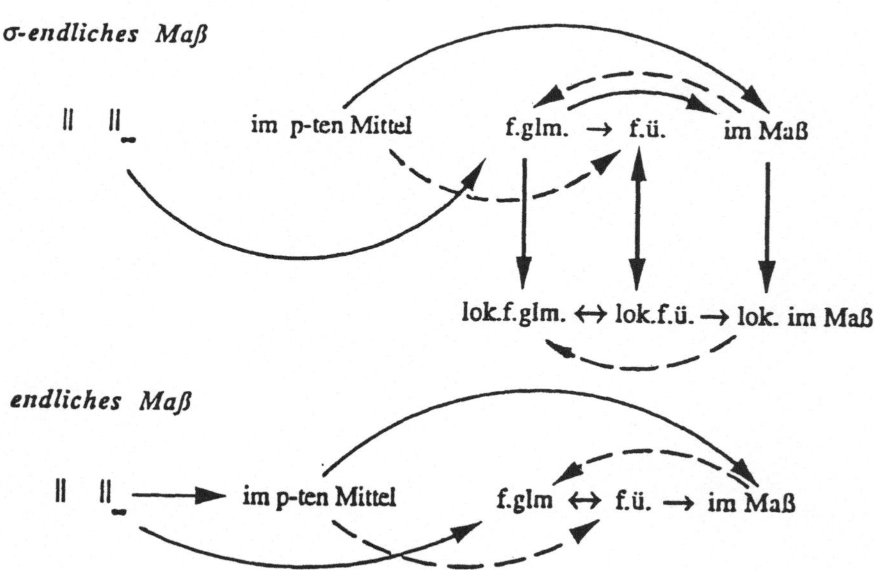

endliches Maß

Für die Implikationspfeile von f.ü. oder lok.f.ü. zu anderen Konvergenzarten ist vorauszusetzen, daß die Grenzfunktion f.ü. bzw. lokal f.ü. endlich ist.

11 Produktmaße

Produktmaß $\mu \otimes \nu$, Satz von Fubini, Satz von Tonelli. Endliche Produkte von Maßen, Lebesgue-Maß λ^n auf $\mathbb{R}^n$, unendliche Produkte von Wahrscheinlichkeitsmaßen, Satz von Kolmogoroff. Ergänzend: Bild von λ^n unter einer invertierbaren affin linearen Abbildung, Transformationsformel, Produkt-σ-Algebren, Definitionsbereich von Produktmaßen, das Lebesgue-Maß als Bild des vom Münzwurf herrührenden Produktmaßes.

Seien X, Y Mengen, μ ein Maß auf einem Ring $\mathfrak{R} \subset P(X)$, ν ein Maß auf einem Ring $\mathfrak{S} \subset P(Y)$. Das Mengensystem $\mathfrak{W} = \{ A \times B \mid A \in \mathfrak{R},\ B \in \mathfrak{S},\ \mu(A) < \infty,\ \nu(B) < \infty \}$ ist wie das System der Intervalle in $\mathbb{R}$ ein Halbring. Deshalb gibt es zu jedem endlichen Teilsystem von $\mathfrak{W}$ eine disjunkte Verfeinerung in $\mathfrak{W}$, woraus wie im Fall der reellen Intervalle folgt, daß der Raum $\mathcal{E} = \{ \sum_1^n \alpha_i \chi_{C_i} \mid n \in \mathbb{N},\ \alpha_i \in \mathbb{R},\ C_i = A_i \times B_i \in \mathfrak{W} \}$ ein Stonescher Vektorverband ist. Da $\chi_{A_i \times B_i}(x,y) = \chi_{A_i}(x)\,\chi_{B_i}(y)$ ist, gilt mit der Notation

$(a_i \otimes b_i)(x,y) \overset{\text{def}}{=} a_i(x)b_i(y)$: $\mathcal{E} = \{ \sum_1^n a_i \otimes b_i \mid a_i \in \mathcal{E}_\mu,\ b_i \in \mathcal{E}_\nu \} \overset{\text{def}}{=} \mathcal{E}_\mu \otimes \mathcal{E}_\nu$. Definieren wir für $y \in Y$ und $f = \sum a_i \otimes b_i \in \mathcal{E}$ die Funktion f^y durch $f^y(x) = f(x,y)$, so ist offenbar $f^y = \sum b_i(y)\, a_i \in \mathcal{E}_\mu$ und $I_\mu(f^y) = \sum b_i(y)\, I_\mu(a_i)$, was nun als Funktion von y in $\mathcal{E}_\nu$ ist (nämlich $\sum I_\mu(a_i)\, b_i$) und I_ν-Integral $\sum I_\mu(a_i)\, I_\nu(b_i)$ hat. Damit ist gezeigt, daß durch $I(\sum a_i \otimes b_i) = \sum I_\mu(a_i)\, I_\nu(b_i)$ ein Funktional I auf $\mathcal{E}$ definiert wird und $I(f) = \int (\int f(x,y)\, d\mu(x))\, d\nu(y)$ für $f \in \mathcal{E}$ ist.

(11.1)   I ist ein Daniell-Integral auf $\mathcal{E}$.

Beweis. Ist $f \geq 0$, so auch $I_\mu(f^y) = \int f(x,y)\, d\mu(x) \geq 0$ für jedes $y \in Y$, also $I(f) = \int (\int f(x,y)\, d\mu(x))\, d\nu(y) \geq 0$. Ebenso folgt die Linearität von I aus der von I_μ und I_ν, das Gleiche gilt für die σ-Stetigkeit. ∎

(11.2) Definition und Bemerkung. Ist $\mathfrak{M} \subset P(X \times Y)$ die σ-Algebra der I-meßbaren Mengen und π das durch I auf $\mathfrak{M}$ definierte Maß, so heißt π das **Produktmaß** von μ und ν und wird mit $\mu \otimes \nu$ bezeichnet. (In der Literatur wird teilweise das Produktmaß $\mu \otimes \nu$ mit kleinerem Definitionsbereich genommen, sei es der von $\mathfrak{R} \times \mathfrak{S} \overset{\text{def}}{=} \{ A \times B \mid A \in \mathfrak{R},\ B \in \mathfrak{S} \}$ erzeugte Ring, der erzeugte σ-Ring oder die erzeugte σ-Algebra, je nachdem, mit welchen Strukturen der jeweilige Autor hauptsächlich arbeitet). Sind μ und ν σ-endlich, so ist der Definitionsbereich $\mathfrak{M}$ von $\mu \otimes \nu$ nach 5.15 gleich der Vervollständigung $\overline{\mathfrak{A}(\mathfrak{R} \times \mathfrak{S})}$

der von $\mathfrak{R} \times \mathfrak{S}$ erzeugten σ-Algebra $\mathfrak{A}(\mathfrak{R} \times \mathfrak{S})$. Im allgemeinen Fall gilt
$\mathfrak{M} \supset \overline{\mathfrak{A}(\mathfrak{R} \times \mathfrak{S})}$. Für weitergehende Aussagen siehe 11.32.

(11.3) Bemerkung. (a) Für $A \in \mathfrak{R}$, $B \in \mathfrak{S}$ mit $\mu(A) < \infty$, $\nu(B) < \infty$ gilt
$\pi(A \times B) = I(\chi_{A \times B}) = I(\chi_A \otimes \chi_B) = I_\mu(\chi_A) \, I_\nu(\chi_B) = \mu(A) \, \nu(B)$. Durch aufsteigenden
Limes $A_n \times B_n \uparrow A \times B$ folgt $\pi(\mathfrak{A} \times \mathfrak{B}) = \mu(A) \, \nu(B)$ auch für σ-endliche Mengen $A \in \mathfrak{R}$,
$B \in \mathfrak{S}$. Insbesondere gilt:

(b) Sind μ und ν σ-endliche Maße auf $\mathfrak{R}$ bzw. $\mathfrak{S}$, so gilt $\pi(A \times B) = \mu(A) \, \nu(B)$ für
alle $A \in \mathfrak{R}$, $B \in \mathfrak{S}$. Ohne σ-Endlichkeit wird die Aussage falsch, denn:

(c) Ist $A \in \mathfrak{R}$ eine bezüglich μ nicht σ-endliche Menge und $B \in \mathfrak{S}$ eine nichtleere
ν-Nullmenge, so gilt $\pi(A \times B) = \infty$, also $\pi(A \times B) \neq \mu(A) \, \nu(B)$ (Übung 11.18).

(11.4) Bemerkung. Wegen 3.37 (2) und dem Satz über die Eindeutigkeit der
Fortsetzung eines σ-endlichen Maßes erhalten wir, daß das Produktmaß $\pi = \mu \otimes \nu$ schon
durch die Eigenschaft (a) der letzten Bemerkung eindeutig bestimmt ist, wenn μ und ν
σ-endlich sind, anders gesagt: Sind μ und ν σ-endlich, so gibt es genau ein Maß π auf $\mathfrak{M}$,
das (a) oben erfüllt, nämlich $\pi = \mu \otimes \nu$.

Diese Aussage wird falsch, wenn wir auf die σ-Endlichkeit von μ oder ν verzichten
(natürlich geht nur die Eindeutigkeit verloren: es kann außer $\mu \otimes \nu$ noch weitere Maße
geben, die (a) oben erfüllen).

(11.5) Beispiel. $X = Y \neq \emptyset$, $\mathfrak{R} = \mathfrak{S} = \{\emptyset, X\}$, $\mu(\emptyset) = \nu(\emptyset) = 0$, $\mu(X) = \infty$, $\nu(X) = 1$.
Es gilt $\mathfrak{I} = \{\emptyset\}$, also $\mathfrak{M} = P(X \times X)$. Jedes Maß π auf $\mathfrak{M}$ erfüllt (a) oben.

(11.6) Bemerkung. Ist wieder $\mathcal{E} = \mathcal{E}_\mu \otimes \mathcal{E}_\nu$ und $f \in \mathcal{E}^\uparrow$, so hat f eine Darstellung
$f = \sum_1^\infty \lambda_i \, \chi_{A_i} \otimes \chi_{B_i}$ mit $\lambda_i < 0$ für höchstens endlich viele Indizes i. Bei festem $y \in Y$ ist f
als Funktion von x in $\mathcal{E}_\mu^\uparrow$, und $I_\mu f = \sum \lambda_i \, \mu(A_i) \chi_{B_i}$ in $\mathcal{E}_\nu^\uparrow$. Es folgt $I_\nu \, I_\mu f =$
$\sum \lambda_i \, \mu(A_i) \, \nu(B_i) = \sum \lambda_i \, \pi(A_i \times B_i) = If$. Die gerade verwendete Notation ist etwas
nachlässig aber bequem. (Eine Notation wie kurz vor 11.1 wäre „sicherer"). I_μ bzw. I_ν
bezieht sich ausschließlich auf die x-Variable bzw. die y-Variable, ignoriert also die andere
Variable und etwa noch vorhandene weitere Variable. Da die soeben betrachteten
Funktionen in $\mathcal{E}^\uparrow$, $\mathcal{E}_\mu^\uparrow$ bzw. $\mathcal{E}_\nu^\uparrow$ liegen, können wir statt I, I_μ bzw. I_ν auch I^*, I_μ^* bzw. I_ν^*
schreiben. Wir benutzen dies und die Isotonie von Ober- und Unterintegral im Beweis von:

(11.7) Satz von Fubini. Sind $\mathfrak{R} \subset P(X)$ und $\mathfrak{S} \subset P(Y)$ Ringe und μ,ν Maße auf $\mathfrak{R}$ bzw. $\mathfrak{S}$, π ihr Produktmaß, so gilt: Ist $f \in \mathcal{L}^1[\pi]$, so gibt es eine I_ν-Nullmenge $N \subset Y$, so daß für $y \notin N$ die Funktionen $f^y \colon x \mapsto f^y(x) = f(x,y)$ aus $\mathcal{L}^1[\mu]$ sind, also $F(y) = \int f^y \, d\mu = \int f(x,y) \, d\mu(x)$ für $y \notin N$ existiert. Die so f.ü. definierte Funktion F ist in $\mathcal{L}^1[\nu]$, und $\int F d\nu = \int f d\pi$, d.h. $\int f(x,y) \, d\pi(x,y) = \int (\int f(x,y) \, d\mu(x)) \, d\nu(y)$.

Beweis. Sei $f \in \mathcal{L}^1[\pi]$. Zu $\varepsilon > 0$ gibt es g, $h \in \mathcal{E}^{\uparrow}$ mit $-g \le f \le h$ und $I(g+h) < \varepsilon$. Wegen 11.6 gilt

$$(1) \quad Ih = I_\nu^* I_\mu^* h \ge I_\nu^* I_\mu^* f \ge I_\nu^* I_{\mu *} f \ge I_{\nu *} I_{\mu *} f \ge I_{\nu *} I_{\mu *}(-g) = -I_\nu^* I_\mu^* g = -Ig$$

und ebenso

$$(2) \quad Ih \ge I_\nu^* I_\mu^* f \ge I_{\nu *} I_\mu^* f \ge I_{\nu *} I_{\mu *} f \ge -Ig.$$

Da die äußeren Terme Differenz $< \varepsilon$ haben, müssen alle Terme mit f gleich, und zwar gleich $\int f$ sein (vgl. die Charakterisierung in 2.33). Die unterstrichenen Stellen liefern somit $I_{\mu *} f \in \mathcal{L}^1[\nu]$ und $I_\mu^* f \in \mathcal{L}^1[\nu]$. Wegen $I_\mu^* f \ge I_{\mu *} f$ und Gleichheit der Integrale folgt, daß $I_\mu^* f$ und $I_{\mu *} f$ I_ν - fast überall übereinstimmen und endlich sind. Sei $N \subset Y$ die entsprechende Ausnahmemenge. Für $y \notin N$ gilt $I_\mu^* f = I_{\mu *} f \in \mathbb{R}$, also $f^y \in \mathcal{L}^1[\mu]$. Die Gleichheit $\int f = I_\nu^* I_\mu^* f$ läßt sich nun schreiben als $\int f = \int (\int f(x,y) \, d\mu(x)) \, d\nu(y)$, womit der Satz bewiesen ist. $\blacksquare$

(11.8) Bemerkung. Im Satz von Fubini gilt auch $\int f(x,y) \, d\pi(x,y) = \int (\int f(x,y) \, d\nu(y)) \, d\mu(x)$, denn die beiden Koordinaten x und y sind gleichberechtigt. Der Satz von Fubini lautet also kurz gesagt so: Ist $f \in \mathcal{L}^1[\mu \otimes \nu]$, so existieren die **iterierten Integrale** $\iint f(x,y) \, d\mu(x) \, d\nu(y)$ und $\iint f(x,y) \, d\nu(y) \, d\mu(x)$ und stimmen mit $\int f d(\mu \otimes \nu)$ überein. Wie soeben, werden wir oft die Klammern in iterierten Integralen einfach weglassen.

Jedes $f \in \mathcal{L}^1[\mu \otimes \nu]$ ist $\mathfrak{M}$-meßbar und verschwindet außerhalb einer bezüglich $\mu \otimes \nu$ σ-endlichen Teilmenge von $X \times Y$. Die entsprechenden Annahmen im folgenden Satz sind deshalb notwendig.

(11.9) Satz von Tonelli. Seien μ,ν Maße auf den Ringen $\mathfrak{R} \subset P(X)$, $\mathfrak{S} \subset P(Y)$, $\pi = \mu \otimes \nu$ auf der σ-Algebra $\mathfrak{M} \subset P(X \times Y)$. Sei die Funktion $f \colon X \times Y \to \overline{\mathbb{R}}$ $\mathfrak{M}$-meßbar und verschwinde außerhalb einer σ-endlichen Teilmenge von $X \times Y$. Wenn eines der Integrale $\int |f(x,y)| \, d\pi(x,y)$, $\iint |f(x,y)| \, d\mu(x) \, d\nu(y)$, $\iint |f(x,y)| \, d\nu(y) \, d\mu(x)$ existiert (es genügt, daß eines der Oberintegrale $\bar{I}_\pi \, |f|$, $\bar{I}_\nu \, \bar{I}_\mu \, |f|$ oder $\bar{I}_\mu \, \bar{I}_\nu \, |f|$ endlich ist), so ist f integrierbar und $\int f(x,y) \, d\pi(x,y) = \iint f(x,y) \, d\mu(x) \, d\nu(y) = \iint f(x,y) \, d\nu(y) \, d\mu(x)$.

Beweis. Sei $\{A_i\}$ eine Folge in $\mathfrak{M}$ mit $\pi(A_i) < \infty$ und $f = 0$ außerhalb von $\bigcup_1^\infty A_i$. Wir

können $A_{i+1} \supset A_i$ annehmen. Sei $g_n = |f| \wedge n\chi_{A_n}$. Da g_n $\mathfrak{M}$-meßbar ist und

$\bar{I}_\pi(g_n) \leq n\pi(A_n) < \infty$ gilt, folgt $g_n \in \mathcal{L}^1[\pi]$ für jedes n. Nach dem Satz von Fubini gilt
$\int g_n d\pi = \iint g_n(x,y) \, d\mu(x) \, dv(y) = \iint g_n(x,y) \, dv(y) \, d\mu(x)$. Es gilt $g_n \uparrow |f|$ und $\int g_n \, d\pi$ wird
dominiert durch das in der Voraussetzung gegebene endliche Oberintegral von $|f|$, also gilt
$|f| \in \mathcal{L}^1[\pi]$ nach dem Satz von der monotonen Konvergenz. Da f $\mathfrak{M}$-meßbar ist, gilt auch
$f \in \mathcal{L}^1[\pi]$. Die Behauptung folgt jetzt aus dem Satz von Fubini. ∎

(11.10) Endliche Produkte von Maßen. Sind μ_i für $i = 1, \dots, n$ Maße auf den

Ringen $\mathfrak{R}_i \subset P(X_i)$ und ist $\mathcal{E} = \mathcal{E}_{\mu_1} \otimes \dots \otimes \mathcal{E}_{\mu_n}$, so wird durch

$I(\sum_i a_1^i \otimes \dots \otimes a_n^i) = \sum_i I_{\mu_1}(a_1^i) \dots I_{\mu_n}(a_n^i)$ ein Daniell-Integral I auf $\mathcal{E}$ definiert, das

$If = \int \dots \int f d\mu_1 \dots d\mu_n$ für $f \in \mathcal{E}$ erfüllt (Beweis wie vor 11.1). Ist $\mathfrak{M} \subset P(X_1 \times \dots \times X_n)$
die σ-Algebra der I-meßbaren Mengen und π das durch I auf $\mathfrak{M}$ definierte Maß, so heißt π
das **Produktmaß** von $\mu_1, \dots, \mu_n$ und wird mit $\mu_1 \otimes \dots \otimes \mu_n$ bezeichnet. Sind $\mu_1, \dots, \mu_n$
σ-endlich und bezeichnen wir die von $\{A_1 \times \dots \times A_n \mid A_i \in \mathfrak{R}_i \ \forall i\}$ erzeugte σ-Algebra mit
$\mathfrak{A}(\mathfrak{R}_1 \times \dots \times \mathfrak{R}_n)$, so ist der Definitionsbereich $\mathfrak{M}$ von $\mu_1 \otimes \dots \otimes \mu_n$ nach 5.15 gleich der
Vervollständigung $\overline{\mathfrak{A}(\mathfrak{R}_1 \times \dots \times \mathfrak{R}_n)}$, im allgemeinen Fall gilt $\mathfrak{M} \supset \overline{\mathfrak{A}(\mathfrak{R}_1 \times \dots \times \mathfrak{R}_n)}$.
Für weitergehende Aussagen siehe 11.32.

Bemerkung. Definitionsgemäß gilt $\mu_1 \otimes \dots \otimes \mu_n = \bar{v}_n$, wo v_n die Restriktion von

$\mu_1 \otimes \dots \otimes \mu_n$ auf den Ring $\mathfrak{R}$ ist, der von den Quadern $A_1 \times \dots \times A_n$, $A_i \in \mathfrak{R}_i$, $\mu_i(A_i) < \infty$
erzeugt wird. Wegen 11.19 gilt daher $(\mu_1 \otimes \dots \otimes \mu_{n-1}) \otimes \mu_n = v_{n-1} \otimes \mu_n = \mu_1 \otimes \dots \otimes \mu_n$
(wobei das letzte Gleichheitszeichen wegen $(\mathcal{E}_{\mu_1} \otimes \dots \otimes \mathcal{E}_{\mu_{n-1}}) \otimes \mathcal{E}_{\mu_n} = \mathcal{E}_{\mu_1} \otimes \dots \otimes \mathcal{E}_{\mu_n}$
gilt, was von der üblichen Identifizierung von $(X_1 \times \dots \times X_{n-1}) \times X_n$ mit $X_1 \times \dots \times X_n$
vermöge $((x_1, \dots, x_{n-1}), x_n) \mapsto (x_1, \dots, x_n)$ herrührt). Ebenso gilt $\mu_1 \otimes (\mu_2 \otimes \dots \otimes \mu_n)$
$= \mu_1 \otimes \dots \otimes \mu_n$, und somit folgt, daß jede Klammerung des Produktmaßes mit
$\mu_1 \otimes \dots \otimes \mu_n$ übereinstimmt (ohne σ-Endlichkeit vorauszusetzen).

(11.11) Beispiel. Ist λ das Lebesgue-Maß auf $\mathbb{R}$, so heißt $\underbrace{\lambda \otimes \dots \otimes \lambda}_{n \text{ Faktoren}}$ das

Lebesgue-Maß auf $\mathbb{R}^n$ oder das n-dimensionale Lebesgue-Maß und wird kurz mit λ^n
bezeichnet. In Integralen schreibt man statt $d\lambda^n$ meist dx oder $d(x_1, \dots, x_n)$. Der
Definitionsbereich von λ^n heißt die σ-Algebra der **Lebesgue-meßbaren Teilmengen**

des $\mathbb{R}^n$ und wird mit $\mathbb{L}^n$ bezeichnet. Charakterisierungen von λ^n und $\mathbb{L}^n$ finden sich in 11.20. Der Raum $\mathcal{L}^1(\lambda^n)$ wird auch mit $\mathcal{L}^1(\mathbb{R}^n)$ bezeichnet, seine Elemente heißen **Lebesgue-integrierbar** auf $\mathbb{R}^n$, sein Integral heißt **Lebesgue-Integral** auf $\mathbb{R}^n$.

(11.12) Bemerkung. Seien $\mu_1, \ldots, \mu_n$ wie in 11.10. Durch Induktion ergibt sich der Satz von Fubini für $\pi = \mu_1 \otimes \ldots \otimes \mu_n$: Für $f \in \mathcal{L}^1[\pi]$ gilt $\int f d\pi = \int \ldots \int f(x_1, \ldots, x_n) d\mu_1(x_1) \ldots d\mu_n(x_n)$. Da für $n = 2$ die Reihenfolge der Integrationen nach $d\mu_i$ beliebig gewählt werden kann, folgt dies auch für den allgemeinen Fall. Ist p eine Permutation von $\{1, \ldots, n\}$, so gilt also $\int f d\pi = \int \ldots \int f d\mu_{p(1)} \ldots d\mu_{p(n)}$. (Integrale wie das letzte heißen wie bei $n = 2$ **iterierte Integrale**). Entsprechendes gilt für den Satz von Tonelli.

(11.13) Unendliche Produkte von Wahrscheinlichkeitsmaßen. Für das Studium stochastischer Prozesse mit unabhängigen Zufallsvariablen benötigt man in der Wahrscheinlichkeitstheorie auch unendliche Produkte von Maßen. Sei I eine unendliche Indexmenge. Für $i \in I$ sei $(X, \mathfrak{A}_i, \mu_i)$ ein Wahrscheinlichkeitsraum. Sei $X = \Pi_{i \in I} X_i$. Eine Menge $A \subset X$ von der Form $A = \Pi_{i \in I} A_i$ mit $A_i \in \mathfrak{A}_i$ $\forall i$ und $A_i \neq X_i$ für höchstens endlich viele $i \in I$ nennen wir eine **elementare Zylindermenge** oder einen **Quader**. Eine endliche Vereinigung von Quadern nennen wir eine **Figur** in X. Die Menge $\mathfrak{Q}$ aller Quader ist ein Halbring, wie man leicht nachprüft. Deshalb ist die Menge $\mathfrak{F}$ aller Figuren ein Ring. Für $\Pi A_i \in \mathfrak{Q}$ setzen wir

$$(1) \qquad \mu(\Pi A_i) = \prod_{A_i \neq X_i} \mu_i(A_i).$$

(Man könnte die Einschränkung $A_i \neq X_i$ auch weglassen, denn für $A_i = X_i$ gilt ohnehin $\mu_i(A_i) = 1$, da die μ_i Wahrscheinlichkeitsmaße sind). μ ist ein Inhalt auf $\mathfrak{Q}$. Die endliche Additivität von μ kann man entweder direkt beweisen oder aus der entsprechenden Tatsache für endliche Produkte $X_1 \times \ldots \times X_n$ folgern (denn bei Betrachtung endlich vieler Quader $Q_k = \Pi_i A_{ki}$ gibt es ein i_0 mit $A_{ki} = X_i$ für alle $i > i_0$ und alle k). μ kann nach 3.37(2) eindeutig zu einem Inhalt auf $\mathfrak{F}$ fortgesetzt werden. Wir werden zeigen, daß μ stetig bei $\emptyset$, also ein Maß ist. Die dazu nötigen Überlegungen betreffen nur abzählbar viele Koordinaten, so daß wir hierfür $I = \mathbb{N}$ annehmen können.

Zunächst einige Vorbemerkungen. Für $n \in \mathbb{N}$ sei $X^{(n)} = \Pi_{n+1}^\infty X_i$ und $\mathfrak{F}^{(n)}$ der Ring der Figuren in $X^{(n)}$ (analog wie in X gebildet) sowie $\mu^{(n)}$ der durch $\mu_{n+1}, \mu_{n+2}, \ldots$ analog wie oben definierte Inhalt auf $\mathfrak{F}^{(n)}$. Für $(x_1, \ldots, x_n) \in X_1 \times \ldots \times X_n$ und beliebiges $E \subset X$ bezeichne $E(x_1, \ldots, x_n)$ die durch E und $(x_1, \ldots, x_n)$ bestimmte **Schnittmenge** in $X^{(n)}$, also die Menge $\{x^{(n)}\in X^{(n)} \mid (x_1, \ldots, x_n, x^{(n)})\in E\}$. Ist E ein Quader oder eine Figur in X, so ist $E(x_1, \ldots, x_n)$ ein Quader bzw. eine Figur in $X^{(n)}$.

(11.14) Lemma. Sei $\{E_n\}$ eine absteigende Folge in $\mathfrak{F}$ mit $\mu(E_n) \geq \varepsilon > 0$ $\forall n$. Dann ist $\bigcap_1^\infty E_n \neq \emptyset$ (anders gesagt: μ ist stetig bei $\emptyset$, also ein Maß auf $\mathfrak{F}$).

Beweis. Für $j\in\mathbb{N}$ gilt

$$(*) \qquad\qquad \varepsilon \leq \mu(E_j) \;=\; \int \mu^{(1)}(E_j(x_1))\, d\mu_1(x_1)$$

(wobei wir den „zweidimensionalen Satz von Fubini" für den Inhalt einer Figur benutzt haben, was wegen (1) richtig ist und keiner σ-Additivität bedarf). Der Integrand in (*) ist eine μ_1-Treppenfunktion und fällt monoton für wachsendes j, aber nicht punktweise gegen null, denn sonst würde das Integral für $j \to \infty$ nach dem Satz von der monotonen Konvergenz für das Maß μ_1 auch gegen null gehen. Es gibt also ein $a_1\in X_1$ und ein $\varepsilon_1 > 0$ mit $\mu^{(1)}(E_j(a_1)) \geq \varepsilon_1$ $\forall j$. Da $\{E_j(a_1)\}$ eine absteigende Folge in $\mathfrak{F}^{(1)}$ ist, können wir das soeben auf X, $\{E_j\}$ und ε angewandte Argument für $X^{(1)}$, $\{E_j(a_1)\}$ und ε_1 wiederholen und erhalten so ein $a_2\in X_2$ und $\varepsilon_2 > 0$ mit $\mu^{(2)}(E_j(a_1,a_2)) \geq \varepsilon_2$ $\forall j$. Per Induktion erhalten wir für jedes $n\in\mathbb{N}$ ein $a_n\in X_n$ und $\varepsilon_n > 0$ mit $\mu^{(n)}(E(a_1, \ldots, a_n)) \geq \varepsilon_n$ $\forall j$. Wir zeigen nun $(a_1, a_2, \ldots)\in\bigcap_1^\infty E_j$. Ist $j\in\mathbb{N}$ und E_j die disjunkte Vereinigung der Quader $A_1, \ldots, A_m$, wobei $A_k = \prod_{i=1}^\infty A_{ki}$, so gibt es ein n mit $A_{ki} = X_i$ $\forall k$ $\forall i > n$. Wegen $\mu^{(n)}(E_j(a_1, \ldots, a_n)) > 0$ gibt es ein $(a_1, \ldots, a_n, x_{n+1}, x_{n+2} \ldots)\in E_j$. Da die Koordinaten x_i, $i > n$ für die Eigenschaft eines Punktes, in E_j zu liegen, belanglos sind, folgt $(a_1, a_2, \ldots)\in E_j$. Da dies für alle j gilt, ist $\bigcap E_j \neq \emptyset$. $\blacksquare$

Somit erhalten wir

(11.15) Definition und Satz. Das per Integrationstheorie fortgesetzte Maß $\overline{\mu}$ auf der σ-Algebra $\mathfrak{M}_\mu$ der μ-meßbaren Mengen heißt das **Produktmaß** der Maße μ_i, $i\in I$, und wird mit $\bigotimes_{i\in I} \mu_i$ bezeichnet. Wenn wir die von den Quadern auf $\prod_{i\in I} X_i$ erzeugte σ-Algebra mit $\bigotimes_{i\in I} \mathfrak{A}_i$ bezeichnen - sie heißt die **Produkt-σ-Algebra** der σ-Algebren $\underline{\mathfrak{A}_i}$, $i\in I$ - so ist der Definitionsbereich $\mathfrak{M}_\mu$ nach 5.15 gleich der Vervollständigung $\overline{\bigotimes_{i\in I} \mathfrak{A}_i}$. Das Maß $\bigotimes_{i\in I} \mu_i$ ist durch die Eigenschaft (1) nach 5.10 eindeutig bestimmt.

Wahrscheinlichkeitsmaße auf unendlichen Produkten, die nicht notwendig Produktmaße sind.

Für stochastische Prozesse mit nicht unabhängigen Zufallsvariablen benötigt man Maße auf dem Produktraum $\prod_{i\in I} X_i$, die keine Produktmaße sind. Man geht hierfür aus von Maßen μ_J, $J \subset I$ endlich, auf den endlichen Produkten $(\prod_{i\in J} X_i, \bigotimes_{i\in J} \mathfrak{A}_i)$, welche folgende Verträglichkeitsbedingung erfüllen:

(11.16) Sind $J,K \subset I$ endlich mit $J \subset K$ und ist $A \in \bigotimes_{i\in J} \mathfrak{A}_i$, so gilt

$$(1) \qquad \mu_K(A \times \prod_{i\in K\setminus J} X_i) = \mu_J(A),$$

wobei es natürlich genügt, (1) nur für den Fall $\#(K\setminus J) = 1$ zu verlangen. Man kann die Verträglichkeitsbedingung auch mit endlichen Folgen statt endlichen Mengen in I formulieren, muß dann aber als zweite Bedingung die Invarianz der Maße $\mu_{i_1,\ldots,i_n}$ unter Umnumerierung der Koordinaten hinzunehmen: Ist $\{i_1, \ldots, i_n\} \subset I$, π eine Permutation von $\{1, \ldots, n\}$ und $p_\pi : \prod_{k=1}^n X_{i_k} \to \prod_{k=1}^n X_{i_{\pi(k)}}$ die durch π induzierte Abbildung $(x_{i_1}, \ldots, x_{i_n}) \mapsto (x_{i_{\pi(1)}}, \ldots, x_{i_{\pi(n)}})$, so gilt $\mu_{i_{\pi(1)} \cdots i_{\pi(n)}} = \mu_{i_1,\ldots,i_n} \circ p_\pi^{-1}$.

Im folgenden Satz werden reguläre Maße benötigt. Zur Definition der Regularität siehe 13.2.

(11.17) Satz von Kolmogoroff. Ist I eine unendliche Indexmenge, sind X_i, $i \in I$, Hausdorffsche topologische Räume mit σ-Algebra $\mathfrak{A}_i$ und ist für jede endliche Teilmenge $J \subset I$ ein reguläres Wahrscheinlichkeitsmaß μ_J auf $\bigotimes_{i\in J} \mathfrak{A}_i$ gegeben, derart, daß die Verträglichkeitsbedingung 11.16 erfüllt ist, so gibt es genau ein Wahrscheinlichkeitsmaß μ auf $(\prod_{i\in I} X_i, \bigotimes_{i\in I} \mathfrak{A}_i)$ mit

$$(1) \qquad \mu(A \times \prod_{i\in I\setminus J} X_i) = \mu_J(A) \quad \text{für } J \subset I \text{ endlich}, \ A \in \bigotimes_{i\in J} \mathfrak{A}_i.$$

Beweis. (a) Für Figuren F in $\prod_{i\in I} X_i$ definiert man $\mu(F)$ durch (1), was wegen der Verträglichkeitsbedingung möglich ist, und erhält so einen Inhalt μ auf dem Ring $\mathfrak{F}$ der Figuren. Wir zeigen, daß μ ein Maß ist. Sei $\varepsilon > 0$ und $F_n \in \mathfrak{F}$ eine absteigende Folge von Figuren mit $\mu(F_n) > \varepsilon$. Wir müssen $\bigcap F_n \neq \emptyset$ zeigen (vgl. 11.14). Da nur abzählbar viele

Koordinaten betroffen sind, können wir $I = \mathbb{N}$ voraussetzen. Ist $\{i_n\}$ eine wachsende Indexfolge so, daß $F_n = A_n \times \prod_{i > i_n} X_i$ gilt, wo $A_n \in \bigotimes_1^{i_n} \mathfrak{A}_i$, so gibt es, wie wir in (b) zeigen werden, wegen der Regularität der Maße μ_J kompakte Mengen $K_n \subset A_n$ und $K_{i,n} \subset X_i$ für $i > i_n$ mit

$$(*) \qquad \mu_{\{1,\dots,r\}}\left((A_n \times \prod_{i=i_n+1}^{r} X_i) \setminus (K_n \times \prod_{i=i_n+1}^{r} K_{i,n})\right) < \varepsilon \cdot 2^{-n} \text{ für alle } r > i_n,$$

und wir können K_{i_n} für jedes i „beliebig groß" wählen, also voraussetzen, daß

$$(**) \qquad\qquad K_{i,n} \supset K_{i,1} \qquad\qquad \text{für } i > i_n$$

gilt. Für festes n und $r > i_n$ erhalten wir wegen $\mu(\bigcap_1^n F_k) = \mu(F_n) =$ $\mu_{\{1,\dots,r\}}(A_n \times \prod_{i=i_n+1}^{r} X_i) > \varepsilon$ und (*), daß $\mu_{\{1,\dots,r\}}(\bigcap_{k=1}^{n} (K_k \times \prod_{i=i_k+1}^{r} K_{i,k})) > 0$, also $\bigcap_{k=1}^{n} (K_k \times \prod_{i=i_k+1}^{r} K_{i,k}) \neq \emptyset$ gilt, also wegen (**) auch $\bigcap_{k=1}^{n} (K_k \times \prod_{i=i_k+1}^{\infty} K_{i,k}) \neq \emptyset$. Da die Mengen im letzten Durchschnitt kompakt sind, ist auch der unendliche Durchschnitt $\bigcap_{k=1}^{\infty} \dots$ nichtleer. Hieraus folgt a fortiori $\bigcap_1^{\infty} F_n \neq \emptyset$, womit gezeigt ist, daß μ ein Maß ist. Gemäß der Definition von μ für Figuren gilt $\mu(\Pi X_i) = 1$. Die eindeutig bestimmte Fortsetzung von μ auf die von $\mathfrak{F}$ erzeugte σ-Algebra $\bigotimes_{i \in I} \mathfrak{A}_i$ ist das gesuchte Maß, es sei wieder mit μ bezeichnet.

(b) (Wahl von K_n und $K_{i,n}$): Man wählt $K_n \subset A_n$ so, daß $\mu_{\{1,\dots,i_n\}}(A_n \setminus K_n) < \varepsilon 2^{-n}$ gilt, also gemäß 11.16 (1) auch $\mu_{\{1,\dots,i_n+1\}}((A_n \times X_{i_n+1}) \setminus (K_n \times X_{i_n+1})) < \varepsilon 2^{-n}$. Ist nun $K' \subset K_n \times X_{i_n+1}$ kompakt mit der Eigenschaft $\mu_{\{1,\dots,i_n+1\}}((A_n \times X_{i_n+1}) \setminus K') < \varepsilon 2^{-n}$, so bleibt diese Ungleichung erhalten, wenn wir K' durch die (größere) kompakte Menge $K_n \times p_{i_n+1}(K') \subset K_n \times X_{i_n+1}$ ersetzen, wo p_{i_n+1} die kanonische Projektion auf X_{i_n+1} bezeichnet. Wir setzen $K_{i_n+1,n} = p_{i_n+1}(K')$. Man fährt durch Induktion fort: Ist $r > i_n$ und $\mu_{\{1,\dots,r\}}(A_n \times X_{i_n+1} \times \dots \times X_r \setminus K_n \times K_{i_n+1,n} \times \dots \times K_{r,n}) < \varepsilon 2^{-n}$, also $\mu_{\{1,\dots,r+1\}}(A_n \times X_{i_n+1} \times \dots \times X_{r+1} \setminus K_n \times K_{i_n+1,n} \times \dots \times K_{r,n} \times X_{r+1}) < \varepsilon 2^{-n}$, so gibt es ein kompaktes $K' \subset K_n \times K_{i_n+1,n} \times \dots \times K_{r,n} \times X_{r+1}$ mit $\mu_{\{1,\dots,r+1\}}(A_n \times X_{i_n+1} \times \dots \times X_{r+1} \setminus K') < \varepsilon 2^{-n}$, und die Ungleichung bleibt erhalten, wenn wir K' durch die (größere) kompakte Menge $K_n \times K_{i_n+1,n} \times \dots \times K_{r,n} \times p_{r+1}(K')$ ersetzen. Nun sei $K_{r+1,n} = p_{r+1}(K')$. ∎

Übungen, Beispiele, Ergänzungen

(11.18) Man zeige: Sind μ, ν Maße auf den Ringen $\mathfrak{R} \subset P(X)$ bzw. $\mathfrak{S} \subset P(Y)$, ist $A \in \mathfrak{R}$ eine bezüglich μ nicht σ-endliche Menge und $B \in \mathfrak{S}$ eine nichtleere Nullmenge, so gilt $\mu \otimes \nu(A \times B) = \infty$, also $\mu \otimes \nu(A \times B) \neq \mu(A)\,\nu(B)$.

(Hinweis: Wegen 5.5 gilt $A \times B \in \mathfrak{M}$. Jedes $g \in \mathcal{E}$ verschwindet außerhalb einer geeigneten Menge $A' \times B'$ mit $\mu(A') < \infty$. Deshalb gibt es kein $f \in \mathcal{E}^{\uparrow}$ mit $f \geq \chi_{A \times B}$).

(11.19) Sind μ, ν Maße auf den Ringen $\mathfrak{R} \subset P(X)$ bzw. $\mathfrak{T} \subset P(Y)$ und sind $\overline{\mu}, \overline{\nu}$ die von $(\mathcal{E}_\mu, I_\mu)$ bzw. $(\mathcal{E}_\nu, I_\nu)$ herrührenden Fortsetzungen von μ und ν, so gilt $\overline{\mu} \otimes \overline{\nu} = \mu \otimes \nu$. Entsprechend gilt für endlich viele Faktoren (mit gleichem Beweis) $\overline{\mu}_1 \otimes \ldots \otimes \overline{\mu}_n = \mu_1 \otimes \ldots \otimes \mu_n$. Ersetzen wir auf der rechten Seite der Gleichung ein oder mehrere μ_i durch $\overline{\mu}_i$, so ist wegen $\overline{\overline{\mu}}_i = \overline{\mu}_i$ das Ergebnis wiederum gleich $\overline{\mu}_1 \otimes \ldots \otimes \overline{\mu}_n$ und damit auch gleich $\mu_1 \otimes \ldots \otimes \mu_n$.

Beweis. Wir benutzen 4.27, wobei I bzw. J das Daniell-Integral auf $\mathcal{E} = \mathcal{E}_\mu \otimes \mathcal{E}_\nu$ bzw. $\mathcal{F} = \mathcal{E}_{\overline{\mu}} \otimes \mathcal{E}_{\overline{\nu}}$ sei, also $\mu_I = \mu \otimes \nu$, $\mu_J = \overline{\mu} \otimes \overline{\nu}$. Wegen $\mathcal{E} \subset \mathcal{F}$ und $J_{|\mathcal{E}} = I$ gilt nach 2.19 $\mathfrak{I}_I \subset \mathfrak{I}_J$ und $\mu_J = \mu_I$ auf $\mathfrak{I}_I$. Ist nun $A \in \mathfrak{I}_J$, so gibt es nach 5.1 Mengen $B_i \times C_i \in \mathfrak{I}_\mu \times \mathfrak{I}_\nu$, die paarweise disjunkt gewählt werden können, mit der Eigenschaft $A \subset \bigcup_1^\infty B_i \times C_i$, $\sum_1^\infty \overline{\mu}(B_i)\,\overline{\nu}(C_i) < \mu_J(A) + \varepsilon = \overline{\mu} \otimes \overline{\nu}(A) + \varepsilon$. Wiederum nach 5.1 gibt es bei festem i Mengen $B_{ik} \in \mathfrak{R}$, $C_{ij} \in \mathfrak{T}$, mit $B_i \subset \bigcup_{k=1}^\infty B_{ik}$, $\sum_{k=1}^\infty \mu(B_{ik}) < \overline{\mu}(B_i) + \delta$ und $C_i \subset \bigcup_{j=1}^\infty C_{ij}$, $\sum_{j=1}^\infty \nu(C_{ij}) < \overline{\nu}(C_i) + \delta$. Falls $\delta > 0$ hinreichend klein gewählt war, gilt $\sum_{k,j} \mu(B_{ik})\,\nu(C_{ij}) < \overline{\mu}(B_i)\,\overline{\nu}(C_i) + \varepsilon \cdot 2^{-i}$, also $A \subset \bigcup_{i,k,j} B_{ik} \times C_{ij}$ und $\mu \otimes \nu(\bigcup_{i,k,j} B_{ik} \times C_{ik}) \leq \sum_{i,k,j} \mu(B_{ik})\,\nu(C_{ij}) < \overline{\mu} \otimes \overline{\nu}(A) + 2\varepsilon$. Also gilt (*) in 4.27 und es folgt $\overline{\mu} \otimes \overline{\nu} = \mu \otimes \nu$. ∎

(11.20) Sei λ das Lebesgue-Maß auf $\mathbb{R}$ und $\lambda^n = \lambda \otimes \ldots \otimes \lambda$ das Lebesgue-Maß auf $\mathbb{R}^n$. Da $\lambda = \overline{\ell}$, wo ℓ die Einschränkung von λ auf den Ring der endlichen Vereinigungen von Intervallen ist (also $\ell = $ das elementare Längenmaß), gilt nach 11.19 $\lambda^n = \ell \otimes \ldots \otimes \ell$, d.h. λ^n läßt sich auch ausgehend von den Treppenfunktionen $\mathcal{T}^n \overset{\text{def}}{=} \underbrace{\mathcal{T} \otimes \ldots \otimes \mathcal{T}}_{n \text{ Faktoren}}$ und dem Daniell-Integral $S^n(\sum_i a_1^i \otimes \ldots \otimes a_n^i) \overset{\text{def}}{=} \sum_i S a_1^i \ldots S a_n^i$ gewinnen oder (was dasselbe ist) ausgehend vom Elementarinhalt auf den Quadern im $\mathbb{R}^n$ oder (was man wie auf $\mathbb{R}$ beweist) ausgehend vom Verband $\mathcal{K}(\mathbb{R}^n)$ der stetigen Funktionen auf $\mathbb{R}^n$ mit kompaktem Träger mit dem n-dimensionalen Riemann-Integral als Daniell-Integral. Der Definitionsbereich $\mathbb{L}^n$ von λ^n enthält insbesondere alle n-dimensionalen Quader, deren Eckpunkte rationale Koordinaten haben. Also enthält $\mathbb{L}^n$ auch alle offenen Teilmengen des $\mathbb{R}^n$ und somit auch die davon erzeugte σ-Algebra $\mathbb{B}^n$ der **Borelschen Mengen des** $\mathbb{R}^n$. Wegen 11.31 ist $\mathbb{L}^n$ die Vervollständigung von $\mathbb{B}^n$ bezüglich λ^n.

(11.21) Sei r > 0 und sei $\overline{K}_r$ die abgeschlossene Kugel im $\mathbb{R}^n$ mit Mittelpunkt 0 und Radius r, also die Menge $\{x \in \mathbb{R}^n \mid \|x\| \leq r\}$, wo $\|\ \|$ die Euklidische Norm bezeichne. Man zeige: Für das n-dimensionale Lebesgue-Maß von $\overline{K}_r$ (auch genannt der **Inhalt** oder das **Volumen** von $\overline{K}_r$) gilt $\lambda^n(\overline{K}_r) = c_n r^n$, wobei

$$c_n = \begin{cases} \dfrac{\pi^k}{k!} \,, & \text{wenn } n = 2k \\[2em] \dfrac{2^k \, \pi^{k-1}}{1 \cdot 3 \cdot \ldots \cdot (2k-1)} \,, & \text{wenn } n = 2k-1 \,. \end{cases}$$

(Hinweis: Mit Hilfe des Satzes von Fubini und der Substitutionsregel für das eindimensionale Riemann-Integral läßt sich eine Rekursionsformel für die c_n gewinnen).

(11.22)(a) Wie im eindimensionalen Fall 2.45 ergibt sich, daß das Lebesgue-Integral auf $\mathbb{R}^n$ verschiebungsinvariant ist, d.h. mit $f \in \mathcal{L}^1(\mathbb{R}^n)$ und $a \in \mathbb{R}^n$ auch die Funktion $x \mapsto f(x+a)$ in $\mathcal{L}^1(\mathbb{R}^n)$ liegt und $\int f(x+a)dx = \int f(x)dx$ gilt.

(b) Für $f \in \mathcal{L}^1(\mathbb{R}^n)$ und eine lineare invertierbare Abbildung T des $\mathbb{R}^n$ auf sich ist die Abbildung $x \mapsto f(Tx)$ in $\mathcal{L}^1(\mathbb{R}^n)$ und es gilt

$$(1) \qquad \int f(x)dx = \int f(Ty) \mid \det T \mid dy \,.$$

Beweis. Es genügt, (1) für $f \in \mathcal{K}(\mathbb{R}^n)$ oder $f \in \mathcal{T}^n$ zu zeigen. Aus dem Satz von Fubini und 2.45 folgt (1) für T von folgender spezieller Form:

   (i) Vertauschung zweier Koordinaten x_i und x_j

   (ii) Addition einer Koordinate zu einer andern

   (iii) Multiplikation einer Koordinate mit einer Konstanten $c \neq 0$.

Jedes lineare invertierbare T ist Produkt von Abbildungen der Form (i) - (iii). Da die Determinante multiplikativ ist, folgt die Behauptung.

(c) Da $\chi_A \circ T = \chi_{T^{-1}A}$, erhalten wir aus (b) insbesondere für integrierbare und dann per aufsteigendem Limes für beliebige Lebesgue-meßbare Mengen A

$$(2) \qquad\qquad \lambda^n(TA) = |\det T|\, \lambda^n(A).$$

Mit anderen Worten: das Bildmaß $T(\lambda^n)$ ist $|\det T|^{-1} \cdot \lambda^n$.

Formel (2) gilt auch im Fall $\det T = 0$, denn dann liegt TA in einer Hyperebene H. Eine passende orthogonale Transformation T' bildet H (gemäß (2) maßtreu) in die Hyperebene $\{x_n = 0\}$ ab, was nach Fubini-Tonelli eine Nullmenge ist. Also gilt auch $\lambda^n(TA) = 0$.

(11.23) Transformationsformel. Für offenes $U \subset \mathbb{R}^n$ und $f: U \to \overline{\mathbb{R}}$ sei $\tilde{f}: \mathbb{R}^n \to \overline{\mathbb{R}}$ definiert durch $\tilde{f} = f$ auf U, $\tilde{f} = 0$ auf $\mathbb{R}^n \setminus U$. Wir setzen $\mathcal{L}^1(U) = \{f: U \to \overline{\mathbb{R}} \mid \tilde{f} \in \mathcal{L}^1(\mathbb{R}^n)\}$ und $\int_U f(x)\, dx = \int_{\mathbb{R}^n} \tilde{f}(x)dx$. Mit erheblich höherem Aufwand als in 11.22 kann man folgende Verallgemeinerung von 11.22(1) zeigen:

Satz. Sei $U \subset \mathbb{R}^n$ offen und $\varphi: U \to \mathbb{R}^n$ injektiv und stetig differenzierbar. Dann ist $\varphi(U)$ offen, und eine Funktion $f: \varphi(U) \to \overline{\mathbb{R}}$ liegt genau dann in $\mathcal{L}^1(\varphi(U))$, wenn $(f \circ \varphi) \cdot |\det \varphi'|$ in $\mathcal{L}^1(U)$ liegt (wobei φ' die Ableitung, also $\det \varphi'$ die Funktionaldeterminante von φ ist). In diesem Fall gilt

$$\int_{\varphi(U)} f(x)dx = \int_U f(\varphi(y))\, |\det \varphi'(y)|\, dy\ .$$

Für einen Beweis sei auf [Fl], S. 300 - 312 verwiesen.

(11.24) Seien $\mathcal{E} = \mathcal{E}_\mu \otimes \mathcal{E}_\nu$ und I wie zu Beginn des Kapitels. Für $h \in \mathcal{E}^\uparrow$ gilt nach 11.6 $I^*h = Ih = I_\nu I_\mu h = I_\nu^* I_\mu^* h$. Ist $f: X \times Y \to \overline{\mathbb{R}}$ beliebig und $h \in \mathcal{E}^\uparrow$ mit $h \geq f$, so erhalten wir $Ih = I_\nu^* I_\mu^* h \geq I_\nu^* I_\mu^* f$, also durch Infimumsbildung $I^* f \geq I_\nu^* I_\mu^* f$ und somit auch $I_* f \leq I_{\nu_*} I_{\mu_*} f$. Insbesondere gilt für $f \in \mathcal{L}^1$ stets $\int f = I_\nu^* I_\mu^* f = I_{\nu_*} I_{\mu_*} f$ $(= I_\nu^* I_{\mu_*} f = I_{\nu_*} I_\mu^* f$ wegen der Isotonie von Ober- und Unterintegral). Nach dieser Bemerkung genügen für den Satz von Fubini die letzten fünf Zeilen seines Beweises.

(11.25) Sei $g \in \mathcal{L}^1[\mu]$, $h \in \mathcal{L}^1[\nu]$ und $f(x,y) = g(x)\,h(y)$. Man zeige: Es gilt $f \in \mathcal{L}^1[\mu \otimes \nu]$ und $\int f d(\mu \otimes \nu) = \int g d\mu \cdot \int h d\nu$.

(11.26) (a) Man gebe ein Beispiel dafür, daß beim Satz von Fubini $f^y \in \mathcal{L}^1[\mu]$ nicht für jedes $y \in Y$ zu gelten braucht.

(b) Es gibt aber ein $g \sim f$ mit $g^y \in \mathcal{L}^1[\mu]$ $\forall y \in Y$. (Ist $N = \{y \in Y \mid f^y \notin \mathcal{L}^1[\mu]\}$, so setze man $g(x,y) = \begin{cases} 0 & \text{wenn } y \in N \\ f(x,y) & \text{sonst} . \end{cases}$

(11.27) Für $C \subset X \times Y$, $x \in X$ und $y \in Y$ seien die **Schnittmengen** $C_x \subset Y$ und $C^y \subset X$ definiert durch $C_x = \{y \in Y \mid (x,y) \in C\}$ und $C^y = \{x \in X \mid (x,y) \in C\}$. Aus dem Satz von Fubini folgt das **Prinzip von Cavalieri**: Sind A und B $\subset X \times Y$ $\mu \otimes \nu$-integrierbar und gilt $\mu(A^y) = \mu(B^y)$ $\forall y \in Y$ (oder $\nu(A_x) = \nu(B_x)$ $\forall x \in X$), so folgt $\mu \otimes \nu(A) = \mu \otimes \nu(B)$.

Die beiden Figuren in der folgenden Abbildung haben nach dem Prinzip von Cavalieri den gleichen Flächeninhalt, da die horizontalen Schnitte die gleiche Länge haben.

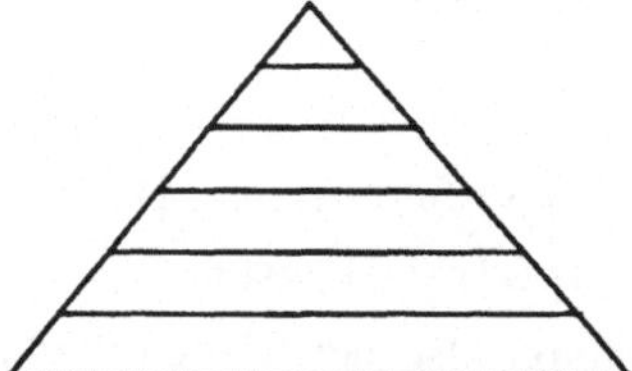 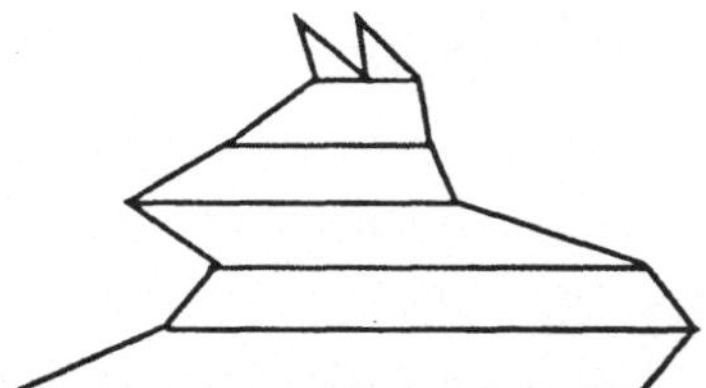

(11.28) Sei $X = Y = [0,1]$ und seien λ, ν das Lebesgue- bzw. das Zählmaß auf der σ-Algebra der Borel-Mengen von $[0,1]$. Sei f die charakteristische Funktion der Diagonale $\{(x,x) \mid x \in [0,1]\}$. Es gilt $\iint f(x,y)\, dx\, d\nu(y) = 0$ und $\iint f(x,y)\, d\nu(y)dx = 1$, also $f \notin \mathcal{L}^1[\lambda \otimes \nu]$. Die Funktion f ist Borelsch, also insbesondere $\mathfrak{M}_{\lambda \otimes \nu}$-meßbar (vgl. 11.31) aber sie wird von keiner σ-endlichen Menge getragen (was man direkt zeigen oder aus dem Satz von Tonelli folgern kann).

(11.29) Sei I eine Indexmenge und sei für jedes $i \in I$ $\mathfrak{A}_i$ eine σ-Algebra auf X_i. Sei $\bigotimes_{i \in I} \mathfrak{A}_i$ die Produkt-σ-Algebra der $\mathfrak{A}_i$, d.h. die von den Quadern (def. in 11.13) auf $\Pi_{i \in I} X_i$ erzeugte σ-Algebra. Als Erzeugendensystem genügen die speziellen Quader $A \times \Pi_{j \neq i} X_j = p_i^{-1}(A)$, wo $A \in \mathfrak{A}_i$ und p_i die kanonische Projektion von $\Pi_{j \in I} X_j$ auf X_i

bezeichnet. Deshalb ist $\bigotimes_{i\in I} \mathfrak{A}_i$ die von den p_i erzeugte σ-Algebra, also die kleinste σ-Algebra $\mathfrak{A}$ auf $\Pi_{j\in I} X_j$, für welche alle p_i, $i\in I$, $\mathfrak{A}$-$\mathfrak{A}_i$-meßbar sind. Im Falle $I = \{1, \ldots, n\}$ schreibt man für $\bigotimes_{i\in I} \mathfrak{A}_i$ auch $\bigotimes_1^n \mathfrak{A}_i$ oder $\mathfrak{A}_1 \otimes \ldots \otimes \mathfrak{A}_n$. Man zeigt leicht, daß $\bigotimes_1^n \mathfrak{A}_i$ mit $(\bigotimes_1^{n-1} \mathfrak{A}_i) \otimes \mathfrak{A}_n$ und $\mathfrak{A}_1 \otimes (\bigotimes_2^n \mathfrak{A}_i)$ übereinstimmt, woraus die Unabhängigkeit des Produkts von jeder Klammerung folgt.

(a) Wir betrachten $\bigotimes_1^n \mathfrak{A}_i$. Seien $\mathfrak{E}_i \subset \mathfrak{A}_i$ mit $\mathfrak{A}(\mathfrak{E}_i) = \mathfrak{A}_i$ und gebe es $E_{ik}\in \mathfrak{E}_i$ mit $\bigcup_{k=1}^\infty E_{ik} = X_i$. Man zeige: Dann wird $\bigotimes_1^n \mathfrak{A}_i$ von dem Mengensystem $\mathfrak{E} = \mathfrak{E}_1 \times \ldots \times \mathfrak{E}_n = \{E_1 \times \ldots \times E_n \mid E_i\in \mathfrak{E}_i\}$ erzeugt. (Hinweis: Ist $E\in \mathfrak{E}_i$ und $p_i: \Pi_{j=1}^n X_j \to X_i$ die kanonische Projektion, so gilt $p_i^{-1}(E) = (\Pi_{j<i} X_j) \times E \times (\Pi_{j>i} X_j)$ $= \bigcup (E_{1k_1} \times \ldots \times E_{i-1,k_{i-1}} \times E \times E_{i+1,k_{i+1}} \times \ldots \times E_{n,k_n})$, wobei die Vereinigung über alle $k_1, \ldots, k_{i-1}, k_{i+1}, \ldots, k_n\in \mathbb{N}$ zu nehmen ist.)

b) Die Annahme $\bigcup_{k=1}^\infty E_{ik} = X_i$ in (a) ist nicht überflüssig, wie aus folgendem Beispiel hervorgeht: Seien $X_1 = X_2 = \{1,2\}$, $\mathfrak{A}_1 = P(X_1)$, $\mathfrak{E}_1 = \{\{1\}\}$, $\mathfrak{A}_2 = \mathfrak{E}_2 = P(X_2)$. Man zeige: $\mathfrak{A}_1 \otimes \mathfrak{A}_2 \neq \mathfrak{A}(\mathfrak{E}_1 \times \mathfrak{E}_2)$.

(11.30) Sei $(X,\mathfrak{A})$ ein meßbarer Raum und Δ die Diagonale von $X \times X$, also $\Delta = \{(x,x) \mid x\in X\}$. Man zeige: Ist $\# X > \mathfrak{c}$, so gilt $\Delta\notin \mathfrak{A} \otimes \mathfrak{A}$. (Hinweis: 3.27 und die Tatsache, daß abzählbar viele Mengen $F_1, F_2, \ldots \subset X$ nicht die Punkte von X trennen, d.h. es gibt $x_1, x_2\in X$, $x_1 \neq x_2$, mit $\{x_1, x_2\} \subset F_i$ oder $\{x_1, x_2\} \subset X \setminus F_i$ für jedes i). Hieraus folgt insbesondere, daß für die Borel-Mengen eines Hausdorff-Raumes X bzw. des Produkts $X \times X$ gilt: $\mathbb{B}(X) \otimes \mathbb{B}(X) \neq \mathbb{B}(X \times X)$, falls $\# X > \mathfrak{c}$.

(11.31) Seien μ, v Maße auf den Ringen $\mathfrak{R} \subset P(X)$ bzw. $\mathfrak{S} \subset P(Y)$, sei $\mathfrak{M}$ der Definitionsbereich von $\mu \otimes v$ und sei $\mathfrak{T}$ der von $\{A \times B \mid A\in \mathfrak{R}, B\in \mathfrak{S}, \mu(A) < \infty, v(B) < \infty\}$ erzeugte Ring. Für $E\in \mathfrak{T}$ und $C\in \mathfrak{R}$ gilt $(C \times Y) \cap E\in \mathfrak{T}$, woraus nach 5.5 $C \times Y\in \mathfrak{M}$ folgt. Ebenso gilt $X \times D\in \mathfrak{M}$ für $D\in \mathfrak{S}$. Also enthält $\mathfrak{M}$ alle $A \times Y$ mit $A\in \mathfrak{A}(\mathfrak{R})$ und alle $X \times B$ mit $B\in \mathfrak{A}(\mathfrak{S})$. Es folgt $\mathfrak{M} \supset \mathfrak{A}(\mathfrak{R}) \otimes \mathfrak{A}(\mathfrak{S})$ und somit $\mathfrak{M} \supset \overline{\mathfrak{A}(\mathfrak{R})\otimes\mathfrak{A}(\mathfrak{S})}$, denn $\mathfrak{M}$ ist vollständig bezüglich $\mu \otimes v$. Sind μ und v σ-endlich, so gilt nach 5.15 $\mathfrak{M} = \overline{\mathfrak{A}(\mathfrak{T})} \subset \overline{\mathfrak{A}(\mathfrak{R})\otimes\mathfrak{A}(\mathfrak{S})}$, also insgesamt $\mathfrak{M} = \overline{\mathfrak{A}(\mathfrak{R})\otimes\mathfrak{A}(\mathfrak{S})}$. Entsprechendes gilt für endlich viele Faktoren: Sind μ_i Maße auf den Ringen $\mathfrak{R}_i$ und ist $\mathfrak{M}$ der Definitionsbereich von $\mu_1 \otimes \ldots \otimes \mu_n$, so gilt $\mathfrak{M} \supset \overline{\mathfrak{A}(\mathfrak{R}_1) \otimes \ldots \otimes \mathfrak{A}(\mathfrak{R}_n)}$, wobei Gleichheit gilt, wenn die μ_i σ-endlich sind. Für unendliche Produkte von Wahrscheinlichkeitsmaßen gilt, wie schon in 11.15 erwähnt, stets $\mathfrak{M} = \bigotimes_{i\in I} \mathfrak{A}_i$.

(11.32) Tatsächlich gilt mehr als in 11.31, nämlich, wenn wir $\mathfrak{R}_e = \{\, A \in \mathfrak{R} \mid \mu(A) < \infty \,\}$ und $\mathfrak{S}_e = \{\, B \in \mathfrak{S} \mid \nu(B) < \infty \,\}$ setzen,

$$(1) \qquad \mathfrak{A}(\mathfrak{R}_e \times \mathfrak{S}_e) \subset \mathfrak{A}(\mathfrak{R} \times \mathfrak{S}) \subset \mathfrak{A}(\mathfrak{R}) \otimes \mathfrak{A}(\mathfrak{S}) \subset \mathfrak{M}_\mu \otimes \mathfrak{M}_\nu \subset \mathfrak{M}_{\mu \otimes \nu}.$$

Da das Maß $\mu \otimes \nu$ vollständig ist, bleibt (1) richtig, wenn wir die ersten vier σ-Algebren durch ihre Vervollständigung ersetzen. (Entsprechendes gilt für endlich viele Faktoren). Hinweis zum Beweis von (1): Nur die letzte Inklusion ist noch zu zeigen. ($M_1 \times M_2 \in \mathfrak{M}_\mu \times \mathfrak{M}_\nu$ mit $A_1 \times A_2 \in \mathfrak{R}_e \times \mathfrak{S}_e$ schneiden, 11.25 benutzen, dann 5.5).

(11.33) (a) Bei der Produktbildung von σ-Algebren verhalten sich die reellen Borel-Mengen „besser" als die Lebesgue-meßbaren Mengen: Man zeige: $\bigotimes_1^n \mathfrak{B} = \mathfrak{B}^n$, aber $\bigotimes_1^n \mathfrak{L} \underset{\ne}{\subseteq} \mathfrak{L}^n$.

(b) Allgemein gilt für topologische Räume X,Y mit abzählbarer Basis der Topologie $\mathfrak{B}(X) \otimes \mathfrak{B}(Y) = \mathfrak{B}(X \times Y)$ (vgl. aber 11.30).

(11.34) Man zeige: Sind $\mathfrak{A}_1$ und $\mathfrak{A}_2$ σ-Algebren auf X_1 bzw. X_2, so ist für jedes $A \in \mathfrak{A}_1 \otimes \mathfrak{A}_2$ und $x_1 \in X_1$ die Schnittmenge $A_{x_1} = \{\, x_2 \in X_2 \mid (x_1, x_2) \in A \,\}$ in $\mathfrak{A}_2$ enthalten. Entsprechend gilt $A^{x_2} = \{\, x_1 \in X_1 \mid (x_1, x_2) \in A \,\} \in \mathfrak{A}_1$ für $x_2 \in X_2$. (Hinweis: Die Menge der $A \in \mathfrak{A}_1 \otimes \mathfrak{A}_2$ mit $A_{x_1} \in \mathfrak{A}_2$ ist eine σ-Algebra und enthält die Mengen der Form $A_1 \times A_2$, $A_i \in \mathfrak{A}_i$) .

(11.35) Man zeige: Sind $\mathfrak{A}_1$ und $\mathfrak{A}_2$ σ-Algebren auf X_1 bzw. X_2 und ist f: $X_1 \times X_2 \to \overline{\mathbb{R}}$ $\mathfrak{A}_1 \otimes \mathfrak{A}_2$-meßbar, so ist für jedes $x_1 \in X_1$ die **Schnittfunktion** f_{x_1}: $x_2 \mapsto f(x_1, x_2)$ $\mathfrak{A}_2$-meßbar. Entsprechend ist die Schnittfunktion f^{x_2}: $x_1 \mapsto f(x_1, x_2)$ $\mathfrak{A}_1$-meßbar. (Hinweis: Durch Approximation läßt sich das Problem auf charakteristische Funktionen reduzieren, also auf 11.34).

(11.36) Man zeige: Es gibt eine nicht Borelsche Menge auf dem Einheitsquadrat, deren Schnittmengen A_{x_1} wie auch A^{x_2} alle Borelsch sind. 11.34 und 11.35 haben also keine Umkehrung.

(11.37) Sei $\mathfrak{A}$ eine σ-Algebra auf X und seien f_i: $X \to \mathbb{R}$ $\mathfrak{A}$-meßbar für i = 1, ..., n. Ferner sei g: $\mathbb{R}^n \to \mathbb{R}$ Borelsch (d.h. $\mathfrak{B}^n$-meßbar). Man zeige, daß $g(f_1, \dots, f_n)$: $X \to \mathbb{R}$ $\mathfrak{A}$-meßbar ist. (Hinweis: Die $B \subset \mathbb{R}^n$ mit $(f_1, \dots, f_n)^{-1}(B) \in \mathfrak{A}$ bilden eine σ-Algebra, die die n-dimensionalen Quader enthält).

(11.38) Sei $X = \{0,1\}$ und $f: X^{\mathbb{N}} \to [0,1]$ die Abbildung $\{x_i\} \mapsto \sum_1^{\infty} x_i 2^{-i}$. Ist μ das durch $\mu(\{0\}) = \mu(\{1\}) = \frac{1}{2}$ eindeutig bestimmte Maß auf $P(X)$ und setzen wir $\mu_i = \mu$ für alle $i \in \mathbb{N}$, so ist das Bild von $\bigotimes_{i \in \mathbb{N}} \mu_i$ unter f gerade das Lebesgue-Maß auf $[0,1]$ oder dessen Einschränkung auf die Borelmengen von $[0,1]$, je nachdem ob wir auf $[0,1]$ die σ-Algebra der Lebesgue-meßbaren Mengen oder der Borel-Mengen zugrundelegen. (Hinweis: die dyadischen Intervalle $[k2^{-i}, (k + 1)2^{-i}]$, $k \in \{0,1, \ldots , 2^i - 1\}$, $i \in \mathbb{N}$, erzeugen die Borel-Mengen von $[0,1]$).

(11.39) Bei der Produktbildung von unendlich vielen Maßen kann man zulassen, daß endlich viele Faktoren σ-endlich sind. Natürlich braucht das Ergebnis dann kein Wahrscheinlichkeitsmaß mehr zu sein.

12   Lebesgue-Stieltjes-Maße

Verteilungsfunktionen und Wahrscheinlichkeitsmaße, maßerzeugende Funktionen und Borel-Maße, Lebesgue-Stieltjes-Maße. Beziehung zwischen absolut stetigen Maßen und absolut stetigen Funktionen. Lebesgue-Stieltjes-Integrale, Substitutionsformel, partielle Integration, Anwendung zur Berechnung gewisser Integrale. Ergänzend: Erweiterung des Rahmens auf signierte Borel-Maße und Funktionen von beschränkter Variation, Eigenschaften der oberen, unteren und totalen Variation einer Funktion.

Der besseren Übersichtlichkeit wegen lassen wir in diesem Kapitel beim Maß von endlichen oder unendlichen Intervallen die äußeren Klammern weg, schreiben also z.B. $\mu[a,b)$ anstelle von $\mu([a,b))$.

Ist μ ein Wahrscheinlichkeitsmaß auf der σ-Algebra $\mathfrak{B}$ der Borelschen Teilmengen von $\mathbb{R}$, so definieren wir die Funktion $F_\mu\colon \mathbb{R} \to \mathbb{R}$ durch $F_\mu(t) = \mu(-\infty,t)$ und nennen F_μ die **Verteilungsfunktion** von μ. Offenbar hat F_μ folgende Eigenschaften:

(12.1) (a) F_μ ist isoton.

      (b) F_μ ist (in jedem Punkt $t \in \mathbb{R}$) linksseitig stetig.

      (c) $\lim\limits_{t \to -\infty} F_\mu(t) = 0, \quad \lim\limits_{t \to \infty} F_\mu(t) = 1.$

Die Zuordnung $\mu \mapsto F_\mu$ ist injektiv, denn aus $F_\mu = F_\nu$ folgt $\mu[a,b) = F_\mu(b) - F_\mu(a) = F_\nu(b) - F_\nu(a) = \nu[a,b)$ für alle $a < b$, also nach 3.45 $\mu = \nu$ auf der von den halboffenen Intervallen erzeugten σ-Algebra $\mathfrak{B}$.

(12.2) Satz. Die Abbildung $\mu \mapsto F_\mu$ ist bijektiv, von der Menge der Wahrscheinlichkeitsmaße auf $\mathfrak{B}$ auf die Menge der reellen Funktionen mit den Eigenschaften 12.1.

Beweis. Es ist nur noch die Surjektivität zu zeigen. Habe F die Eigenschaften 12.1. Für $a \leq b$ setzen wir $\nu[a,b) = F(b) - F(a)$, $\nu[a,b] = F(b+) - F(a)$, $\nu(a,b) = F(b) - F(a+)$, $\nu(a,b] = F(b+) - F(a+)$, wobei $F(x+) \stackrel{\text{def}}{=} \lim\limits_{y \downarrow x} F(y)$. Der Limes existiert wegen der Isotonie von F.

Die so definierte Mengenfunktion ν ist ein Inhalt auf dem Halbring der Intervalle. Die endliche Additivität folgt in diesem Fall aus der gewöhnlichen Additivität, die man sofort in den vorkommenden Einzelfällen nachprüft, z.B. $\nu[a,b] + \nu(b,c) = F(b+) - F(a) + F(c) - F(b+) = \nu[a,c)$ usw. Der Inhalt ν ist **regulär**, d.h. für jedes Intervall B gilt

$\nu(B) = \sup\{\nu(A) \mid A \subset B,\ A\ \text{abgeschlossenes Intervall}\} = \inf\{\nu(0) \mid 0 \supset B,\ 0\ \text{offenes}$

Intervall}. Dieser Sachverhalt folgt aus der linksseitigen Stetigkeit von F und läßt sich in jedem der vier Einzelfälle direkt nachprüfen. Ist $f = \sum_1^n \alpha_i \chi_{A_i} \in \mathcal{T}$ eine Treppenfunktion, so setzen wir $If = \sum_1^n \alpha_i \nu(A_i)$. Dann ist I ein Daniell-Integral auf $\mathcal{T}$, wie der Beweis von 1.7 mit I und ν anstelle von S und $\mathcal{l}$ zeigt. (Dieser Beweis zeigt de facto, daß jeder reguläre Inhalt auf den Intervallen ein Maß ist). Ist $\bar{\nu}$ das durch I definierte Maß auf der σ-Algebra $\mathfrak{M}$ der I-meßbaren Mengen, so ist die Restriktion von $\bar{\nu}$ auf die σ-Algebra $\mathfrak{B}$ der Borelmengen das gesuchte Maß μ: Es gilt $\mu[a,b) = I\chi_{[a,b)} = \nu[a,b) = F(b) - F(a)$, also

$$\mu(-\infty,b) = \lim_{a \to -\infty} \mu[a,b) = F(b) - \lim_{a \to -\infty} F(a) = F(b), \text{ also auch } \mu(-\infty,\infty) = \lim_{x \to \infty} F(b) = 1.$$

Somit ist μ ein Wahrscheinlichkeitsmaß und $F = F_\mu$. ∎

Wie aus dem Beweis von 12.2 ersichtlich, genügen zur Konstruktion eines Maßes μ ausgehend von der Funktion F die Eigenschaften 12.1 (a), (b). Eine Funktion mit diesen Eigenschaften (Isotonie und linksseitige Stetigkeit) heißt deshalb **maßerzeugende Funktion**. Zwei maßerzeugende Funktionen F und G erzeugen offenbar genau dann das gleiche Maß μ, wenn $F(b) - F(a) = G(b) - G(a) (= \mu[a,b))$ für alle $a < b$ gilt, d.h. wenn es eine Konstante c mit $F = G + c$ gibt. Will man eine bijektive Beziehung zu Maßen herstellen, so muß man also Funktionenklassen $\{F + c \mid c \in \mathbb{R}\}$ betrachten oder aber den Wert der betrachteten Funktionen in einem Punkt vorschreiben, z.B. $F(0) = 0$. (In 12.1 war es „$F(-\infty)$" $= 0$. Die zweite Bedingung in 12.1(c) besagt dann nur, daß das zugehörige Maß Gesamtmasse 1 hat). Ist F eine maßerzeugende Funktion und μ das ausgehend von F wie im Beweis von 12.2 gewonnene Maß auf $\mathfrak{M} \supset \mathfrak{B}$, so heißt dieses das **durch F definierte Lebesgue-Stieltjes-Maß** und wird mit μ_F bezeichnet. Da $\mu_F(A)$ für jedes Intervall A endlich ist, ist μ_F σ-endlich und deshalb gerade die Vervollständigung seiner Restriktion auf $\mathfrak{B}$: $\mu_F = \widehat{\mu_F|_{\mathfrak{B}}}$ (wegen 5.15). Die Einschränkung $\mu_F|_{\mathfrak{B}}$ ist ein **Borel-Maß**, d.h. ein Maß auf $\mathfrak{B}$, das jedem Intervall (oder äquivalent: jeder kompakten Menge) einen endlichen Wert zuweist.

Ist μ ein beliebiges Borel-Maß, so definieren wir $G_\mu(t) = \begin{cases} \mu[0,t) & \text{für } t > 0 \\ -\mu[t,0) & \text{für } t \leq 0 \end{cases}$. Offenbar ist G_μ isoton und linksseitig stetig, also eine maßerzeugende Funktion, und wegen $[0,0) = \emptyset$ gilt $G_\mu(0) = 0$.

(12.3) Satz. Die Abbildung $\mu \mapsto G_\mu$ ist bijektiv, positiv homogen und additiv von der Menge der Borelmaße auf $\mathbb{R}$ auf die Menge der maßerzeugenden Funktionen, die in Null verschwinden. Die Umkehrabbildung ist $F \mapsto \mu_F|_{\mathfrak{B}}$.

Die Additivität und positive Homogenität sind klar. Ansonsten ist der Beweis fast identisch mit dem von 12.2. Der Schluß lautet:

$$\mu[0,t) = I\chi_{[0,t)} = \nu[0,t) = F(t) - F(0) = F(t) \text{ für } t > 0, \ \mu[t,0) = I\chi_{[t,0)} = \nu[t,0) =$$
$$= F(0) - F(t) = -F(t) \text{ für } t < 0. \text{ Es gilt also } F = G_\mu. \ \blacksquare$$

(12.4) Beispiel. Sei f auf $\mathbb{R}$ stetig differenzierbar mit Ableitung $f' \geq 0$. Wegen $f(b) - f(a)$ $= \int_a^b f'(x)\,dx = (f'\lambda)\,([a,b))$, wo λ das Lebesgue-Maß auf $\mathbb{R}$ bezeichnet, ist das von f erzeugte Maß gleich $f'\lambda$ (oder: $f'(x)\,dx$) .

(12.5) Satz. Ist μ ein Borel-Maß auf $\mathbb{R}$ und G_μ die gemäß 12.3 zugehörige maßerzeugende Funktion, so gilt für jedes $a \in \mathbb{R}$

$$\mu(\{a\}) = 0 \Leftrightarrow G_\mu \text{ ist in a stetig} .$$

Beweis. Es gilt $\mu(\{a\}) = \mu([a,a]) = G_\mu(a+) - G_\mu(a)$, was genau dann verschwindet, wenn G_μ in a rechtsseitig stetig ist. Da G_μ ohnehin linksseitig stetig ist, folgt die Behauptung.

(12.6) Definition. Eine Funktion $f\colon [a,b] \to \mathbb{R}$ heißt **absolut stetig**, wenn zu jedem $\varepsilon > 0$ ein $\delta > 0$ existiert, so daß für jede endliche Folge paarweise disjunkter Intervalle $(a_1, b_1), \ldots, (a_n, b_n)$ in [a,b] mit $\sum_1^n (b_i - a_i) < \delta$ die Beziehung $\sum_1^n |f(b_i) - f(a_i)| < \varepsilon$ gilt.

Bemerkung. Offenbar ist jede auf [a,b] absolut stetige Funktion stetig auf [a,b]. Man prüft leicht nach, daß stückweise lineare stetige Funktionen und differenzierbare Funktionen mit beschränkter Ableitung auf [a,b] absolut stetig sind.

(12.7) Satz. Ist μ ein Borel-Maß auf $\mathbb{R}$, G_μ die gemäß 12.3 zugehörige maßerzeugende Funktion und λ das Lebesgue-Maß auf den Borel-Mengen von $\mathbb{R}$, so gilt $\mu \ll \lambda$ genau dann, wenn G_μ auf jedem endlichem Intervall [a,b] absolut stetig ist.

Beweis. (a) Gelte $\mu \ll \lambda$. Da $\mu|_{[a,b]}$ endlich ist, gibt es nach 8.4 zu $\varepsilon > 0$ ein $\delta > 0$ mit $A \in \mathfrak{B} \cap [a,b]$, $\lambda(A) < \delta \Rightarrow \mu(A) < \varepsilon$. Sind nun $(a,b_1), \ldots, (a_n,b_n)$ paarweise disjunkte Intervalle in [a,b] mit $\sum_1^n (b_n - a_n) < \delta$, also $\lambda(\bigcup_1^n [a_i, b_i)) < \delta$, so folgt

$$\sum_1^n |G_\mu(b_i) - G_\mu(a_i)| = \sum_1^n (G_\mu(b_i) - G_\mu(a_i)) = \mu(\bigcup_1^n [a_i, b_i)) < \varepsilon.$$

(b) Sei nun G_μ auf jedem Intervall [a,b] absolut stetig und sei A eine Borel-Menge mit $\lambda(A) = 0$. Es ist $\mu(A) = 0$ zu beweisen. Hierfür genügt es $\mu(A \cap [-n, n]) = 0 \ \forall n \in \mathbb{N}$ zu zeigen. Wir können deshalb annehmen, daß A im Innern eines Intervalls [a,b] liegt. Sei $\varepsilon > 0$, und sei $\delta > 0$ gemäß der Absolutstetigkeit von G_μ gewählt (vgl. 12.6). Wegen $\lambda(A) = 0$ gibt es nach 5.19 paarweise disjunkte Intervalle $C_i \subset [a,b]$ mit $A \subset \bigcup_1^\infty C_i$ und $\sum_1^\infty \lambda(C_i) < \delta$, also $\sum_1^\infty (b_i - a_i) < \delta$, wo a_i, b_i die Ecken des Intervalles C_i bezeichnen. Insbesondere gilt $\sum_1^n (b_i - a_i) < \delta$ für $n \in \mathbb{N}$ und somit $\sum_1^n (G_\mu(b_i) - G_\mu(a_i)) < \varepsilon$. Da μ nach 12.5 auf einpunktigen Mengen verschwindet, also $\mu(C_i) = G_\mu(b_i) - G_\mu(a_i)$ gilt, folgt $\mu(A) \le \sum_1^\infty \mu(C_i) \le \varepsilon$. Dies gilt für jedes $\varepsilon > 0$, also ist $\mu(A) = 0$. ∎

Die Beziehung zwischen Borelmaßen und maßerzeugenden Funktionen erlaubt es, Eigenschaften gewisser Funktionen über die zugehörigen Maße zu gewinnen (siehe z.B. 12.16).

Lebesgue-Stieltjes-Integrale

Wird ein Lebesgue-Stieltjes-Maß μ (oder seine Einschränkung auf die Borel-Mengen) von der Funktion F erzeugt, so wird ein Integral der Form $\int f d\mu$ auch mit $\int f dF$ oder $\int f(t)\, dF(t)$ bezeichnet und **Lebesgue-Stieltjes-Integral** von f bezüglich F genannt. Ist f stetig auf [a,b], so läßt sich $\int f dF$ wegen der gleichmäßigen Stetigkeit von f mit Hilfe der Riemann-Stieltjes-Summen beschreiben:

$$\int_{[a,b)} f dF = \lim_{d(Z) \to 0} \sum_1^n f(\xi_i)\, (F(x_i) - F(x_{i-1}))$$

wo $Z: a = x_0 < x_1 \ldots < x_n = b$ eine Zerlegung von [a,b) ist, ξ_i beliebige Punkte in (x_{i-1}, x_i) sind und $d(Z) = \max_i (x_i - x_{i-1})$ die Feinheit von Z bezeichnet. Für das Integral über [a,b] gilt

$$\int_{[a,b]} f dF = \int_{[a,b)} f dF + f(b)\, (F(b+) - F(b)) \,.$$

(12.8) Bemerkung. Die Beziehung zwischen maßerzeugenden Funktionen und Borel-Maßen läßt sich wie auf $\mathbb{R}$ auch auf endlichen oder unendlichen Intervallen herstellen. Um z.B. Integrale der Form $\int_{(a,b)} f dG$ betrachten zu können, genügt es zu wissen, daß G auf (a,b) isoton und linksseitig stetig ist. Will man ein Integral über ein Intervall der Form (a,b] oder [a,b] bilden, so sollte G auch noch in einer Umgebung von b erklärt sein, damit $\mu_G(\{b\})$ definiert ist.

(12.9) Substitutionsformel. Sei J ein Intervall und sei $\varphi\colon J \to \mathbb{R}$ eine stetige isotone (aber nicht notwendig injektive) Abbildung. Sei das Bildintervall $\varphi(J)$ (und damit auch J) rechtsseitig offen. Für jede maßerzeugende Funktion G auf $\varphi(J)$ und jedes Borelsche $f\colon \varphi(J) \to [0,\infty)$ gilt

$$\int_{\varphi(J)} f\, dG = \int_J f \circ \varphi\; d(G \circ \varphi).$$

Beweis. Es gilt $\int_J f{\circ}\varphi\, d(G{\circ}\varphi) = \int_J f{\circ}\varphi\, d\mu_{G\circ\varphi} = \int f\, d\varphi(\mu_{G\circ\varphi})$ nach 6.13. Für jedes Intervall $[c,d) \subset \varphi(J)$ ist $\varphi(\mu_{G\circ\varphi})[c,d) = \mu_{G\circ\varphi}(\varphi^{-1}[c,d)) = G(d) - G(c) = \mu_G[c,d)$, woraus nach 3.45 $\varphi(\mu_{G\circ\varphi}) = \mu_G$ auf allen Borel-Mengen von $\varphi(J)$ folgt, also wegen obiger Gleichung auch die Behauptung. ∎

(12.10) Folgerung. Ist $F\colon [a,b] \to \mathbb{R}$ stetig und isoton, so gilt

$$\int_{[a,b)} F^n\, dF = \frac{1}{n+1}\, (F^{n+1}(b) - F^{n+1}(a)).$$

Beweis. In 12.9 wählt man $J = [a,b)$, $\varphi(t) = F(t)$, $G(t) = t$ und $f(t) = t^n$. ∎

(12.11) Partielle Integration: Seien F, G isotone linksseitig stetige Funktionen auf $\mathbb{R}$ und sei $\widetilde{G}$ definiert durch $\widetilde{G}(x) = G(x+)$ ($= \lim_{y\downarrow x} G(y)$). Da isotone Funktionen Borelsch und auf jedem Intervall beschränkt sind, existieren die Integrale $\int_{[a,b)} F\, dG$ und $\int_{[a,b)} \widetilde{G}\, dF$. Es gilt

$$\int_{[a,b)} F\, dG = [F \cdot G]_a^b - \int_{[a,b)} \widetilde{G}\, dF,$$

wo $[F \cdot G]_a^b \overset{\text{def}}{=} F(b)G(b) - F(a)\,G(a)$. Insbesondere folgt für stetig differenzierbares G wegen 12.4

$$\int_{[a,b)} G\, dF = [F \cdot G]_a^b - \int_{[a,b)} F(x)\, G'(x)\, dx,$$

das Lebesgue-Stieltjes-Integral links läßt sich also mit Hilfe eines gewöhnlichen Lebesgue-Integrals berechnen.

Beweis. Wegen $\int_{[a,t)} dF(s) = F(t) - F(a)$ gilt $\int_{[a,b)} F\,dG = \int_{[a,b)}(F(a) + \int_{[a,t)} dF(s))\,dG(t) =$ $F(a)\,(G(b) - G(a)) + \int_{[a,b)}\int_{[a,t)} dF(s)\,dG(t)$. Nach dem Satz von Fubini ist das letzte Doppelintegral - der Integrationsbereich ist $\{(s,t) \mid s,t \in [a,b), s < t\}$ - gleich $\int_{[a,b)}\int_{(s,b)} dG(t)\,dF(s) = \int_{[a,b)}(G(b) - \widetilde{G}(s))\,dF(s) = G(b)\,(F(b) - F(a)) - \int_{[a,b)}\widetilde{G}\,dF$. Insgesamt erhalten wir also die Behauptung, da $\pm F(a)\,G(b)$ sich weghebt. ∎

Das entscheidende Argument der Interpretation als Produktintegral und Anwendung des Satzes von Fubini geht nach Saks auf Young zurück. Man kann den Satz aber auch (langwieriger) ohne den Satz von Fubini beweisen [S].

(12.12) Anwendung. Sei $(X, \mathfrak{A}, \mu)$ ein Maßraum, sei f: $X \to [0,\infty)$ $\mathfrak{A}$-meßbar und sei φ: $[0,\infty) \to [0,\infty)$ isoton und stetig mit $\varphi(0) = 0$ und auf $(0,\infty)$ stetig differenzierbar. Dann gilt

$$\int \varphi \circ f\,d\mu = \int_{(0,\infty)} \mu(\{f \geq t\})\,d\varphi(t) = \int_{(0,\infty)} \mu(\{f \geq t\})\varphi'(t)\,dt\ .$$

Beweisskizze: Wegen 12.4 ist nur die erste Gleichheit zu zeigen. Nach 6.13 gilt $\int \varphi \circ f\,d\mu = \int \varphi\,df(\mu)$. Da $f(\mu)[a,b) = \mu(f^{-1}[a,b)) = \mu(\{a \leq f < b\}) = \mu(\{f \geq a\}) - \mu(\{f \geq b\})$, erhalten wir, mit $h(t) = -\mu(\{f \geq t\})$, daß $\int \varphi\,df(\mu) = \int_0^\infty \varphi\,dh = -\int_0^\infty h\,d\varphi + [h\varphi]_0^\infty$ nach 12.11. Da $\lim_{t\to 0} h(t)\,\varphi(t) = 0 = \lim_{t\to\infty} h(t)\,\varphi(t)$, wenn $\int \varphi \circ f\,d\mu$ oder $\int h\,d\varphi$ endlich ist, folgt insgesamt $\int \varphi \circ f\,d\mu = -\int_0^\infty h\,d\varphi = \int_0^\infty \mu(\{f \geq t\})\,d\varphi(t)$. ∎

Ausführlicher Beweis: Für $\varphi \equiv 0$ gilt die Behauptung. Sei also $\varphi \not\equiv 0$. Ist $c = \sup \varphi^{-1}(0)$, so gilt $\int_{[0,c]} \varphi\,df(\mu) = 0 = \int_{[0,c]} \mu(\{f \geq t\})\,d\varphi(t)$, es bleibt also noch $\int_{(c,\infty)} \varphi\,df(\mu) = \int_{(c,\infty)} \mu(\{f \geq t\})\,d\varphi(t)$ zu beweisen. Sind beide Integrale ∞, so ist nichts zu zeigen. Sei also eines der beiden Integrale endlich. Wir zeigen zunächst:

(i) $\qquad g(t) \overset{def}{=} \mu(\{f \geq t\}) < \infty \quad$ für $t \in (c,\infty) \qquad$ und folglich

(ii) $\qquad \lim_{n\to\infty} g(n) = \mu(\{f = \infty\}) = \mu(\emptyset) = 0. \qquad$ Weiter gilt

(iii) $\qquad \lim_{n\to\infty} g(c + \tfrac{1}{n})\,\varphi(c + \tfrac{1}{n}) = 0 = \lim_{n\to\infty} g(n)\,\varphi(n).$

(a) Beweis von (i) - (iii) im Falle $\int g d\varphi < \infty$: Für festes $t > c$ gilt $g \geq g(t)\, \chi_{(c,t)}$, also $\int g d\varphi \geq g(t) \int \chi_{(c,t)}\, d\varphi = g(t)\, (\varphi(t) - \varphi(c)) = g(t)\, \varphi(t)$, woraus wegen $\varphi(t) > 0$ (i) folgt. Da $\lim\limits_{n \to \infty} g\left(c + \frac{1}{n}\right) \chi_{(c,c + \frac{1}{n})} = 0$ punktweise und wegen (ii) auch $\lim\limits_{n \to \infty} g(n)\, \chi_{(c,n)} = 0$ punktweise, folgt (iii) aus dem Satz von Lebesgue.

(b) Beweis von (i) - (iii) im Falle $\int \varphi d f(\mu) < \infty$: Zunächst halten wir folgendes fest:

$$(\text{iv}) \qquad f(\mu)\,[t,\infty) = \mu(f^{-1}[t,\infty)) = \mu(\{f \geq t\}) = g(t).$$

Für festes $t > c$ gilt $\varphi \geq \varphi(t)\, \chi_{[t,\infty)}$, also $\int \varphi d f(\mu) \geq \varphi(t) \int \chi_{[t,\infty)} d f(\mu) = \varphi(t)\, f(\mu)\,[t,\infty)$ $= \varphi(t)\, g(t)$, woraus (i) folgt. Da punktweise $\lim\limits_{n \to \infty} \varphi\left(c + \frac{1}{n}\right) \chi_{[c + 1/n,\infty)} = 0 = \lim\limits_{n \to \infty} \varphi(n)\, \chi_{[n,\infty)}$ gilt, folgt (iii) aus dem Satz von Lebesgue.

Nach diesen technischen Vorbereitungen nun der eigentliche Teil des Beweises. Wegen (i) ist $- g$ eine maßerzeugende Funktion auf (c,∞), deren zugehöriges Maß wegen (iv) $f(\mu)|_{(c,\infty)}$ ist, denn $f(\mu)\,[a,b) = g(a) - g(b)$. Aus 12.11 folgt deshalb

$$\int_{[c+\frac{1}{n},\, n)} \varphi d f(\mu) = \int_{[c+\frac{1}{n},\, n)} \varphi d(- g) = [(- g)\varphi]_{c+1/n}^{n} - \int_{[c+\frac{1}{n},\, n)} (- g)\, d\varphi,$$

woraus durch Limesbildung für $n \to \infty$ wegen (iii) $\int_{(c,\infty)} \varphi d f(\mu) = \int_{(c,\infty)} g d\varphi$ folgt. ∎

Nachbemerkung. (a) Die bewiesene Formel gilt auch mit $\mu(\{f > t\})$ anstatt $\mu(\{f \geq t\})$, denn die Theorie der Lebesgue-Stieltjes-Maße und -Integrale gilt völlig analog auch für rechtsseitig stetige maßerzeugende Funktionen.

(b) Wie aus dem Beweis hervorgeht, wird die stetige Differenzierbarkeit von φ für die erste Gleichheit der Behauptung nicht benötigt. Verzichtet man auf die stetige Differenzierbarkeit, so wird die zweite Gleichheit falsch, auch wenn φ' fast überall existiert. (Zum Beispiel nehme man $X = [0,\infty)$, $\mathfrak{A}$ die σ-Algebra der Borel-Mengen darauf, $f(x) = x$, φ die Cantor-Funktion (vgl. 12.13) und μ das Lebesgue-Maß auf $\mathfrak{A}$).

Übungen, Beispiele, Ergänzungen

(12.13) Die Cantor-Funktion als Beispiel einer Verteilungsfunktion: Wir definieren eine Folge stückweise linearer stetiger Funktionen f_n auf $[0,1]$ wie folgt: $f_1(0) = 0$, $f_1 = \frac{1}{2}$ auf $[\frac{1}{3}, \frac{2}{3}]$, $f_1(1) = 1$, f_1 sei linear auf $[0, \frac{1}{3}]$ und $[\frac{2}{3}, 1]$. Ist f_n schon definiert, so sei $f_{n+1} = f_n$ auf den Konstanzintervallen von f_n. Ist $k \in \{0, 1, \dots, 3^n - 1\}$ und f_n nicht konstant auf $[k\,3^{-n}, (k+1)3^{-n}]$, so sei f_{n+1} konstant gleich $f_n((k + \frac{1}{2})\,3^{-n})$ auf dem mittleren Drittel $[(k + \frac{1}{3})\,3^{-n}, (k + \frac{2}{3})3^{-n}]$ und linear auf $[k\,3^{-n}, (k + \frac{1}{3})3^{-n}]$ sowie auf $[(k + \frac{2}{3})3^{-n}, (k + 1)3^{-n}]$. Die so per Induktion definierte Folge $\{f_n\}$ konvergiert gleichmäßig gegen eine stetige Funktion f, die $[0,1]$ isoton auf sich abbildet und auf jedem Intervall, das die Cantor-Menge nicht trifft, konstant ist. Man nennt f die **Cantor-Funktion**. Setzen wir f für $x < 0$ und $x > 1$ durch 0 bzw. 1 fort, so ist f eine Verteilungsfunktion. Das zugehörige Wahrscheinlichkeitsmaß μ auf den Borel-Mengen wird von der Cantor-Menge, also einer Lebesgue-Nullmenge, getragen, ist also orthogonal zum Lebesgue-Maß λ. Insbesondere gilt nicht $\mu \ll \lambda$, weshalb nach 12.7 die Funktion f auf $[0,1]$ nicht absolut stetig ist.

(12.14) Welche Maße entsprechen folgenden maßerzeugenden Funktionen:
- (a)   der Heaviside-Funktion $H = \chi_{(0,\infty)}$,
- (b)   der Funktion $f(x) = x$?

(12.15) Auch aus einer isotonen Funktion $f: \mathbb{R} \to \mathbb{R}$, die nicht linksseitig stetig ist, läßt sich ein Maß gewinnen: Setzen wir $g(x) = \lim_{y \uparrow x} f(y)$ für $x \in \mathbb{R}$, so ist g linksseitig stetig und isoton, also eine maßerzeugende Funktion.

(12.16) Man zeige: Ist $F: \mathbb{R} \to \mathbb{R}$ isoton, beschränkt und absolut stetig auf jedem Intervall und gilt $\lim_{t \to -\infty} F(t) = 0$, so gibt es $f \in \mathcal{L}^1(\mathbb{R})^+$ mit $F(t) = \int_{-\infty}^{t} f(t)dt$. (Hinweis: Man benutze 12.3 und 12.7).

(12.17) Möchte man wie beim Lebesgue-Integral auch bei Lebesgue-Stieltjes-Integralen die Bezeichnung $\int_a^b \dots$ verwenden, so definiert man zweckmäßig $\int_a^b fdF = \int_{[a,b)} fdF$, denn dann gilt $\int_a^b 1dF = F(b) - F(a)$ und $\int_a^b fdF + \int_b^c fdF = \int_a^c fdF$. Ist die maßerzeugende Funktion F stetig in den Punkten a und b, so stimmt $\int_a^b fdF$ auch mit $\int_{[a,b]} fdF$, $\int_{(a,b]} fdF$ und $\int_{(a,b)} fdF$ überein, weil $\mu_F(\{a\}) = \mu_F(\{b\}) = 0$ gilt.

(12.18) Erweiterung des Rahmens auf signierte Borel-Maße und Funktionen von beschränkter Variation. Ist $F = G - H$ die Differenz zweier linksseitig stetiger isotoner Funktionen auf $\mathbb{R}$, von denen mindestens eine beschränkt ist, und sind ν_G, ν_H die von G bzw. H erzeugten Borel-Maße, so ist $\nu_F \overset{\text{def}}{=} \nu_G - \nu_H$ (was wegen der Additivität von $K \longmapsto \nu_K$ wohldefiniert ist) ein **signiertes Borel-Maß**, d.h. ein signiertes Maß auf $\mathfrak{B}$, das jedem Intervall (oder äquivalent: jeder kompakten Menge) einen endlichen Wert zuweist. Ist umgekehrt μ ein signiertes Borel-Maß mit Jordan-Zerlegung $\mu = \mu^+ - \mu^-$ und sind G, H zu μ^+ bzw. μ^- gehörige maßerzeugende Funktionen, so ist die Differenz $F = G - H$ gerade von der oben beschriebenen Art (und das wie oben konstruierte Maß ν_F ist wieder μ). F hat folgende Eigenschaften:

(12.19) (i) F ist linksseitig stetig.

(ii) Für jedes Intervall [a,b] ist die **totale Variation**
$$V_a^b\, F \overset{\text{def}}{=} \sup\{\textstyle\sum_1^n |F(x_i) - F(x_{i-1})| \mid n \in \mathbb{N}\, , a = x_0 \le x_1 \le \ldots \le x_n = b\}$$
endlich. (Für diesen Sachverhalt sagt man: F ist auf jedem Intervall von beschränkter Variation oder kurz: F ist von **beschränkter Variation**).

(iii) Für jedes Intervall [a,b] ist die **obere Variation**
$$\overline{V}_a^b\, F \overset{\text{def}}{=} \sup\{\textstyle\sum_1^n (F(b_i) - F(a_i)) \mid n \in \mathbb{N}, a \le a_1 \le b_1 \le a_2 \le b_2 \le \ldots \le a_n \le b_n \le b\}$$
ebenso wie die **untere Variation** $\underline{V}_a^b\, F \overset{\text{def}}{=} -\inf\{\textstyle\sum_1^n (F(b_i) - F(a_i)) \mid n \in \mathbb{N},$
$a \le a_1 \le b_1 \le \ldots \le a_n \le b_n \le b\}$ endlich (dies folgt aus (ii) wegen
$V_a^b F = \overline{V}_a^b F + \underline{V}_a^b F$), und die obere oder die untere Variation von F ist
gleichmäßig beschränkt, d.h. $\le C\ \forall\ [a,b]$, wo C eine feste Konstante ist.

Die Eigenschaften (i) – (iii) charakterisieren Funktionen $F = G - H$ der obigen Art: Ist F' eine linksseitig stetige Funktion von beschränkter Variation und ist die obere oder die untere Variation von F' gleichmäßig beschränkt, so läßt sich F' als Differenz $G' - H'$ schreiben, wo G' und H' linksseitig stetig und isoton sind und G' oder H' beschränkt ist (siehe 12.20 d).

Die Ergebnisse dieses Kapitels bleiben richtig, wenn wir statt Borel-Maßen und linksseitig stetigen isotonen Funktionen signierte Borel-Maße und linksseitig stetige Funktionen von beschränkter Variation betrachten, deren obere oder untere Variation gleichmäßig beschränkt ist. Natürlich kann dann in 12.4 die Bedingung $f' \ge 0$ wegfallen. In 12.16 ist „isoton, beschränkt" durch „von gleichmäßig beschränkter Variation" zu ersetzen und $\mathcal{L}^1(\mathbb{R})$ statt $\mathcal{L}^1(\mathbb{R})^+$ zu schreiben.

Ist μ ein signiertes Borel-Maß und F die gemäß dem erweitertem 12.3 (= 12.21) zugehörige Funktion von beschränkter Variation, so bezeichnen wir die Vervollständigung von μ (das ist die offensichtliche Fortsetzung von μ auf die zu $\widehat{|\mu|}$ gehörige σ-Algebra) als das **von F erzeugte Lebesgue-Stieltjes-Maß** μ_F. Man kann μ_F wie folgt charakterisieren: Ist $\mu = \mu^+ - \mu^-$ die Jordan-Zerlegung von μ und sind G und H die vermöge 12.3 zu μ^+ bzw. μ^- gehörigen maßerzeugenden Funktionen, so ist $\mu_F = \mu_G - \mu_H$, wobei als Definitionsbereich der Durchschnitt der Definitionsbereiche von μ_G und μ_H zu nehmen ist. (Vorsicht: Nimmt man eine Zerlegung $F = G' - H'$, die nicht der Jordan-Zerlegung von μ entspricht, so kann $\mu_F \neq \mu_{G}' - \mu_{H}'$ gelten, weil die rechte Seite nicht vollständig zu sein braucht; d.h. es kann eine Teilmenge einer absoluten $(\mu_{G}' - \mu_{H}')$-Nullmenge geben, die nicht in der σ-Algebra liegt, auf der $\mu_{G}' - \mu_{H}'$ definiert ist. Trotzdem gilt natürlich $\mu_F = \mu_{G}' - \mu_{H}'$ auf den Borel-Mengen).

(12.20) Eigenschaften der oberen, unteren und totalen Variation einer Funktion. Für beliebiges $f: \mathbb{R} \to \mathbb{R}$ und $a, b \in \mathbb{R}$ mit $a \leq b$ seien die obere, untere bzw. totale Variation $\overline{V}_a^b f$, $\underline{V}_a^b f$ bzw. $V_a^b f$ von f auf [a,b] wie in 12.19(ii), (iii) definiert.

(a) Für $a \leq b \leq c$ gilt $V_a^b f + V_b^c f = V_a^c f$. Setzt man $V_y^x = - V_x^y$ für $x < y$, so gilt die erwähnte Gleichung für beliebige $a, b, c \in \mathbb{R}$. Das soeben Gesagte gilt auch für $\overline{V}$ bzw. $\underline{V}$ anstelle von V.

(b) Nach Definition gilt $- \underline{V}_a^b f \leq f(b) - f(a) \leq \overline{V}_a^b f \leq V_a^b f$.

(c) Aus (a) und (b) folgt: $V_a^b f - f(b)$ ist als Funktion von b isoton. Das Gleiche gilt für $\overline{V}_a^b f - f(b)$ sowie für $f(b) + \underline{V}_a^b f$.

(d) Ist f von beschränkter Variation, so gibt es isotone Funktionen g,h mit $f = g - h$. Ist f außerdem von gleichmäßig beschränkter oberer (bzw. unterer) Variation, so kann g bzw. h beschränkt gewählt werden. (Dies folgt aus $f(b) = \overline{V}_a^b f - (\overline{V}_a^b f - f(b))$ bzw. $f(b) = (f(b) + \underline{V}_a^b f) - \underline{V}_a^b f$ und (c)). Umgekehrt hat natürlich jede Differenz $g - h$ von isotonen Funktionen g,h beschränkte Variation, und sie hat gleichmäßig beschränkte obere (bzw. untere) Variation, wenn g (bzw. h) beschränkt ist. Ist f oben linksseitig stetig, so können g und h linksseitig stetig gewählt werden, denn:

(e) Ist f von beschränkter Variation und linksseitig stetig, so sind auch $\overline{V}_a^b f$, $\underline{V}_a^b f$, $V_a^b f$ als Funktionen von b (und wegen (a) dann auch als Funktionen von a) linksseitig stetig.

Beweis. Wegen $\overline{V}_a^b f$, $\underline{V}_a^b f \leq V_a^b f$ und (a) genügt es $V_a^b f$ zu betrachten, und wir können

$a < b$ voraussetzen. Zu $\varepsilon > 0$ sei $\delta > 0$ so gewählt, daß $|f(x) - f(b)| < \frac{\varepsilon}{2}$ für $x \in (b - \delta, b)$ gilt.

Sei $a = a_0 < a_1 < \ldots a_n = b$ mit $s \overset{\text{def}}{=} \sum_1^n |f(a_i) - f(a_{i-1})| > V_a^b f - \frac{\varepsilon}{2}$. Für $b' > \max\{a_{n-1}, b - \delta\}$

gilt offenbar $\sum_1^{n-1} |f(a_i) - f(a_{i-1})| + |f(b') - f(a_{n-1})| > s - \frac{\varepsilon}{2} > V_a^b f - \varepsilon$, also $V_a^{b'} f > V_a^b - \varepsilon$,

womit die linksseitige Stetigkeit in b gezeigt ist. ∎

(f) Wir können nun eine Erweiterung des Satzes 12.3 folgern: Für ein signiertes Borel-Maß μ, d.h. ein signiertes Maß auf $\mathfrak{B}$, welches jedem Intervall (oder äquivalent: jeder kompakten Menge) einen endlichen Wert zuweist, sei G_μ wie vor 12.3 definiert. Es gilt:

(12.21) Satz. Die Abbildung $\mu \longmapsto G_\mu$ ist bijektiv von der Menge der signierten Borel-Maße auf $\mathbb{R}$ auf die Menge der linksseitig stetigen in Null verschwindenden Funktionen von beschränkter Variation, deren obere oder untere Variation gleichmäßig beschränkt ist.

Beweis. Der nichttriviale Teil des Satzes, die Surjektivität, folgt aus (d) und 12.3. ∎

(g) Man zeige: (i) $\overline{V}_a^b f + \underline{V}_a^b f = V_a^b f$.

(ii) Falls f auf [a,b] von beschränkter Variation ist, gilt
$$\overline{V}_a^b f - \underline{V}_a^b f = f(b) - f(a).$$

(h) Sei f eine linksseitig stetige, in Null verschwindende Funktion von beschränkter Variation und gleichmäßig beschränkter oberer oder unterer Variation, sei $g(b) = \overline{V}_0^b f$, $h(b) = \underline{V}_0^b f$ für $b \in \mathbb{R}$. Seien μ, ρ, τ die gemäß dem obigen Satz den Funktionen f,g,h entsprechenden Borel-Maße (μ ist signiert). Nach (g) (ii) gilt $f = g - h$, also $\mu = \rho - \tau$.

(12.22) Satz. (ρ, τ) ist die Jordan-Zerlegung von μ, d.h. $\rho = \mu^+$, $\tau = \mu^-$. Anders gesagt: Der oberen, unteren bzw. totalen Variation von f entspricht die obere, untere bzw. (wegen (g) (i)) totale Variation von μ.

Beweis. Nach 7.12 gilt $\rho \geq \mu^+$, $\tau \geq \mu^-$. Seien $a, b \in \mathbb{R}$ mit $a < b$ und seien $(a_1, b_1), \ldots, (a_n, b_n)$ paarweise disjunkte Teilintervalle von [a,b]. Es gilt $\sum_1^n (f(b_i) - f(a_i))$ $= \sum_1^n \mu[a_i, b_i) = \mu(\bigcup_1^n [a_i, b_i)) \leq \mu^+(\bigcup_1^n [a_i, b_i)) \leq \mu^+[a,b)$. Durch Supremumsbildung ergibt sich $\rho[a,b) = \overline{V}_a^b f \leq \mu^+[a,b)$, also $\rho = \mu^+$ und somit $\tau = \mu^-$ auf allen halboffenen Intervallen [a,b). Nach 3.45 folgt die Gleichheit auf allen Borelschen Mengen. ∎

(12.23) Seien $\alpha, \beta > 0$. Man zeige, daß $x^{\alpha} \sin \dfrac{1}{x^{\beta}}$ genau dann von beschränkter Variation ist, wenn $\alpha > \beta$ gilt.

(12.24) Man zeige:

(a) Jede stetig differenzierbare Funktion ist von beschränkter Variation.

(b) Jede absolut stetige Funktion ist von beschränkter Variation.

13   Borelsche Maße

In 13a und 13b betrachten wir Borelsche Maße zunächst auf $\mathbb{R}$, benutzen aber Methoden, die in lokal kompakten σ-kompakten metrisierbaren Räumen (= lokal kompakten Räumen mit abzählbarer Basis der Topologie), zum Teil sogar in allgemeinen lokal kompakten oder topologischen Hausdorff-Räumen anwendbar sind. Im Hinblick auf 13c und da wir in Bemerkungen und Übungen zum Teil Bezug auf den allgemeinen Fall nehmen, stellen wir einige allgemeine Definitionen voran. Im übrigen sei für topologische Begriffe und Tatsachen auf den Anhang und [Ke] oder jedes gute Topologiebuch verwiesen. Ist X ein topologischer Raum, so heißt die von den offenen Mengen auf X erzeugte σ-Algebra die σ-Algebra der **Borel-Mengen** auf X und wird mit $\mathbb{B}(X)$ oder kurz $\mathbb{B}$ bezeichnet. Der **Träger** einer Funktion f: $X \to \mathbb{R}$ ist der Abschluß der Menge $\{f \neq 0\}$. Die Menge der stetigen f: $X \to \mathbb{R}$ mit kompaktem Träger bezeichnen wir mit $\mathcal{K}(X)$. Die von den Mengen der Form $\{f > c\}$, wo $f \in \mathcal{K}(X)^+$, $c > 0$, erzeugte σ-Algebra auf X heißt die σ-Algebra der **Baire-Mengen**[*] auf X und wird mit $\mathbb{B}_0(X)$ oder kurz $\mathbb{B}_0$ bezeichnet. Da $\mathbb{B}_0$ auch von den Mengen $\{f > c\}$, wo $f \in \mathcal{K}(X)$, $c \in \mathbb{R}$, erzeugt wird, ist $\mathbb{B}_0$ die kleinste σ-Algebra $\mathfrak{A}$, für welche alle $f \in \mathcal{K}(X)$ $\mathfrak{A}$-meßbar sind. Offenbar gilt $\mathbb{B}_0 \subset \mathbb{B}$. Ein **Borel-Maß** bzw. **Baire-Maß** auf X ist ein Maß auf $\mathbb{B}$ bzw. $\mathbb{B}_0$, welches jeder kompakten bzw. kompakten Baireschen Menge einen endlichen Wert zuordnet.

13a   Borel-Maße und Funktionale auf Räumen stetiger Funktionen

Satz von Riesz in verschiedenen Fassungen (zunächst auf $\mathbb{R}$), Regularität, Satz von Lusin. Situation bei allgemeineren Voraussetzungen (Grundraum X lokal kompakt oder topologisch Hausdorffsch). Ergänzend: Mehr zur Regularität, Satz von Riesz für einen beliebigen topologischen Raum.

(13.1) Satz von Riesz: Ist μ ein Borel-Maß auf $\mathbb{R}$, so wird durch

$$\varphi_\mu(f) = \int f d\mu, \quad f \in \mathcal{K}(\mathbb{R})$$

ein positives lineares Funktional φ_μ auf $\mathcal{K}(\mathbb{R})$ definiert. Die Zuordnung $\mu \mapsto \varphi_\mu$ ist bijektiv, positiv homogen und additiv von der Menge der Borel-Maße auf die Menge der positiven linearen Funktionale auf $\mathcal{K}(\mathbb{R})$.

---

[*] Viele Autoren definieren als Baire-Mengen was wir in 13.31 schwache Baire-Mengen nennen.

Beweis.

(i) Sei μ ein Borel-Maß auf $\mathbb{R}$ und sei $f \in \mathcal{K}(\mathbb{R})$. Als stetige Funktion ist f Borelsch (vgl. 6.30). Ist $K \subset \mathbb{R}$ kompakt mit $f = 0$ außerhalb K, so gilt $\int |f| d\mu \leq \|f\|_{sup} \cdot \mu(K) < \infty$, also $f \in \mathcal{L}^1(\mu)$, und $\varphi_\mu(f) = \int f d\mu$ ist wohldefiniert. Offenbar ist φ_μ ein positives lineares Funktional auf $\mathcal{K}(\mathbb{R})$. Nach 6.6 ist die Abbildung $\mu \mapsto \varphi_\mu$ positiv homogen und additiv.

(ii) Surjektivität von $\mu \mapsto \varphi_\mu$: Sei φ ein positives lineares Funktional auf $\mathcal{K}(\mathbb{R})$. Nach 1.12(b) ist φ automatisch σ-stetig, also ein Daniell-Integral. Da $\mathcal{K}(\mathbb{R})$ ein Stonescher Verband ist, gilt für das durch φ definierte Maß μ nach dem Satz von Stone 4.11 $\mathcal{K}(\mathbb{R}) \subset \mathcal{L}^1[\mu]$ und $\varphi(f) = \int f d\mu$ für $f \in \mathcal{K}(\mathbb{R})$. Die σ-Algebra $\mathfrak{M}$, auf der μ definiert ist, enthält (siehe 4.9) alle Mengen der Form $\{f > c\}$ wo $f \in \mathcal{K}(\mathbb{R})^+$, $c > 0$, und damit auch die von diesen Mengen erzeugte σ-Algebra $\mathfrak{B}_0$ der Baireschen (= Borelschen, nach 3.24) Teilmengen von $\mathbb{R}$. Auf jeder kompakten Menge K ist μ endlich, denn ist $h \in \mathcal{K}(\mathbb{R})$ mit $h \geq \chi_K$, so gilt $\mu(K) \leq \int h d\mu = \varphi(h) < \infty$. Also ist $\nu \overset{def}{=} \mu_{|\mathfrak{B}}$ ein Borel-Maß, und gemäß 6.26 gilt $\int f d\nu = \int f d\mu = \varphi(f)$.

(iii) Injektivität von $\mu \mapsto \varphi_\mu$: Gilt $\varphi_\nu = \varphi_\mu$, so stimmen ν und μ auf abgeschlossenen Intervallen, deren charakteristische Funktion ja in $\mathcal{K}(\mathbb{R})^\downarrow$ liegt, überein: sind $f_n \in \mathcal{K}(\mathbb{R})$ mit $f_n \downarrow \chi_A$, so folgt aus $\int f_n d\mu = \int f_n d\nu$ nach dem Satz von der monotonen Konvergenz $\int \chi_A d\mu = \int \chi_A d\nu$, also $\mu(A) = \nu(A)$. Da die abgeschlossenen Intervalle $\mathfrak{B}$ erzeugen, folgt $\mu = \nu$ nach 3.45. ∎

(13.2) Definition. Sei X ein topologischer Raum und $\mathfrak{A}$ eine σ-Algebra auf X. Ein Maß μ auf $\mathfrak{A}$ heißt **regulär von außen** bzw. **regulär von innen** auf $\mathfrak{A}$, wenn

$$(13.3) \qquad \mu(A) = \inf \{\mu(U) \mid U \in \mathfrak{A},\ U \text{ offen},\ U \supset A\} \qquad \forall A \in \mathfrak{A}$$

bzw.

$$(13.4) \qquad \mu(A) = \sup \{\mu(K) \mid K \in \mathfrak{A},\ K \text{ kompakt},\ K \subset A\} \qquad \forall A \in \mathfrak{A}$$

gilt. Ist μ auf $\mathfrak{A}$ regulär von außen und regulär von innen, so heißt μ **regulär**. Ist μ regulär von außen und erfüllt 13.4 wenigstens für jedes offene $A \in \mathfrak{A}$, so heißt μ **fast regulär**. Ein signiertes Maß μ auf $\mathfrak{A}$ heißt regulär von außen bzw. innen, regulär oder fast regulär, wenn μ^+ und μ^- die betreffende Eigenschaft haben.

(13.5) Bemerkung. In 13.2 wird *nicht* vorausgesetzt, daß $\mathfrak{A}$ alle Borel-Mengen von X enthält. Äußere bzw. innere Regularität von μ auf $\mathfrak{A}$ bedeutet, daß μ durch seine Werte auf den offenen bzw. kompakten Mengen aus $\mathfrak{A}$ eindeutig festgelegt ist.

(13.6) Satz. Jedes Borelsche Maß auf $\mathbb{R}$ ist regulär.

Beweis: Ist ν ein Borel-Maß auf $\mathbb{R}$ und I das durch $If = \int f d\nu$ definierte lineare positive Funktional auf $\mathcal{K}(\mathbb{R})$ und sind μ und μ' wie in 4.15 bzw. 4.17 (wobei $\mathcal{E} = \mathcal{K}(\mathbb{R})$, $\mathcal{E}$-offene bzw. $\mathcal{E}$-kompakte Mengen also offen bzw. kompakt sind), so gilt wegen 13.1 $\nu = \mu = \mu'$, woraus wir wegen 4.15 (2') bzw. 4.17 (2') die Regularität von ν erhalten. $\blacksquare$

Die Bedeutung der Regularität liegt darin, daß ein Zusammenhang zwischen Maß und Topologie hergestellt wird. Dies wird im Satz von Lusin (weiter unten) noch deutlicher werden, der $\mathfrak{M}_\mu$-Meßbarkeit mit Hilfe von Stetigkeit charakterisiert. Wir benutzen die Regularität auch für den zweiten Satz von Riesz. Für diesen Satz benötigen wir einige Vorbemerkungen. Sei X ein topologischer Raum. Eine Funktion $f: X \to \mathbb{R}$ **verschwindet im Unendlichen**, wenn es zu jedem $\varepsilon > 0$ eine kompakte Menge $K \subset X$ mit $|f| < \varepsilon$ außerhalb K gibt. Für stetiges f ist diese Bedingung äquivalent zu

(i) $\{f \geq \varepsilon\}$ ist kompakt für jedes $\varepsilon > 0$

und, falls X lokal kompakt ist, auch äquivalent zu

(ii) f läßt sich in der Supremumsnorm $\| \ \|_{\text{sup}}$ durch stetige Funktionen mit kompaktem Träger approximieren (d.h. es gibt $f_n \in \mathcal{K}(X)$ mit $\|f - f_n\|_{\text{sup}} \to 0$).

Der Beweis sei dem Leser überlassen. Die Menge der im Unendlichen verschwindenden stetigen Funktionen auf X bezeichnen wir mit $C_0(X)$. Mit punktweisen Operationen und der Norm $\| \ \|_{\text{sup}}$ ist $C_0(X)$ ein Banach-Raum, der $\mathcal{K}(X)$ als Teilraum enthält. Für lokal kompaktes X, z. B. $X = \mathbb{R}$, ist $\mathcal{K}(X)$ gemäß (ii) dicht in $C_0(X)$. Den Raum der stetigen beschränkten reellen Funktionen auf X bezeichnen wir mit $C_b(X)$.

(13.7) Satz von Riesz (2. Fassung). Sei $M = M(\mathbb{R},\mathfrak{B})$ der Raum der beschränkten signierten Borel-Maße auf $\mathbb{R}$. Für $\mu \in M$ wird durch $\varphi_\mu(f) = \int f d\mu \ \forall f \in C_0(\mathbb{R})$ ein stetiges lineares Funktional φ_μ auf $C_0(\mathbb{R})$ definiert, und die Abbildung $\mu \mapsto \varphi_\mu$ ist ein isometrischer Isomorphismus von $M(\mathbb{R},\mathfrak{B})$ auf den Dualraum $C_0(\mathbb{R})'$.

Beweis.

(i) Sei $\mu \in M$ und $f \in C_0(\mathbb{R})$. Als stetige Funktion ist f Borel-meßbar und es gilt $\int |f|\, d\,|\mu| \leq \|f\|_{sup} \|\mu\| < \infty$, also $f \in L^1(\mu)$ und $|\varphi_\mu(f)| = |\int f d\mu| \leq \|f\|_{sup} \|\mu\|$, d.h. $\varphi_\mu \in C_0(\mathbb{R})'$ und $\|\varphi_\mu\| \leq \|\mu\|$. Nach 7.31 ist die Abbildung $\mu \mapsto \varphi_\mu$ linear.

(ii) Zur Surjektivität: Sei $\varphi \in C_0(\mathbb{R})'$. Wie im Fall der L^p-Räume können wir φ als Differenz zweier positiver Funktionale $\varphi^+, \varphi^- \in C_0(\mathbb{R})'$ schreiben. Es genügt also, den Beweis für positives φ zu führen. Dann ist aber φ ein Daniell-Integral auf $C_0(\mathbb{R})$. [Gilt $f_n \downarrow 0$ und ist $\varepsilon > 0$, so sei K das Kompaktum $\{f_1 \geq \varepsilon\}$. Wegen $f_n \downarrow 0$ gibt es zu $x \in K$ ein $n_x \in \mathbb{N}$ und eine Umgebung U_x von x mit $f_n(y) < \varepsilon \ \forall \ y \in U_x, n > n_x$. Das Kompaktum K wird von endlich vielen $U_{x_1}, \dots, U_{x_k}$ überdeckt. Ist $n_0 = \max\{n_{x_1}, \dots, n_{x_k}\}$, so gilt also $f_n < \varepsilon$ für $n > n_0$ (außerhalb K folgt dies aus $f_n \leq f_1$) d.h. $\|f_n\|_{sup} \to 0$. Es folgt $\varphi(f_n) \leq \|\varphi\| \|f_n\|_{sup} \to 0$, d.h. φ ist ein Daniell-Integral.] Nach 13.1(ii) mit $C_0(\mathbb{R})$ statt $\mathcal{K}(\mathbb{R})$, gibt es ein Borel-Maß μ mit $\varphi(f) = \int f d\mu \ \forall \ f \in C_0(\mathbb{R})$. Das Maß μ ist endlich, denn sind $f_n \in C_0(\mathbb{R})^+$ mit $f_n \uparrow 1$, so gilt wegen der monotonen Konvergenz $$\mu(\mathbb{R}) = \int 1\, d\mu = \lim \int f_n\, d\mu = \lim \varphi(f_n) \leq \|\varphi\| \cdot 1 < \infty.$$

(iii) Da $M(\mathbb{R}, \mathcal{B})$ und $C_0(\mathbb{R})'$ normierte Räume sind, folgt die Injektivität von $\mu \mapsto \varphi_\mu$ aus der Isometrie, die wir nun beweisen. Da wir $\|\varphi_\mu\| \leq \|\mu\|$ schon wissen, ist nur noch $\|\varphi_\mu\| \geq \|\mu\|$ zu zeigen. Wir benutzen hierfür die innere Regularität von μ, die nach 13.6 gilt.

Sei (X^+, X^-) eine Hahn-Zerlegung für μ und seien $D \subset X^+, E \subset X^-$ kompakte Mengen mit $\mu^+(X^+ \setminus D) < \varepsilon, \mu^-(X^- \setminus E) < \varepsilon$. Es gibt ein $f \in C_0(\mathbb{R})$ mit $|f| \leq 1, f_{|D} = 1, f_{|E} = -1$. Nun gilt $\int f d\mu = \int_D f d\mu^+ + \int_{X^+\setminus D} f d\mu^+ - \int_E f d\mu^- - \int_{X^-\setminus E} f d\mu^- \geq \mu^+(D) - \mu^+(X^+\setminus D) + \mu^-(E)$ $- \mu^-(X^-\setminus E) = \mu^+(X^+) - 2\mu^+(X^+\setminus D) + \mu^-(X^-) - 2\mu^-(X^-\setminus E) \geq \|\mu\| - 4\varepsilon$. Da $\|f\|_{sup} \leq 1$, beweist dies $\|\varphi_\mu\| \geq \|\mu\|$. $\blacksquare$

(13.8) Bemerkung. Das in (ii) des obigen Beweises benutzte Argument in eckigen Klammern beweist auch den

Satz von Dini. Ist X ein topologischer Raum und sind $f_n : X \to \mathbb{R}$ stetige Funktionen mit $f_n \downarrow 0$, so ist die Konvergenz auf jeder kompakten Menge $K \subset X$ gleichmäßig.

Der Satz gilt mit analogem Beweis auch für Netze oder gerichtete Systeme.

(13.9) Bemerkung. Satz 13.7 kann als Mittel zur Konstruktion von Maßen benutzt werden. Da nach dem Satz von Alaoglu A18 die Einheitskugel des Dualraumes $C_0(\mathbb{R})'$ schwach[*]-kompakt ist, hat jede normbeschränkte Folge von Maßen einen schwach[*]-Häufungswert. Wählt man die Folge geeignet, so hat ein Häufungswert bestimmte erwünschte Eigenschaften. (Die **schwach[*]-Topologie** auf $M(\mathbb{R},\mathfrak{B})$ ist die von $C_0(\mathbb{R})$ induzierte. Ein $\mu \in M$ hat also eine Umgebungsbasis von Mengen der Form $U_{f_1,\,\ldots,\,f_n,\varepsilon} =$

$$= \{ v\in M \mid \mid \int f_i \, dv - \int f_i \, d\mu \mid < \varepsilon \ , i = 1, \ldots, n \}, \text{ wo } f_1, \ldots, f_n \in C_0(\mathbb{R}), \varepsilon > 0 \ ) \, .$$

(13.10) Satz von Riesz (3. Fassung). Für $\mu \in M = M(\mathbb{R},\mathfrak{B})$ wird durch

$$\varphi_\mu(f) = \int f d\mu \quad \forall \, f\in C_b(\mathbb{R}) \text{ ein stetiges lineares Funktional } \varphi_\mu \text{ auf } C_b(\mathbb{R}) \text{ definiert. Die}$$

Abbildung $\mu \mapsto \varphi_\mu$ ist ein isometrischer Isomorphismus von M auf einen abgeschlossenen Teilraum U von $C_b(\mathbb{R})'$. Dabei wird M^+ bijektiv auf die Menge D der Daniell-Integrale auf $C_b(\mathbb{R})$ abgebildet. Deshalb gilt $U = \{ \varphi - \psi \mid \varphi,\psi \in D \}$.

Beweis. Der erste Teil des Beweises verläuft wie bei 13.7. (i), (iii) mit $C_b(\mathbb{R})$ anstelle von $C_0(\mathbb{R})$. Da M vollständig und $\mu \mapsto \varphi_\mu$ isometrisch ist, ist das Bild U abgeschlossen in $C_b(\mathbb{R})'$. Für $\mu \in M^+$ und $f_n \in C_b(\mathbb{R})$ mit $f_n \downarrow 0$ gilt $\varphi_\mu(f_n) = \int f_n \, d\mu \downarrow 0$ nach dem Satz von der monotonen Konvergenz, d.h. φ_μ ist ein Daniell-Integral. Ist umgekehrt φ ein Daniell-Integral auf $C_b(\mathbb{R})$, so zeigt 13.1(ii) mit $C_b(\mathbb{R})$ anstelle von $\mathcal{K}(\mathbb{R})$, daß es ein $\mu \in M^+$ mit $\varphi = \varphi_\mu$ gibt. $\blacksquare$

(13.11) Satz. Jedes Borel-Maß μ auf $\mathbb{R}$ ist zerlegbar. Insbesondere gilt $L^1(\mu)' = L^\infty(\mu)$.

Beweis. Es gilt $\mathbb{R} = \bigcup_1^\infty [- n,n]$ und $\mu([- n,n]) < \infty$, also ist μ σ-endlich und damit nach 9.17 zerlegbar. $\blacksquare$

(13.12) Satz von Lusin: Sei μ das gemäß 4,4 durch ein Daniell-Integral I definierte Maß. Die σ-Algebra $\mathfrak{M}$ der I-meßbaren Teilmengen von $\mathbb{R}$ enthalte die Borelschen Mengen $\mathfrak{B}$. Das Maß μ sei auf den Mengen endlichen Maßes regulär von innen, d.h. für $A\in \mathfrak{M}$ mit $\mu(A) < \infty$ gelte $\mu(A) = \sup\{\mu(E) \mid E \subset A, E \text{ kompakt}\}$. Dann ist für eine reelle Funktion auf $\mathbb{R}$ folgendes äquivalent:

    (i) f ist $\mathfrak{M}$-meßbar.

    (ii) Zu $\varepsilon > 0$ und $A\in \mathfrak{M}$ mit $\mu(A) < \infty$ gibt es ein kompaktes $K \subset A$ mit $\mu(A\backslash K) < \varepsilon$ und so, daß f auf K stetig ist.

(iii) Zu jedem $A \in \mathfrak{M}$ mit $\mu(A) < \infty$ gibt es eine Zerlegung von A in eine Nullmenge N und Kompakta K_i, $i \in \mathbb{N}$, so daß f auf jedem K_i stetig ist.

Beweis. (i) $\Rightarrow$ (ii):

(a) Sei f $\mathfrak{M}$-meßbar. Dann gibt es $\mathfrak{M}$-Treppenfunktionen f_k mit $f_k \to f$. Sei $\varepsilon > 0$ und sei $A \in \mathfrak{M}$ mit $\mu(A) < \infty$. Nach dem Satz von Egoroff gibt es $B \subset A$ mit $\mu(A \backslash B) < \varepsilon$, so daß $f_k \to f$ gleichmäßig auf B.

(b) Sei $f_1 \chi_B = \sum_1^n \alpha_i \chi_{B_i}$ mit paarweise disjunkten $B_i \in \mathfrak{M}$, $\bigcup_1^n B_i = B$. Wegen $\mu(B_i) < \infty$ gibt es Kompakta $E_i \subset B_i$ mit $\mu(\bigcup_1^n B_i \backslash \bigcup_1^n E_i) < \frac{\varepsilon}{2}$. Da f_1 auf E_i konstant, also stetig ist und die Kompakta E_i disjunkt sind, ist f_1 stetig auf $K_1 = \bigcup_1^n E_i$. Mit gleicher Argumentation erhalten wir zu jedem f_n ein Kompaktum $K_n \subset B$ mit $\mu(B \backslash K_n) < \frac{\varepsilon}{2^n}$ und so, daß f_n stetig auf K_n ist. Auf dem Kompaktum $K = \bigcap_1^\infty K_i$ sind alle Funktionen f_k stetig. Wegen der gleichmäßigen Konvergenz auf $B \supset K$ ist also auch f stetig auf K. Offenbar gilt $\mu(B \backslash K) < \varepsilon$ also $\mu(A \backslash K) < 2\varepsilon$.

(ii) $\Rightarrow$ (iii):

Sei $\varepsilon = 1$. Gemäß (ii) gibt es ein Kompaktum $K_1 \subset A$ mit $\mu(A \backslash K_1) < 1$ und so, daß f stetig auf K_1 ist. Entsprechend gibt es ein Kompaktum $K_2 \subset A \backslash K_1$ mit $\mu((A \backslash K_1) \backslash K_2) = \mu(A \backslash (K_1 \cup K_2)) < 1/2$ und so, daß f auf K_2 stetig ist. Per Induktion erhalten wir eine Folge von Kompakta K_n mit $K_n \subset A \backslash (\bigcup_1^{n-1} K_i)$, $\mu(A \backslash \bigcup_1^n K_i) < \frac{1}{n}$ und so, daß f auf K_n stetig ist. Insbesondere ist $N = A \backslash \bigcup_1^\infty K_i$ eine Nullmenge. Die Zerlegung von A in N und die K_i erfüllt (iii).

(iii) $\Rightarrow$ (i):

Sei (iii) für f erfüllt und sei $\alpha \in \mathbb{R}$. Es ist $\{f > \alpha\} \in \mathfrak{M}$ zu zeigen. Da μ von einem Daniell-Integral herrührt, genügt es nach Definition, $\{f > \alpha\} \cap A \in \mathfrak{M}$ für $A \in \mathfrak{M}$ mit $\mu(A) < \infty$ zu zeigen. Es gilt $\{f > \alpha\} \cap A = \{f_{|A} > \alpha\}$. Sind N und K_i wie in (iii), so folgt

$\{f > \alpha\} \cap A = \{f_{|N} > \alpha\} \cup (\bigcup_i \{f_{|K_i} > \alpha\})$, was als abzählbare Vereinigung einer Nullmenge mit Borelschen Mengen (f ist stetig auf K_i, also $\{f_{|K_i} > \alpha\}$ offen in K_i und somit Borelsch in $\mathbb{R}$) in $\mathfrak{M}$ liegt. $\blacksquare$

(13.13) Bemerkung. (a) Der Satz von Lusin und sein Beweis gelten auch für das durch ein Daniell-Integral I definierte wesentliche Maß.

(b) Die Voraussetzungen des Satzes von Lusin sind für jedes Borel-Maß μ auf $\mathbb{R}$ (das wir uns zu diesem Zweck auf $\mathfrak{M}_\mu$ fortgesetzt denken) erfüllt. Wir haben somit in diesen Fällen ein Kriterium für die Meßbarkeit von Funktionen zur Hand.

(c) Der Satz von Lusin besagt insbesondere, daß jede Borelsche Funktion die genannte Stetigkeitseigenschaft hat. Umgekehrt folgt aber aus dieser Eigenschaft nicht die Borel-Meßbarkeit. (Man nehme z.B. $f = \chi_A$ wo A eine nicht Borelsche Teilmenge einer μ-Nullmenge ist.)

(13.14) Bemerkung. Die Behauptungen und Beweise dieses Abschnitts 13a bleiben richtig, wenn wir $\mathbb{R}$ durch einen lokal kompakten σ-kompakten metrisierbaren Raum X ersetzen, denn auch in diesem Fall stimmen Borel- und Bairemengen $\mathfrak{B}$ und $\mathfrak{B}_0$ überein und sind Borel (= Baire)-Maße stets regulär. Ist X beliebig lokal kompakt, so hat man sich bei den 13.1 und 13.7 entsprechenden Sätzen von Riesz einzuschränken auf von innen reguläre Baire-Maße (Beweis wie bei 13.1 und 13.7 mit dem durch φ definierten *wesentlichen* Maß und Mengen $\{f \geq 1\}$ anstelle von abgeschlossenen Intervallen sowie innerer Regularität anstelle von 3.45) oder auf von innen reguläre bzw. fast reguläre Borel-Maße (Beweis siehe 14.28, 14.31). Beim Analogon von 13.7 sind diese Maße dann wegen 13.19(c) schon regulär. Satz 13.6 geht verloren, 13.11 bleibt für von innen reguläre bzw. fast reguläre Borel-Maße richtig (siehe 14.30), geht für Baire-Maße aber verloren (siehe [Kl]). Der Satz von Lusin bleibt richtig, auch mit $\mathfrak{B}_0$ statt $\mathfrak{B}$, bei gleichem Beweis. Natürlich müssen im Baireschen Fall K und K_i dort Bairesch sein. Für μ in 13.13(b) ist innere Regularität auf den Mengen endlichen Maßes, also z. B. innere Regularität oder Fastregularität von μ vorauszusetzen (vgl. 13.19(b)). Im Fall eines topologischen Hausdorff-Raumes bleiben der Satz von Riesz in der 3. Fassung (siehe 13.32) und der Satz von Lusin bestehen, bei gleichem Beweis. In 13.13(b) ist für μ innere Regularität auf den Mengen endlichen Maßes vorauszusetzen.

Übungen, Beispiele, Ergänzungen

(13.15) Man gebe ein Beispiel eines σ-endlichen Maßes auf den Borel-Mengen von $\mathbb{R}$, das nicht regulär ist. Das widerspricht nicht 13.6.

(13.16) Wir benutzen 13.7, um ein stetiges aber nicht absolut stetiges Borel-Maß auf $\mathbb{R}$ zu erhalten. Seien C_n, $n \in \mathbb{N}$, die bei der Konstruktion der klassischen Cantor-Menge auftretenden abgeschlossenen Mengen, also $C_1 = [0, \frac{1}{3}] \cup [\frac{2}{3}, 1]$, $C_{n+1} = C_n$ minus die offenen mittleren Drittel der 2^n Intervalle, aus denen C_n besteht. Sei $f_n = \alpha_n \chi_{C_n}$, wobei $\alpha_n = \left(\frac{3}{2}\right)^n$, also $\int_0^1 f_n(x)dx = 1$. Sei λ das Lebesgue-Maß auf den Borel-Mengen und sei μ ein Häufungswert der Folge $\{f_n\lambda\}$ in (der Einheitskugel von) $M(\mathbb{R})$ mit der schwach[*]-Topologie. Man zeige: μ ist stetig, d. h. es verschwindet auf einpunktigen Mengen; μ ist aber nicht absolut stetig bezüglich λ, denn es wird von der λ-Nullmenge $C = \bigcap C_n$ getragen.

(Hinweis: Um $\mu(\{a\}) = 0$ zu zeigen, genügt es, zu $\varepsilon > 0$ eine Funktion $g \in \mathcal{K}(\mathbb{R})^+$ zu finden, für die $g \geq \chi_{\{a\}}$ und $\int gf_n d\lambda < \varepsilon \ \forall n > n_0$ gilt. Ist $a \in C$, so wählt man $n_0 \in \mathbb{N}$ mit $2^{-n_0} < \varepsilon$ und nimmt für g eine Funktion, die auf dem Intervall von C_{n_0}, das a enthält, Eins ist und auf den übrigen Intervallen von C_{n_0} verschwindet). Übrigens ist die zu μ gehörige Verteilungsfunktion die Cantor-Funktion.

(13.17) Sei X ein lokal kompakter Raum. Man zeige, daß die σ-Algebra $\mathbb{B}_0(X)$ der Baire-Mengen von den kompakten G_δ-Mengen erzeugt wird.

(13.18) Sei X ein topologischer Raum und sei $A \in \mathbb{B}_0(X)$. Man zeige, daß X oder X\A sich mit abzählbar vielen kompakten Teilmengen von X überdecken läßt.
(Hinweis: 3.26(b)).

(13.19) (a) (i) Sei $\mathfrak{A}$ eine σ-Algebra auf einem topologischen Hausdorff-Raum X und sei μ ein von innen reguläres endliches Maß auf $\mathfrak{A}$. Man zeige, daß μ auch von außen regulär ist.

(ii) Ist X lokal kompakt und μ ein von innen reguläres (evtl. unendliches) Baire- oder Borel-Maß auf X, so ist μ auf den relativ kompakten Mengen regulär von außen, d.h. 13.3 gilt für relativ kompakte Baire- oder Borel-Mengen A. (Hinweis: $\overline{A}$ mit offenen, relativ kompakten $A_1, \ldots, A_n$ überdecken, $(\bigcup_1^n A_i) \setminus A$ durch K von innen approximieren, $\bigcup_1^n A_i \setminus K$ betrachten).

(b) Man zeige: Ist X ein topologischer Raum, $\mathfrak{A}$ eine σ-Algebra auf X und μ ein fast reguläres Maß auf $\mathfrak{A}$, so gilt 13.4 für jedes $A \in \mathfrak{A}$ mit $\mu(A) < \infty$, d.h. μ ist auf den Mengen endlichen Maßes regulär von innen. (Hinweis: A von außen durch offenes U approximieren, U von innen durch kompaktes K approximieren, U\A von außen durch offenes W approximieren, K \ W betrachten).

(c) Aus (a)(i) und (b) folgt insbesondere, daß auf einem Hausdorff-Raum jedes endliche Maß, welches von innen regulär oder fast regulär ist, schon regulär ist.

(13.20) (a) Man gebe ein Beispiel für ein Borel-Maß auf einem lokal kompakten Raum, das regulär von innen aber nicht regulär von außen ist.
(Hinweis: Man nehme für X die topologische Summe überabzählbar vieler Einheitsintervalle).

(b) Sei X ein lokal kompakter nicht σ-kompakter Raum. Für Borelsches $A \subset X$ sei $\mu(A) = 0$, wenn A mit abzählbar vielen kompakten Mengen überdeckt werden kann, $\mu(A) = \infty$ sonst. Dann ist μ ein von außen reguläres Borel-Maß, das nicht regulär von innen ist.

(c) Ist X wie in (b), so wird das Nullfunktional auf $\mathcal{K}(X)$ sowohl durch das Nullmaß wie auch durch das Maß μ oben dargestellt. Der Satz von Riesz (13.1, allgemein 14.26) gilt also nicht allgemein für Borel-Maße, die lediglich regulär von außen sind (dagegen aber für von innen reguläre).

(13.21) (a) Wir geben ein Beispiel für ein von innen reguläres Baire-Maß auf einem lokal kompakten Raum, das nicht von außen regulär ist. Sei $X = \{(k \cdot 2^{-n}, 2^{-n}) \mid k \in \mathbb{Z}, n \in \mathbb{N}\}$ $\cup \{(r,0) \mid r \in \mathbb{R}\} \subset \mathbb{R}^2$. Für Punkte $x = (r,0)$ definieren wir eine Umgebungsbasis bestehend aus allen (Durchschnitten von X mit) Dreiecken mit einer Ecke in x, Anstieg der beiden von x ausgehenden Seiten ± 1 und Anstieg der dritten Seite 0. Alle Punkte außerhalb der „x-Achse" seien offen. Hierdurch wird eine lokal kompakte Topologie auf X definiert. Das Maß $\mu = \sum_{k,n} 2^{-n} \delta_{(k2^{-n},2^{-n})}$ auf den Baire-Mengen von X ist ein Baire-Maß auf X. Die Baire-Menge $\{(r,0) \mid r \in \mathbb{R}\}$ hat Maß null, und man kann zeigen, daß jede offene Obermenge von ihr Maß ∞ hat.

(b) Sei X ein lokal kompakter nicht σ-kompakter Raum. Für jede Bairesche Teilmenge A von X gilt nach 13.18: entweder A oder X \ A läßt sich mit abzählbar vielen kompakten Mengen überdecken. Setzen wir $\mu(A) = 0$ im ersten Fall, $\mu(A) = 1$ im zweiten Fall, so ist μ ein von außen reguläres Baire-Maß, das nicht von innen regulär ist.

(c) Da in (b) sowohl μ als auch das Nullmaß per Integration das Nullfunktional auf $\mathcal{K}(\mathbb{R})$ liefern, erhalten wir das Analogon von 13.20(c) für Baire-Maße: Der Satz von Riesz 13.1 gilt nicht allgemein für von außen reguläre Baire-Maße (dagegen aber für von innen reguläre).

(13.22) Durch eine Kombination von 13.20(a) und (b) bzw. von 13.21(a) und (b) erhält man ein Borel- bzw. Baire-Maß auf einem lokal kompakten Raum, das weder von innen noch von außen regulär ist.

(13.23) Jedes Baire-Maß auf einem σ-kompakten lokal kompakten Raum ist regulär. Dies zeigt der Beweis von 13.6 und von 13.1 (mit Mengen $\{f \geq 1\}$ anstelle von abgeschlossenen Intervallen). Anders bei Borel-Maßen:

(13.24) Dieudonné hat ein Beispiel eines Borel-Maßes auf einem kompakten Raum gegeben, das weder von innen noch von außen regulär ist (siehe [D] oder [Fl], S. 350).

(13.25) Jedes endliche Borel-Maß auf einem metrisierbaren Raum ist von außen regulär (vgl. 13.31(a),(c)).

(13.26) Sei X ein **polnischer Raum**, d.h. ein vollständig metrisierbarer separabler topologischer Raum (zum Beispiel $\mathbb{R}^n$, ein separabler Banach-Raum, eine abgeschlossene oder offene Teilmenge hiervon, ein lokal kompakter Raum mit abzählbarer Basis der Topologie). Dann ist jedes endliche Borel-Maß μ auf X regulär. Dies folgt aus 13.31(a), (c) und aus der Tatsache, daß es zu $\varepsilon > 0$ ein kompaktes $K \subset X$ mit $\mu(K) > \mu(X) - \varepsilon$ gibt. Beweis dieser Tatsache: Ist $\{x_i \mid i \in \mathbb{N}\}$ dicht in X und ist $n \in \mathbb{N}$, so gibt es zu jedem $x \in X$ ein x_i mit $d(x,x_i) < \frac{1}{n}$, d.h. X wird von den abgeschlossenen Kugeln $\overline{K}_{1/n}(x_i)$, $i \in \mathbb{N}$, überdeckt. Zu $\varepsilon > 0$ gibt es also ein $k_n \in \mathbb{N}$ mit $\mu(\cup_{i=1}^{k_n} \overline{K}_{1/n}(x_i)) > \mu(X) - \frac{\varepsilon}{2^n}$. Setzen wir $H_n = \cup_{i=1}^{k_n} \overline{K}_{1/n}(x_i)$, so ist die Menge $K = \cap_n H_n$ offenbar abgeschlossen und wegen $K \subset H_n \; \forall n$ total beschränkt, also, da X vollständig ist, kompakt. Es gilt $\mu(K) > \mu(X) - \varepsilon$.

(13.27) Aus 13.26 folgt, daß jedes σ-endliche Borel-Maß auf einem polnischen Raum regulär von innen ist. Man folgere hieraus, daß jedes Borel-Maß auf einem lokal kompaktem Raum X mit abzählbarer Basis der Topologie regulär ist.

(13.28) Sei $\mathfrak{A}$ eine σ-Algebra auf dem topologischen Raum X. Man zeige:

(a) Seien μ,ν endliche Maße auf $\mathfrak{A}$ mit $\mu \geq \nu$. Ist μ regulär von innen (bzw. außen), so ist es auch ν.

(b) Sind die Maße μ_n regulär von innen bzw. außen und gilt $\sum_1^\infty \mu_n(X) < \infty$, so ist $\sum_1^\infty \mu_n$ regulär von innen bzw. außen.

(c) Der Raum der von innen (bzw. außen) regulären beschränkten Maße auf $\mathfrak{A}$ ist ein abgeschlossener linearer Teilraum von $M(X,\mathfrak{A})$. (Hinweis: (b), 7.12 und (a)).

(13.29) Wie aus 13.20(c) und 13.21(c) hervorgeht, ist die äußere Regularität eines Maßes in manchen Fällen zu schwach, um nützlich zu sein. Dagegen hat die innere Regularität bessere Eigenschaften (vgl. 13.14, 14.28 und 14.29). Fast ein Analogon zur inneren Regularität ist die Fast-Regularität. Für beschränkte Maße auf Hausdorff-Räumen stimmen die beiden Begriffe überein, sind also gleich der Regularität (vgl. 13.19), für Borel-Maße auf lokal kompakten Räumen zeigen sie zueinander analoges Verhalten (vgl. 14.28). Bei Baire-Maßen jedoch tritt ein gravierender Unterschied auf: Ist I ein Daniell-Integral auf $\mathcal{K}(X)$, so ist das durch ϕ definierte Maß $\mu(A) = I^*\chi_A$ auf $\mathfrak{B}_0$ nicht notwendig fast regulär, dagegen ist das durch I definierte wesentliche Maß $\mu'(A) = I_*\chi_A$ auf $\mathfrak{B}_0$ stets von innen regulär. Ein weiterer Vorzug von innen regulärer Baire- oder Borel-Maße ist die Tatsache, daß, anders als bei fast regulären Baire- oder Borel-Maßen, lokale Nullmengen nicht Maß ∞ haben können. Bezüglich eines von innen regulären Baire- oder Borel-Maßes ist eine Baire- bzw. Borel-Menge genau dann eine lokale Nullmenge, wenn sie eine Nullmenge ist. Die (volle) Regularität ist für beschränkte Maße angemessen (s. oben), bei unbeschränkten Maßen aber zu restriktiv. Zum Beispiel gelten 14.28 und 14.29 nicht für reguläre Maße. Von den verschiedenen Regularitätsbedingungen weist also die innere Regularität die besten Eigenschaften auf, weshalb man sie in vielen Fällen bevorzugen wird. Auf der Seite der Funktionale entspricht das einer Bevorzugung des Unterintegrals I_* oder $_\tau I_*$. Freilich: in Fällen wie 13.32 wäre innere Regularität fehl am Platz. Vgl. auch 13.34.

(13.30) Sei X lokal kompakt und μ ein Baire- oder Borel-Maß auf X. Ist μ von innen regulär oder fast regulär, so ist $\mathcal{K}(X)$ dicht in $\mathcal{L}^p(\mu)$, $1 \leq p < \infty$. (Ohne Regularitätsvoraussetzung ist die Behauptung falsch).
Hinweis: Wegen 13.19 läßt sich jede Menge endlichen Maßes von innen durch eine kompakte Menge K approximieren, welche ihrerseits von außen durch eine offene Menge approximiert werden kann, woraus wegen 13.55(a) die Existenz eines $f \in \mathcal{K}(X)$ mit $0 \leq f \leq 1$ und $\int |\chi_K - f| \, d\mu < \varepsilon$ folgt.

Weiteres zur Regularität findet sich in 13.31 (c) und 13.34 bis 13.36.

(13.31) (a) Sei X ein topologischer Raum und $C(X)$ der Raum der stetigen reellen Funktionen auf X. Die von $C(X)$ erzeugte (d.h. von den Mengen $\{f > \alpha\}$, $f \in C(X)$, $\alpha \in \mathbb{R}$ erzeugte) σ-Algebra $\mathfrak{B}_s$ nennen wir die σ-Algebra der **schwachen**

Baire-Mengen von X. Diese σ-Algebra wird auch vom Raum $C_b(X)$ der beschränkten stetigen reellen Funktionen auf X erzeugt, denn für stetiges f und $\beta > |\alpha|$ ist

$f_\beta \overset{\text{def}}{=} (f \wedge \beta) \vee (-\beta)$ beschränkt und $\{f > \alpha\} = \{f_\beta > \alpha\}$. Offenbar enthält $\mathbb{B}_s$ die

σ-Algebra $\mathbb{B}_0$ der Baire-Mengen, die von den stetigen Funktionen auf X mit kompaktem Träger erzeugt wird.

Ist X ein metrisierbarer topologischer Raum, so stimmt $\mathbb{B}_s$ mit der σ-Algebra der Borel-Mengen auf X überein. Ist nämlich d eine Metrik, welche die Topologie von X erzeugt, so hat jede abgeschlossene Menge A die Form

$$A = \{ x \in X \mid d(x,A) \overset{\text{def}}{=} \inf_{y \in A} d(x,y) \le 0 \}, \text{ und die Funktion } x \mapsto d(x,A) \text{ ist (sogar}$$

gleichmäßig) stetig. Es gilt also $A \in \mathbb{B}_s$ und somit $\mathbb{B} \subset \mathbb{B}_s$. Die umgekehrte Inklusion ist für beliebige topologische Räume richtig.

(b) **Satz.** Ist X ein topologischer Raum und μ ein endliches Maß auf $\mathbb{B}_s$, so wird durch

$$\varphi_\mu(f) = \int f d\mu , \quad f \in C_b(X)$$

ein Daniell-Integral φ_μ auf $C_b(X)$ definiert. Die Zuordnung $\mu \mapsto \varphi_\mu$ ist bijektiv, positiv homogen und additiv von der Menge der endlichen Maße auf $\mathbb{B}_s$ auf die Menge der Daniell-Integrale auf $C_b(X)$.

Beweis. wie bei 13.1, mit $C_b(X)$ anstelle von $\mathcal{K}(\mathbb{R})$ und Mengen $\{f \ge 1\}$ anstelle von abgeschlossenen Intervallen. ∎

Hieraus folgt nun, da $C_b(X)$-offene bzw. $C_b(X)$-kompakte Mengen offen bzw. abgeschlossen in X sind, mit gleicher Argumentation wie in 13.6 :

(c) **Satz.** Jedes endliche Maß auf $\mathbb{B}_s$ ist regulär von außen und erfüllt

(i) $\mu(A) = \sup\{\mu(B) \mid B \in \mathbb{B}_s, B \text{ abgeschlossen}, B \subset A\} \quad \forall A \in \mathbb{B}_s .$

Wir können deshalb den Satz (b) erweitern:

(13.32) Satz von Riesz (3. Fassung). Sei X ein topologischer Raum. Für $\mu \in M(X, \mathbb{B}_s)$ wird durch $\varphi_\mu(f) = \int f d\mu \ \forall f \in C_b(X)$ ein stetiges lineares Funktional φ_μ auf $C_b(X)$ definiert. Die Abbildung $\mu \mapsto \varphi_\mu$ ist ein isometrischer Isomorphismus von

M(X,$\mathbb{B}_s$) auf einen abgeschlossenen Teilraum U von $C_b(X)'$. Dabei wird M$^+$(X,$\mathbb{B}_s$) bijektiv auf die Menge D der Daniell-Integrale auf $C_b(X)$ abgebildet. Deshalb gilt

$$U = \{\varphi - \psi \mid \varphi,\psi \in D\}.$$

Beweis. wie bei 13.10 unter Benutzung von 13.31 (b),(c). ∎

Nachbemerkung. Ist X metrisierbar, so gilt $\mathbb{B}_s = \mathbb{B}$ (siehe 13.31 (a)), d.h. obiger Satz handelt dann von Borel-Maßen.

(13.33) Sei X ein topologischer Raum, $C(X)$ der Raum der stetigen reellen Funktionen auf X.

(a) Man zeige: Jedes positive lineare Funktional I auf $C(X)$ ist ein Daniell-Integral auf $C(X)$. Hinweis:

   (i) Für $f_n \downarrow 0$ und jedes $\alpha > 0$ ist $g_\alpha = \sum_1^\infty (f_n - \alpha) \vee 0$ stetig auf jeder offenen Menge $\{f_m < \alpha\}$, also auch auf $X = \bigcup_{m=1}^\infty \{f_m < \alpha\}$.

   (ii) Für jedes $\alpha > 0$ gilt $\sum_1^k I((f_n - \alpha) \vee 0) \le Ig_\alpha \; \forall k$, also $I((f_n - \alpha) \vee 0) \to 0$.

   (iii) Es folgt $If_n \to 0$.

(b) Man zeige, daß die Menge der positiven linearen Funktionale auf $C(X)$ mit einer Teilmenge der Daniell-Integrale auf $C_b(X)$ identifiziert werden kann, weil die Einschränkung $I \mapsto I|_{C_b(X)}$ injektiv ist.

(c) **Satz von Riesz (4. Fassung).** Sei B die Menge der endlichen Maße μ auf $\mathbb{B}_s$, für welche $C(X) \subset \mathcal{L}^1(\mu)$ gilt. Setzen wir $\varphi_\mu(f) = \int f d\mu$ für $f \in C(X)$, $\mu \in B$, so ist die Abbildung $\mu \mapsto \varphi_\mu$ bijektiv von B auf die Menge der positiven linearen Funktionale auf $C(X)$.

Der Beweis folgt aus (a) und dem Beweis von 13.31(b) mit $C(X)$ statt $C_b(X)$. ∎

(13.34) Während auf metrischen Räumen endliche Borel-Maße automatisch regulär von außen sind und deshalb nach 13.32 die kanonische Abbildung von M(X,$\mathbb{B}$) nach $C_b(X)'$ stets injektiv ist, sind für Baire- oder Borel-Maße auf lokal kompakten Räumen Regularitätsannahmen nötig, um zu erhalten, daß die kanonische Abbildung von Maßen in Funktionale auf $\mathcal{K}(X)$, $C_0(X)$ oder $C_b(X)$ injektiv ist (vgl. 13.14). Würde man allerdings mit σ-Ringen statt mit σ-Algebren arbeiten, so würde bei Baire-Maßen dieser „Mangel" nicht entstehen: Definierte man Baire-Mengen als die Elemente des von

$\{\{f > c\} \mid f \in \mathcal{K}(X)^{+},\ c > 0\}$ erzeugten σ-*Rings*, so wäre wegen 4.15(2'), 4.5 und 4.17(2') jedes Baire-Maß regulär.

Wir schließen diesen Abschnitt mit zwei Resultaten, die wesentlich auf der Stetigkeit und Regularität der betrachteten Maße beruhen.

(13.35) Jede Borel-Menge $A \subset \mathbb{R}$ mit Lebesgue-Maß $\lambda(A) > 0$ enthält eine nicht Borelsche Lebesgue-Nullmenge.

(Hinweis: Es gibt ein kompaktes $K \subset A$ mit $\lambda(K) > 0$. Nun eine Art Cantor-Menge konstruieren, indem man das (dem Maß nach) mittlere Drittel von K entfernt, mit den zwei Reststücken von K ebenso verfährt u.s.w. Weiter wie in 4.20).

(13.36) Sei μ ein Borel-Maß auf einem lokal kompaktem Raum X. Sei μ stetig (d.h. $\mu(\{x\}) = 0\ \ \forall x \in X$) und auf den einpunktigen Mengen von außen regulär. Sei $B \subset X$ Borelsch mit $\mu(B) = \sup\{\mu(K) \mid K \subset B,\ K \text{ kompakt}\}$ und sei $\alpha \in [0, \mu(B)]$. Dann gibt es ein σ-kompaktes $E \subset B$ mit $\mu(B) = \alpha$. (Die getroffenen Regularitätsannahmen sind für ein von innen reguläres bzw. fast reguläres Maß μ stets erfüllt bzw. bei σ-endlichem B erfüllt).

Hinweis: Zunächst zu $\beta, \gamma \in \mathbb{R}$ mit $0 \leq \beta < \gamma < \mu(B)$ ein kompaktes $A \subset B$ mit $\beta < \mu(A) < \gamma$ finden. (Sei $K \subset B$ kompakt mit $\mu(K) > \gamma$. Zu $x \in K$ gibt es wegen $\mu(\{x\}) = 0$ eine Umgebung U_x mit $\mu(U_x) < \gamma - \beta$, und wir können U_x kompakt annehmen. Endlich viele $U_{x_1}, \dots, U_{x_r}$ überdecken K. Ist $n \in \{1, \dots, r\}$ minimal mit der Eigenschaft $\mu(K \cap \bigcup_1^n U_{x_i}) \geq \gamma$, so gilt $\beta < \mu(K \cap \bigcup_1^{n-1} U_{x_i}) < \gamma$). Ausführlicher Beweis in [HR], S. 132.

13b Die Banach-Algebra $M(\mathbb{R})$

Die Faltung $\mu \ast \nu$ als Bildmaß des Produktmaßes $\mu \otimes \nu$. Der Raum $M(\mathbb{R})$ der beschränkten signierten Borel-Maße als kommutative involutive Banach-Algebra mit Eins. $\mathcal{L}^1(\mathbb{R})$ als *-invariantes Ideal von $M(\mathbb{R})$. Allgemeinere Situation (komplexe Maße oder als Grundraum G eine lokal kompakte oder separable topologische Gruppe). Ergänzend: Satz von Steinhaus.

Für den Raum $M(\mathbb{R},\mathfrak{B})$ der beschränkten signierten Borel-Maße auf $\mathbb{R}$ schreiben wir im Folgenden kurz $M(\mathbb{R})$ oder einfach M. Sind $\mu,\nu \geq 0$ aus M, so enthält die σ-Algebra $\mathfrak{M}$, auf der $\mu \otimes \nu$ definiert ist, alle Rechtecke $I \times J$ (wo I,J Intervalle sind) also auch die σ-Algebra $\mathfrak{B}^2$ der Borelschen Mengen des $\mathbb{R}^2$, denn jede offene Menge des $\mathbb{R}^2$ läßt sich als abzählbare Vereinigung offener Rechtecke schreiben. Die Einschränkung von $\mu \otimes \nu$ auf $\mathfrak{B}^2$ ist ein endliches positives Borel-Maß. Die Abbildung $H: (x,y) \mapsto x + y$ ist stetig von $\mathbb{R}^2$ nach $\mathbb{R}$, also $\mathfrak{B}^2$ - $\mathfrak{B}$ - meßbar , d.h. Borelsch. Das Bildmaß von $\mu \otimes \nu$ bezüglich H ist ein endliches Borel-Maß auf $\mathbb{R}$, liegt also in M. Wir bezeichnen es mit $\mu \ast \nu$. Definitionsgemäß gilt $\mu \ast \nu(A) = \mu \otimes \nu\,(H^{-1}(A)) \quad \forall A \in \mathfrak{B}$.

(13.37) Definition: Das Maß $\mu \ast \nu$ heißt die **Faltung** von μ und ν.

Nach 7.18 gilt $\|\mu \ast \nu\| = \|\mu \otimes \nu\| = \|\mu\| \cdot \|\nu\|$. Nach 6.13 und dem Satz von Fubini erhalten wir für $f \in \mathcal{L}^1[\mu \ast \nu]$

$$(13.38) \quad \int f\,d\mu \ast \nu = \int f \circ H\, d(\mu \otimes \nu) = \iint f(x + y)\, d\mu(x)\, d\nu(y) = \iint f(x + y)\, d\nu(y) d\mu(x).$$

Insbesondere gilt für $f = \chi_A$, wo $A \subset \mathbb{R}$ Borelsch ist,

$$(13.39) \quad \mu \ast \nu(A) = \iint \chi_A(x + y)\, d\mu \otimes \nu(x,y) = \int \mu(A - y)\, d\nu(y) = \int \nu(A - x)\, d\mu(x).$$

Hieraus folgt die Kommutativität der Faltung

$$(13.40) \qquad\qquad \mu \ast \nu = \nu \ast \mu \qquad\qquad \forall \mu,\nu \in M^+$$

sowie für das Dirac-Maß δ_0

$$(13.41) \qquad\qquad \mu \ast \delta_0 = \mu = \delta_0 \ast \mu \quad \text{für jedes } \mu \in M^+.$$

Außerdem sehen wir aus 13.39, daß die Faltung $(\mu, \nu) \mapsto \mu \ast \nu$ positiv bilinear d.h. sowohl in μ als auch in ν positiv homogen und additiv ist. Wir wollen nun die Assoziativität der Faltung zeigen. Für $\mu, \nu, \rho \in M^+$ und $A \in \mathbb{B}$ gilt

$$\mu \ast (\nu \ast \rho)\,(A) = \int \mu(A - z)\,d(\nu \ast \rho)\,(z) = \int \mu(A - (x + y))\,d(\nu \otimes \rho)(x,y)$$

$$= \iint \mu(A - y - x)\,d\nu(x)\,d\rho(y) = \int (\mu \ast \nu)\,(A - y)\,d\rho(y)$$

$$= (\mu \ast \nu) \ast \rho(A)\ .$$

Wegen der positiven Bilinearität der Faltung können wir $\mu \ast \nu$ für beliebiges $\mu, \nu \in M$ erklären und so die Faltung bilinear und assoziativ auf M fortsetzen. Wegen

$$\mu \ast \nu = (\mu^+ - \mu^-) \ast (\nu^+ - \nu^-) = \mu^+ \ast \nu^+ + \mu^- \ast \nu^- - (\mu^+ \ast \nu^- + \mu^- \ast \nu^+)\ \text{ergibt sich}$$

$$\| \mu \ast \nu \| \leq \| \mu^+ \ast \nu^+ + \mu^- \ast \nu^- \| + \| \mu^+ \ast \nu^- + \mu^- \ast \nu^+ \|$$

$$\leq (\|\mu^+\| + \|\mu^-\|)\,(\|\nu^+\| + \|\nu^-\|) = \|\mu\| \cdot \|\nu\|.$$

Mit dem Bisherigen haben wir gezeigt:

(13.42) Satz. $M(\mathbb{R})$ ist mit der Faltung $\ast$ eine kommutative Banach-Algebra mit Eins δ_0.

(13.43) Bemerkung. Sei $\mu \geq 0$ ein positives Borelsches Maß und $f \in \mathcal{L}^1(\mu)$. Durch $\nu(A) = \int_A f\,d\mu$ wird ein beschränktes signiertes Borel-Maß ν definiert, das wir, wie früher, mit $f\mu$ bezeichnen. Die Abbildung $f \mapsto f\mu$ ist linear und isometrisch von $\mathcal{L}^1(\mu)$ nach M.

Beweis. Wegen der Linearität des Integrals ist die Abbildung $f \mapsto f\mu$ linear. Ist $f = f^+ - f^-$, so ist $(f^+\mu, f^-\mu)$ die Jordan-Zerlegung von $f\mu$, also

$$\|f\mu\| = \int f^+\,d\mu + \int f^-\,d\mu = \int |f|\,d\mu = \|f\|_1.\ \blacksquare$$

Der Bequemlichkeit halber identifizieren wir von nun an äquivalente Funktionen (da sie dasselbe Maß definieren). Dann ist die Abbildung $f \mapsto f\mu$ in 13.43 auch injektiv. Ist λ die Einschränkung des Lebesgue-Maßes auf die Borelschen Mengen $\mathbb{B}$, so gilt nun $\mathcal{L}^1(\lambda) = \mathcal{L}^1(\mathbb{R})$, da jede Lebesgue-integrierbare Funktion zu einer Borelschen äquivalent ist (vgl. 6.32 (b)). Wegen 13.43 können wir $\mathcal{L}^1(\mathbb{R})$ (abgekürzt $\mathcal{L}^1$) durch die Abbildung $f \mapsto f\lambda$ mit einem Teilraum $[\mathcal{L}^1]$ von $M(\mathbb{R})$ identifizieren, der übrigens abgeschlossen ist, denn $\mathcal{L}^1$ ist vollständig und $f \mapsto f\lambda$ ist isometrisch.

(13.44) Satz. Wie soeben sei $[\mathcal{L}^1]$ der Unterraum $\{f\lambda \mid f\in \mathcal{L}^1\}$ von M. Es gilt $[\mathcal{L}^1]✿M \subset [\mathcal{L}^1]$, also ist $[\mathcal{L}^1]$ ein Ideal in M.

Beweis. Es genügt, $f\lambda$ mit $f \geq 0 \in \mathcal{L}^1$ und $\mu \geq 0 \in M$ zu betrachten. Für $B \in \mathfrak{B}$ gilt

$$(f\lambda)✿\mu(B) = \iint \chi_B(x + y)\, f(x)\, d\lambda(x)\, d\mu(y)$$
$$= \iint \chi_B(x)\, f(x - y)\, d\lambda(x)\, d\mu(y),$$

wobei das letzte Gleichheitszeichen aus der Verschiebungsvarianz des Lebesgue-Integrals folgt (Verschiebung der Variablen x um $-y$). Da der Integrand $\chi_B(x)\, f(x - y)$ Borelsch ist und $\iint |\chi_B(x)\, f(x - y)|\, d\lambda(x)\, d\mu(y) \leq \iint |f(x - y)|\, d\lambda(x)\, d\mu(y) = \|f\|_1\, \|\mu\| < \infty$, ist nach Tonelli der Integrand aus $\mathcal{L}^1(\lambda✿\mu)$ und es gilt wegen obigem

$$(f\lambda)✿\mu(B) = \iint \chi_B(x)\, f(x - y)\, d\mu(y)\, d\lambda(x).$$

Setzen wir speziell $B = \mathbb{R}$, so erhalten wir, daß $\int f(x - y)\, d\mu(y)$ für λ-fast jedes $x \in \mathbb{R}$ existiert und die Funktion $F: x \mapsto \int f(x - y)\, d\mu(y)$ in $\mathcal{L}^1(\lambda)$ liegt. Die letzte Gleichung besagt dann $(f\lambda)✿\mu(B) = \int \chi_B(x)\, F(x)\, d\lambda(x) = (F\lambda)\,(B)$, also $(f\lambda)✿\mu = F \cdot \lambda$. Damit ist die Behauptung gezeigt. ∎

Im Sinne unserer Identifizierung von $\mathcal{L}^1$ mit $[\mathcal{L}^1]$ gilt $f✿\mu = F$. Aus der Definition von F oben erhalten wir also eine Formel für $f✿\mu$, nämlich

$$\text{(i)} \qquad f ✿ \mu(x) = \int f(x - y)\, d\mu(y)$$

für $f \geq 0$, $\mu \geq 0$, wobei das Integral für λ-fast alle x existiert und als Funktion von x eine $\mathcal{L}^1$-Funktion ist. Da beide Seiten der Gleichung (i) bilinear in (f,μ) sind, erhalten wir die Gültigkeit von (i) für beliebiges $f \in \mathcal{L}^1$, $\mu \in M$. Für $\mu = g \in \mathcal{L}^1$ ergibt sich dann

$$\text{(13.45)} \qquad f ✿ g(x) = \int f(x - y)\, g(y)\, d\lambda(y)\,.$$

Mit dieser Formel hätten wir übrigens die Faltung auf $\mathcal{L}^1$ definieren können, ohne irgendetwas von M zu wissen.

Nach 13.42 und 13.44 ist $\mathcal{L}^1$ ein abgeschlossenes Ideal in der Banach-Algebra M. Wir wollen auf M noch eine Involution einführen.

(13.46) Definition. Sei A eine reelle Banach-Algebra. Eine Abbildung $a \mapsto a^*$ von A auf sich heißt (isometrische) **Involution**, wenn gilt:

(1) $(\alpha a)^* = \alpha(a^*)$

(2) $(a + b)^* = a^* + b^*$

(3) $(ab)^* = b^* a^*$

(4) $a^{**} = a$

(5) $\|a^*\| = \|a\|$

Im Falle einer komplexen Banach-Algebra verlangt man statt (1):

(1') $(\alpha a)^* = \overline{\alpha}\, a^*$

wobei der Querstrich $\overline{}$ für Komplexkonjugation steht. Eine Banach-Algebra mit Involution heißt **involutive Banach-Algebra**.

Für ein beliebiges signiertes Maß μ auf $\mathfrak{B}$ definieren wir μ^* durch

$\mu^*(B) = \mu(-B) \ \forall\ B \in \mathfrak{B}$, d.h. μ^* ist das Bild von μ unter der Borelschen Abbildung $a \mapsto -a$. Nach 7.18 gilt $\|\mu^*\| \leq \|\mu\|$, also $\mu^* \in M$ für $\mu \in M$. Wir zeigen, daß $*$ auf M eine Involution ist. Die Eigenschaften (1), (2) und (4) der Definition oben sind offenbar erfüllt. Wegen (4) gilt $\|\mu^*\| \leq \|\mu\| = \|\mu^{**}\| \leq \|\mu^*\|$, also $\|\mu^*\| = \|\mu\|$, was Eigenschaft (5) beweist. Bevor wir die Eigenschaft (3) zeigen, halten wir fest, daß gemäß 6.13 für Borelsches $f \geq 0$ und positives μ gilt:

(i) $\int f(x) d\mu^*(x) = \int f(-x) d\mu(x)$.

Definieren wir $\check{f}$ durch $\check{f}(x) = f(-x)$, so folgt $\mathcal{L}^1(\mu^*) = \mathcal{L}^1(\mu)^{\vee} \overset{\mathrm{def}}{=} \{\check{f} \mid f \in \mathcal{L}^1(\mu)\}$, und natürlich gilt die Gleichung (i) auch für alle $f \in \mathcal{L}^1(\mu^*)$. Sind nun $\mu, \nu \geq 0$ aus M und $A \in \mathfrak{B}$, so gilt $(\mu \ast \nu)^*(A) = \mu \ast \nu(-A) = \int \mu(-A-y)\, d\nu(y) = \int \mu^*(y+A)\, d\nu(y) =$
$= \int \mu^*(-y+A) d\nu^*(y) = \nu^* \ast \mu^*(A)$, also $(\mu \ast \nu)^* = \nu^* \ast \mu^*$. Somit gilt auch Eigenschaft (3). M ist also eine involutive Banach-Algebra.

(13.47) Satz. Ist λ das Lebesgue-Maß auf $\mathfrak{B}$, so gilt $\lambda^* = \lambda$.

Beweis. Wegen $\lambda^*(B) = \lambda(-B)$ stimmen λ und λ^* auf allen Intervallen, also auch auf dem Ring $\mathfrak{R}$ der endlichen Vereinigungen von Intervallen überein. Da $\lambda_{|\mathfrak{R}}$ σ-endlich ist, folgt nach 5.10 $\lambda^* = \lambda$. ∎

Aus dem Satz ergibt sich nach (i): $\int f(x)\,d\lambda(x) = \int f(-x)d\lambda(x)$ oder kürzer $\int f d\lambda = \int \check{f}\,d\lambda$ für Borelsches $f \geq 0$ oder $f \in \mathcal{L}^1(\mathbb{R}) = \mathcal{L}^1(\mathbb{R})^{\vee}$. Wir erhalten hieraus eine Formel für die Involution auf $\mathcal{L}^1 \subset M$: Sei $f \in \mathcal{L}^1$ und $B \in \mathfrak{B}$. Es gilt: $(f\lambda)^* (B) = (f\lambda)(-B) = \int \chi_{-B}(x)$ $f(x)d\lambda(x) = \int \chi_B(-x)\,f(x)\,d\lambda(x) = \int \chi_B(x)\,f(-x)\,d\lambda(x) = \check{f}\,\lambda(B)$. Damit ist gezeigt, daß $f^* = \check{f}$, also $f^*(x) = f(-x)$ für $f \in \mathcal{L}^1$ gilt. Insbesondere wird das Ideal $\mathcal{L}^1$ von M durch die Involution in sich abgebildet. Wir können die letzten Ergebnisse zusammenfassen in dem folgenden

(13.48) Satz. $M(\mathbb{R})$ ist mit der Faltung und der oben definierten Involution eine kommutative involutive Banach-Algebra mit Eins. Der Unterraum $\mathcal{L}^1(\mathbb{R})$ ist ein abgeschlossenes, unter der Involution invariantes Ideal in $M(\mathbb{R})$.

(13.49) Bemerkung. Je nach Situation interessiert man sich auch für komplexe Maße und Funktionen. Das bereitet keine Schwierigkeiten, weil man durch Aufspalten in Real- und Imaginärteil alles auf den reellen Fall zurückführen kann. Der eben bewiesene Satz ist auch für komplexe Maße und komplexe $\mathcal{L}^1$-Funktionen richtig. Man definiert in diesem Fall aber die Involution durch $\mu^*(B) = \overline{\mu(-B)}$, was für $\mathcal{L}^1$-Funktionen dann zu $f^*(x) = \overline{f(-x)}$ führt.

(13.50) Bemerkung. Die Ergebnisse und Beweise dieses Abschnitts 13b bleiben fast alle mit praktisch gleichem Beweis bestehen, wenn $\mathbb{R}$ durch eine lokal kompakte σ-kompakte metrisierbare topologische Gruppe G ersetzt wird. Allerdings: Die Kommutativität der Faltung 13.40 gilt genau dann, wenn G kommutativ ist, denn im nichtkommutativen Fall muß der letzte Term von 13.39 $\int \nu(-x + A)\,d\mu(x)$ lauten. 13.47 nimmt die Form $\lambda^* = \frac{1}{\Delta}\lambda$ an, wobei Δ die sogenannte Modularfunktion von G und λ das sogenannte Haar-Maß auf G ist. Für $f \in \mathcal{L}^1$ ergibt sich deshalb $f^* = \frac{1}{\Delta}\check{f}$.

Im Fall einer beliebigen lokal kompakten Gruppe G definiert man wegen $\mathfrak{B}(G) \otimes \mathfrak{B}(G) \neq \mathfrak{B}(G \times G)$ (vgl. 11.30) die Faltung von Maßen auf dem Weg über die zugehörigen Funktionale von $\mathcal{C}_0(G)$ (vgl. [HR]), weshalb es zweckmäßig ist, sich auf $M_{reg}(G, \mathfrak{B})$ einzuschränken. Dagegen kann man die alte Faltungsdefinition beibehalten, wenn man statt $M_{reg}(G, \mathfrak{B})$ den (isometrisch isomorphen) Raum $M_{reg}(G, \mathfrak{B}_0)$ der beschränkten signierten regulären Baire-Maße betrachtet. Allerdings bedarf es zusätzlicher Argumentation, zum Beispiel weil die Gruppenmultiplikation i.a. nicht $\mathfrak{B}_0 \otimes \mathfrak{B}_0 - \mathfrak{B}_0 -$ meßbar ist.

Ist G eine separable topologische Gruppe, so bleiben die obigen Resultate über Faltung und Involution von Maßen mit praktisch gleichem Beweis bestehen, während die das Lebesgue-Maß betreffenden Aussagen entfallen.

Übungen, Beispiele, Ergänzungen

(13.51) Für $x \in \mathbb{R}$ sei δ_x das Dirac-Maß in x. Man berechne $\delta_x \ast \delta_y$ und δ_x^{*} für $x,y \in \mathbb{R}$.

(13.52) Für $\frac{1}{p} + \frac{1}{q} = 1$, $f \in \mathcal{L}^p(\mathbb{R})$, $g \in \mathcal{L}^q(\mathbb{R})$ gilt $f \ast g \in \mathcal{C}_0(\mathbb{R})$, wo $f \ast g$ wie in 13.45 definiert ist. (Hinweis: Hölder und 9.32(b)) .

(13.53) Satz von Steinhaus. Ist $A \subset \mathbb{R}$ Lebesgue-meßbar mit $\lambda(A) > 0$, so enthält die Menge $A - A \stackrel{\text{def}}{=} \{a - b \mid a,b \in A\}$ eine Nullumgebung $(-\varepsilon,\varepsilon)$. (Hinweis: 13.52).

(13.54) Die Faltung zweier Funktionen aus $\mathcal{L}_e^1$ kann in $\mathcal{L}^1 \setminus \mathcal{L}_e^1$ liegen. Ist zum Beispiel $f \in \mathcal{L}_e^1(\mathbb{R}) \setminus \mathcal{L}^2(\mathbb{R})$ mit $f(-x) = f(x)$, so gilt $f \ast f(0) = \infty$.

13c Konvergenz von Borel-Maßen

Vage Topologie, schwach*-Topologie, schwache Topologie auf dem Raum der signierten Borel-Maße auf X, wo X meist lokal kompakt oder metrisierbar ist. Portemanteau-Satz, Kompaktheit und Metrisierbarkeit von Mengen von Maßen.

Im Folgenden sei X ein topologischer Raum, $M = M(X) = M(X, \mathbb{B})$ der Banach-Raum der beschränkten signierten Borel-Maße auf X und $M_{reg} = M_{reg}(X) = M_{reg}(X, \mathbb{B})$ $\overset{\text{def}}{=}$ $\{\mu \in M \mid \mu$ ist regulär$\}$. Wenn X lokal kompakt ist, werden wir wegen 13.34 meist M_{reg} statt M betrachten. Sei $\mathcal{K}(X)$ der Raum der stetigen Funktionen mit kompaktem Träger, $C_0(X)$ der Raum der stetigen Funktionen, die im Unendlichen verschwinden, und $C_b(X)$ der Raum der stetigen beschränkten Funktionen auf X. Aus der Topologie ist bekannt (Folgerungen aus dem Lemma von Urysohn), daß $\mathcal{K}(X)$ bei lokal kompaktem X kompakte und abgeschlossene Mengen trennt und daß $C_b(X)$ bei metrisierbarem X abgeschlossene Mengen trennt, genauer gesagt:

(13.55)(a) Ist X lokal kompakt, $K \subset X$ kompakt und $A \subset X$ abgeschlossen mit $K \cap A = \emptyset$, so gibt es ein $f \in \mathcal{K}(X)$ mit $0 \leq f \leq 1$, $f_{|_K} = 1$, $f_{|_A} = 0$. (Äquivalent: Gilt $K \subset U \subset X$, wo K kompakt, U offen, so gibt es $f \in \mathcal{K}(X)$ mit $0 \leq f \leq 1$, $f_{|_K} = 1$, $f_{|_{X \setminus U}} = 0$, also mit $\chi_K \leq f \leq \chi_U$).

(b) Ist X metrisierbar und sind $A, B \subset X$ abgeschlossen mit $A \cap B = \emptyset$, so gibt es ein $f \in C_b(X)$ mit $0 \leq f \leq 1$, $f_{|_A} = 1$, $f_{|_B} = 0$ (was sich auch analog zu (a) umformulieren läßt).

Die **vage, schwach*- bzw. schwache Topologie** auf M ist die gröbste Topologie auf M, welche die Abbildung $\mu \longmapsto \int f d\mu$ für jedes $f \in \mathcal{K}(X)$, $f \in C_0(X)$ bzw. $f \in C_b(X)$ stetig macht. Es gilt also $\mu_n \to \mu$ vage, schwach*- bzw. schwach genau dann, wenn $\int f d\mu_n \to \int f d\mu$ für jedes $f \in \mathcal{K}(X)$, $C_0(X)$ bzw. $C_b(X)$ gilt. Jedes $\mu \in M$ hat eine vage, schwach*- bzw. schwache Umgebungsbasis bestehend aus Mengen der Form $U_{f_1, \dots, f_n, \varepsilon}$ wie vor 13.10, wobei nun die f_i aus $\mathcal{K}(X)$, $C_0(X)$ bzw. $C_b(X)$ stammen. Auf $M_{reg} \subset M$ können wir die relative Topologie der vagen, schwach*- bzw. schwachen Topologie auf M betrachten, die wir als die vage, schwach*- bzw. schwache Toplogie auf M_{reg} bezeichnen. Es sei darauf hingewiesen, daß für lokal kompaktes X die schwach*-Topologie auf $M_{reg} = C_0(X)'$ mit dem gleichnamigen funktionalanalytischen Begriff übereinstimmt, während dies für die schwache Topologie keineswegs zutrifft (vgl. 13.80). Wegen $C_b(X) \supset C_0(X) \supset \mathcal{K}(X)$ folgt aus der schwachen Konvergenz die schwach*-Konvergenz und aus dieser die vage Konvergenz. Wir wollen zeigen, daß bei lokal kompaktem X unter der Voraussetzung $\|\mu_n\| \to \|\mu\|$ aus der vagen Konvergenz wieder die schwache Konvergenz folgt, also in diesem Fall alle drei Konvergenzbegriffe übereinstimmen.

(13.56) Proposition. Sei X lokal kompakt und seien μ_n, $\mu \in M_{reg}$ mit $\mu_n \to \mu$ vag. Wir betrachten die Eigenschaften

  (i) $\|\mu_n\| \to \|\mu\|$.

  (ii)   Zu $\varepsilon > 0$ gibt es eine kompakte Menge $K \subset X$ und $n_0 \in \mathbb{N}$ mit $|\mu_n|(X \setminus K) < \varepsilon$

      $\forall n > n_0$.

  (iii) $\mu_n \to \mu$ schwach.

Es gilt (i) $\Rightarrow$ (ii) $\Rightarrow$ (iii). Für positive μ_n und μ gilt auch (iii) $\Rightarrow$ (i), d.h. dann sind für die vag gegen μ konvergente Folge $\{\mu_n\}$ alle drei Eigenschaften äquivalent.

Beweis. (i) $\Rightarrow$ (ii): Sei $\varepsilon > 0$. Nach 13.7 mit 13.14 und da $\mathcal{K}(X)$ in $C_0(X)$ dicht ist, gibt es $h \in \mathcal{K}(X)$ mit $|h| \leq 1$ und $|\int h d\mu| > \|\mu\| - \varepsilon$. Sei $n_0 \in \mathbb{N}$ so gewählt, daß $|\int h d\mu - \int h d\mu_n| < \varepsilon$ sowie $\|\mu_n\| < \|\mu\| + \varepsilon$ für alle $n > n_0$ gilt. Sei K der Träger von h. Für $n > n_0$ gilt

$\|\mu\| + \varepsilon > \|\mu_n\| = \int_K d|\mu_n| + \int_{X\setminus K} d|\mu_n| \geq |\int h d\mu_n| + |\mu_n|(X\setminus K) \geq \|\mu\| - 2\varepsilon + |\mu_n|(X\setminus K)$. Also gilt $|\mu_n|(X \setminus K) < 3\varepsilon \;\; \forall n > n_0$.

(ii) $\Rightarrow$ (iii): Sei $f \in C_b(X)$ und $\varepsilon > 0$. Nach Voraussetzung und da μ regulär ist, gibt es eine kompakte Menge $K \subset X$ mit $(|\mu_n| + |\mu|)(X \setminus K) < \varepsilon$ für $n > n_0$. Sei $g \in \mathcal{K}(X)$ mit $|g| \leq |f|$ und $g = f$ auf K. Für beliebiges $v \in M$ gilt dann $|\int f dv - \int g dv| \leq \int |f - g| \, dv = \int_K + \int_{X\setminus K}$ $\leq 0 + 2 \|f\|_{sup} |v|(X\setminus K)$. Da μ_n vag gegen μ konvergiert, gibt es $n_1 \in \mathbb{N}$ mit $|\int g d\mu - \int g d\mu_n| < \varepsilon$ für $n > n_1$. Für $n > \max\{n_1, n_0\}$ gilt nun $|\int f d\mu - \int f d\mu_n| \leq$ $|\int f d\mu - \int g d\mu| + |\int g d\mu - \int g d\mu_n| + |\int g d\mu_n - \int f d\mu_n| \leq 2 \|f\|_{sup} \varepsilon + \varepsilon + 2\|f\|_{sup} \varepsilon = \text{const} \cdot \varepsilon$.

(iii) $\Rightarrow$ (i) für μ_n, $\mu \geq 0$: Es gilt $\|\mu_n\| = \int 1 \, d\mu_n \to \int 1 \, d\mu = \|\mu\|$. ∎

(13.57) Folgerung: Ist X lokal kompakt und sind μ_n, $\mu \in M_{reg}$ Wahrscheinlichkeitsmaße, so gilt

$$\mu_n \to \mu \text{ schwach} \Leftrightarrow \mu_n \to \mu \text{ schwach}^* \Leftrightarrow \mu_n \to \mu \text{ vag.}$$

(13.58) Bemerkung. Die letzte Äquivalenz von 13.57 gilt allgemeiner: Ist X lokal kompakt, so stimmen die schwach*- und die vage Topologie auf jeder normbeschränkten Teilmenge von M_{reg} überein. Der Beweis (mit einem $\varepsilon/3$-Argument) sei dem Leser überlassen.

(13.59) Definition. Sei X ein topologischer Raum. Eine Teilmenge $N \subset M = M(X,\mathfrak{B})$ heißt (topologisch) **straff**, wenn es zu $\varepsilon > 0$ ein kompaktes $K \subset X$ gibt mit $|\mu|\,(X \setminus K) < \varepsilon$ für alle $\mu \in N$. Eine Folge $\{\mu_n\}$ in M heißt straff, wenn die Menge $\{\mu_n \mid n \in \mathbb{N}\}$ straff ist.

In 13.56 (ii) kann man die Einschränkung $n > n_0$ auch weglassen, also die Straffheit von $\{\mu_n\}$ verlangen: Ist K wie dort und sind $K_1, \dots, K_{n_0}$ kompakte Mengen mit $|\mu_i|\,(X \setminus K_i) < \varepsilon$ für $i = 1, \dots, n_0$, so ersetze man K durch $K_0 = K \cup (\bigcup_1^{n_0} K_i)$. Aus 13.56 folgt also, daß für lokal kompaktes X jede schwach konvergente Folge in M_{reg}^+ straff ist. Die entsprechende Aussage gilt auch für polnisches X und schwach konvergente Folgen in M^+ (vgl. 13.82). Die weitergehenden Aussagen, daß bei lokal kompaktem bzw. polnischem X jede schwach relativ kompakte Menge in M_{reg}^+ bzw. M^+ straff ist, finden sich in 13.85 bzw. 13.83. Wichtiger jedoch sind deren Umkehrungen 13.72 und 13.75.

(13.60) Bemerkung. Abgesehen von 13.56 (iii) $\Rightarrow$ (ii) (vgl. 13.82) haben die Resultate 13.56 und 13.57 kein Analogon für metrische Räume. Ist zum Beispiel X ein unendlichdimensionaler normierter Raum, so hat kein Punkt von X eine kompakte Umgebung, woraus $\mathcal{K}(X) = C_0(X) = \{0\}$ folgt. Jede Folge in M konvergiert deshalb vag und schwach* gegen jedes Element von M, d.h. die vage und die schwach*-Topologie sind in diesem Fall wertlos. Dagegen ist die schwache Topologie bei metrischen Räumen stets von Interesse, denn $C_b(X)$ ist genügend groß.

(13.61) Proposition. (a) Sei X lokal kompakt. Die vage (und damit auch die schwach*- und die schwache) Topologie auf M_{reg} ist Hausdorffsch. Grenzwerte von vag, schwach* oder schwach konvergenten Folgen oder Netzen sind also eindeutig bestimmt.

(b) Sei X ein metrischer Raum. Die schwache Topologie auf M ist Hausdorffsch.

Beweis. (a) Seien $\mu, \nu \in M_{reg}$, $\mu \neq \nu$. Wegen 13.7 mit 13.14 und da $\mathcal{K}(X)$ dicht in $C_0(X)$ ist, gibt es $f \in \mathcal{K}(X)$ mit $\int f d\mu \neq \int f d\nu$. Ist α eine Zahl zwischen $\int f d\mu$ und $\int f d\nu$, so sind $\{\rho \in M_{reg} \mid \int f d\rho < \alpha\}$ und $\{\rho \in M_{reg} \mid \int f d\rho > \alpha\}$ disjunkte vage Umgebungen von μ und ν.

(b) folgt analog mit 13.10 bzw. 13.32 und $f \in C_b(X)$.

(13.62) Proposition. (a) Sei X lokal kompakt. Für μ, $\mu_n \in M_{reg}$ mit $\mu_n \to \mu$ vag, schwach* oder schwach gilt $\|\mu\| \leq \lim\inf \|\mu_n\|$.

(b) Sei X ein metrischer Raum. Für μ, $\mu_n \in M$ mit $\mu_n \to \mu$ schwach gilt $\|\mu\| \leq \lim\inf \|\mu_n\|$.

Beweis. (a) Es genügt, die Behauptung im Fall der vagen Konvergenz zu zeigen. Für $f \in \mathcal{K}(X)$ mit $|f| \leq 1$ gilt $|\int f d\mu| = \lim |\int f d\mu_n| \leq \lim\inf \int 1 \cdot d|\mu_n| = \lim\inf \|\mu_n\|$. Wegen 13.7 mit 13.14, und da $\mathcal{K}(X)$ dicht in $C_0(X)$ ist, folgt $\|\mu\| \leq \lim\inf \|\mu_n\|$.

(b) Analoger Beweis mit $C_b(X)$ und 13.10 bzw. 13.32 anstelle von $\mathcal{K}(X)$ und 13.7. ∎

(13.63) Bemerkung. Sei X ein topologischer Raum. Für $\mu, \mu_n \in M$ gilt $\mu_n \to \mu$ vag, schwach* bzw. schwach genau dann, wenn jede Teilfolge $\{\mu_{n'}\}$ eine Teilfolge $\{\mu_{n''}\}$ besitzt, die vag, schwach* bzw. schwach gegen μ konvergiert. (Diese Aussage gilt sogar für beliebige Topologien, sowohl für Folgen als auch für Netze).

(13.64) Proposition. Sei X ein topologischer Raum und D eine dichte Teilmenge von X. Die endlichen rationalen Linearkombinationen von Dirac-Maßen δ_x, $x \in D$, liegen schwach (also auch schwach* und vag) dicht in M(X).

Beweis. Wegen der Stetigkeit der Abbildungen $\alpha \mapsto \alpha\mu$ und $x \mapsto \delta_x$ genügt es, die Behauptung für reelle Linearkombinationen und D = X zu zeigen. Sei $\mu \in M$ und $U_{f_1,\dots,f_n,\varepsilon}$ wie vor 13.10 mit $f_1, \dots, f_n \in C_b(X)$, also eine schwache Umgebung von μ. Sei $\delta > 0$ mit $\delta \|\mu\| < \varepsilon$. Seien $A_1, \dots, A_m$ disjunkte Borelsche Mengen mit $X = \bigcup_1^m A_j$ und so, daß $\sup\{|f_i(t) - f_i(s)| \mid t,s \in A_j\} \leq \delta$ für alle $i = 1, \dots, n$ und $j = 1, \dots, m$ (solche Mengen A_j erhält man durch mehrfache Durchschnittsbildung aus Mengen der Form $\{k\delta < f_i \leq (k+1)\delta\}$, wo $k \in \mathbb{Z}$). Setzen wir $\nu = \sum_{j=1}^m \alpha_j \delta_{x_j}$, wo $x_j \in A_j$ und $\alpha_j = \mu(A_j)$, so gilt

$$|\int f_i \, d\mu - \int f_i \, d\nu| = |\sum_j \int_{A_j} f_i \, d\mu - \sum_j f_i(x_j)\,\mu(A_j)| =$$

$$\leq \sum_j |\int_{A_j} f_i \, d\mu - \int_{A_j} f_i(x_j)\,d\mu| \leq \sum_j \int_{A_j} \delta \, d|\mu| = \delta \|\mu\| < \varepsilon$$

für $i = 1, \dots, n$. Also gilt $\nu \in U_{f_1,\dots,f_n,\varepsilon}$. ∎

(13.65) Bemerkung. Ist μ oben ein Wahrscheinlichkeitsmaß, so auch ν, d.h. die konvexen rationalen Linearkombinationen von Dirac-Maßen in D liegen schwach dicht in den Wahrscheinlichkeitsmaßen .

(13.66) Proposition. Sei X lokal kompakt [bzw. metrisch]. Die Abbildung $G: x \mapsto \delta_x$ von X nach $M(X, \mathbb{B})$ mit der vagen, schwach*- oder schwachen Topologie [bzw. der schwachen Topologie] ist ein Homöomorphismus von X auf sein Bild.

Beweis (für lokal kompaktes X und die vage Topologie. Die anderen Fälle werden analog bewiesen). Offenbar ist G injektiv und stetig. Ist nun V eine Umgebung von $x \in X$, so sei $f \in \mathcal{K}(X)$ mit $f(x) = 1$ und $f = 0$ außerhalb V. Nun gilt $\{y \in X\mid \mid\int fd\delta_y - \int fd\delta_x \mid < \frac{1}{2}\}$ $= \{y \in X \mid \mid f(y) - f(x) \mid < \frac{1}{2}\} \subset V$, was zeigt, daß $G^{-1}: G(X) \to X$ stetig ist. $\blacksquare$

Der folgende auf Alexandroff und Billingsley zurückgehende Satz trägt wegen der verwendeten Beweistechnik den Namen

(13.67) Portemanteau-Satz. Sei (X,d) ein metrischer Raum. Für μ, $\mu_n \in M^+(X, \mathbb{B})$ sind äquivalent:

(i) $\mu_n \to \mu$ schwach.

(ii) $\int fd\mu_n \to \int fd\mu$ für jede gleichmäßig stetige beschränkte Funktion auf X .

(iii) $\lim \mu_n(X) = \mu(X)$ und $\limsup \mu_n(A) \leq \mu(A)$ für abgeschlossenes $A \subset X$.

(iv) $\lim \mu_n(X) = \mu(X)$ und $\liminf \mu_n(U) \geq \mu(U)$ für offenes $U \subset X$.

(v) $\lim \mu_n(B) = \mu(B)$ für $B \in \mathbb{B}$ mit $\mu(\partial B) = 0$ (wo ∂B den topologischen Rand von B bezeichnet).

Beweis. (i) $\Rightarrow$ (ii) ist klar.

(ii) $\Rightarrow$ (iii): Ist A abgeschlossen und $\delta > 0$, so sei U_δ die offene Menge $\{x \in X \mid d(x,A) < \delta\}$, wo $d(x,A) \overset{\text{def}}{=} \inf \{d(x,y) \mid y \in A\}$. Da $U_\delta \downarrow A$ für $\delta \downarrow 0$, gibt es zu beliebigem $\varepsilon > 0$ ein δ_0 mit $\mu(U_{\delta_0}) < \mu(A) + \varepsilon$. Sei $U = U_{\delta_0}$. Es gibt eine gleichmäßig stetige Funktion $f: X \to [0,1]$ mit $f_{\mid_A} = 1$ und $f_{\mid_{X \setminus U}} = 0$. Zum Beispiel nehme man $f(x) = [\delta_0^{-1} d(x,X \setminus U)] \wedge 1$. Nun gilt $\limsup \mu_n(A) \leq \limsup \int fd\mu_n = \lim \int fd\mu_n = \int fd\mu$ $\leq \mu(U) < \mu(A) + \varepsilon$, also $\limsup \mu_n(A) \leq \mu(A)$.

(iii) $\Leftrightarrow$ (iv) ergibt sich durch Komplementbildung.

(iv) $\Rightarrow$ (v): Wir setzen (iv) und somit auch (iii) voraus. Sei $B \in \mathfrak{B}$ mit $\mu(\partial B) = 0$. Ist $\overline{B}$ bzw. $\overset{\circ}{B}$ der Abschluß bzw. der offene Kern von B, so gilt $\mu(\overline{B}) - \mu(\overset{\circ}{B}) = \mu(\partial B) = 0$, also $\mu(\overline{B}) = \mu(\overset{\circ}{B}) = \mu(B)$ (denn $\overset{\circ}{B} \subset B \subset \overline{B}$). Aus (iii) und (iv) erhalten wir

$\lim \sup \mu_n(B) \le \lim \sup \mu_n(\overline{B}) \le \mu(\overline{B}) = \mu(B)$ sowie $\lim \inf \mu_n(B) \ge \lim \inf \mu_n(\overset{\circ}{B}) \ge \mu(\overset{\circ}{B})$
$= \mu(B)$, also $\lim \mu_n(B) = \mu(B)$.

(v) $\Rightarrow$ (i): Es genügt $\int f d\mu_n \to \int f d\mu$ für $f \in C_b(X)^+$ zu zeigen. Da μ endlich ist, können von den paarweise disjunkten Mengen $\{f = \alpha\}$, wo $\alpha \ge 0$, höchstens abzählbar viele μ-Maß > 0 haben. Zu $\varepsilon > 0$ gibt es also Zahlen $0 = \alpha_0 < \alpha_1 < \ldots < \alpha_r \ge \|f\|_{\sup}$ mit $\alpha_i - \alpha_{i-1} < \varepsilon$ und $\mu(\{f = \alpha_i\}) = 0$ für $i = 1, \ldots, r$. Setzen wir $g = \sum_1^{r-1} \alpha_i \chi_{\{\alpha_i < f \le \alpha_{i+1}\}}$, so gilt

$|f - g| < \varepsilon$. Wegen $\partial\{\alpha_i < f \le \alpha_{i+1}\} \subset \{f = \alpha_i\} \cup \{f = \alpha_{i+1}\}$ ist $\mu(\partial\{\alpha_i < f \le \alpha_{i+1}\}) = 0$ für $i = 1, \ldots, r - 1$, weshalb nach (v) $\int g d\mu_n \to \int g d\mu$ gilt. Für große n erhalten wir

$|\int f d\mu_n - \int f d\mu| \le |\int f d\mu_n - \int g d\mu_n| + |\int g d\mu_n - \int g d\mu| + |\int g d\mu - \int f d\mu|$
$\le \varepsilon \mu_n(X) + \varepsilon + \varepsilon\mu(X) \le \varepsilon$ const, was $\int f d\mu_n \to \int f d\mu$ zeigt. $\blacksquare$

Bemerkung. In (iii) und (iv) des obigen Satzes kann man $\le$ bzw. $\ge$ nicht durch $=$ ersetzen, wie folgendes Beispiel auf $\mathbb{R}$ zeigt. $\mu_n = \delta_{1/n}$, $\mu = \delta_0$, $A = (-\infty, 0]$, $U = (0, \infty)$.

(13.68) Folgerung. Seien $\mu, \mu_n \in M(\mathbb{R})^+$ Wahrscheinlichkeitsmaße und seien F, F_n die gemäß 12.2 zugehörigen Verteilungsfunktionen. Es gilt $\mu_n \to \mu$ schwach genau dann, wenn $F_n(x) \to F(x)$ für jeden Stetigkeitspunkt x von F gilt.

Beweis. (i) Gelte $\mu_n \to \mu$ schwach und sei x ein Stetigkeitspunkt von F, also $\mu(\{x\}) = 0$. Nach 13.67(v) gilt $F_n(x) = \mu_n(-\infty, x) \to \mu(-\infty, x) = F(x)$.

    (ii) Gelte $F_n(s) \to F(s)$ in jedem Stetigkeitspunkt s von F. Dann gilt
$\mu_n[s, s') = F_n(s') - F_n(s) \to F(s') - F(s) = \mu[s, s')$ für Stetigkeitspunkte s, s' von F, $s < s'$. Da F höchstens abzählbar viele Unstetigkeitspunkte hat, gibt es zu $f \in \mathcal{K}(\mathbb{R})$ eine Treppenfunktion g über den halboffenen Intervallen $[s, s')$, deren Eckpunkte Stetigkeitspunkte von F sind, mit $\|f - g\|_{\sup} < \varepsilon$. Nun gilt
$|\int f \, d\mu - \int f d\mu_n| \le |\int f d\mu - \int g \, d\mu| + |\int g \, d\mu - \int g d\mu_n| + |\int g d\mu_n - \int f d\mu_n|$
$\le \varepsilon \cdot \mu(\mathbb{R}) + \varepsilon + \varepsilon \cdot \mu_n(\mathbb{R}) = 3\varepsilon$ für $n > n_0$. Somit gilt $\mu_n \to \mu$ vag, also nach 13.57
$\mu_n \to \mu$ schwach. $\blacksquare$

Sei X lokal kompakt. Wir bezeichnen mit M_{ir}^{∞} bzw. M_{fr}^{∞} die Menge der (möglicherweise unendlichen, positiven) Borel-Maße μ auf X, die von innen regulär bzw. fast regulär sind. Ist $\mu \in M_{ir}^{\infty}$ bzw. M_{fr}^{∞} endlich, so ist es regulär (vgl. 13.19). Gemäß 14.28 entspricht M_{ir}^{∞} bzw. M_{fr}^{∞} bijektiv den positiven linearen Funktionalen auf $\mathcal{K}(X)$. Die vage Topologie läßt sich analog wie auf M auch auf M_{ir}^{∞} bzw. M_{fr}^{∞} definieren. Sie ist Hausdorffsch (Beweis wie bei 13.61), und die endlichen Linearkombinationen von Dirac-Maßen liegen vag dicht in M_{ir}^{∞} bzw. M_{fr}^{∞}. (Beweis wie bei 13.64 mit $\mathcal{K}(X)$, $A_j \cap K$ und $\mu(K)$ anstelle von $C_b(X)$, A_j und $\|\mu\|$, wobei K eine kompakte Menge ist, außerhalb der $f_1, \dots, f_n$ verschwinden).

(13.69) Portemanteau-Satz (2. Fassung). Sei X ein lokal kompakter Raum. Für $\mu, \mu_n \in M_{ir}^{\infty}$ [bzw. M_{fr}^{∞}] sind folgende Eigenschaften äquivalent:

   (i) $\mu_n \to \mu$ vag.

   (ii) $\limsup \mu_n(K) \leq \mu(K)$ für jedes kompakte $K \subset X$, sowie $\liminf \mu_n(U) \geq \mu(U)$
        für jedes offene relativ kompakte $U \subset X$.

   (iii) $\mu_n(B) \to \mu(B)$ für jedes relativ kompakte Borelsche $B \subset X$ mit $\mu(\partial B) = 0$
        (wo ∂B den topologischen Rand von B bezeichnet).

Beweis. (i) $\Rightarrow$ (ii) für fast reguläre Maße: Sei K kompakt und U offen mit $K \subset U$. Es gibt $f \in \mathcal{K}(X)$ mit $\chi_K \leq f \leq \chi_U$. Nun gilt $\limsup \mu_n(K) \leq \lim \int f d\mu_n = \int f d\mu \leq \mu(U)$ sowie $\liminf \mu_n(U) \geq \lim \int f d\mu_n = \int f d\mu \geq \mu(K)$. Vermöge der äußeren Regularität von μ bzw. der inneren Regularität von μ auf offenen Mengen folgt $\limsup \mu_n(K) \leq \mu(K)$ bzw. $\liminf \mu_n(U) \geq \mu(U)$. Wir haben übrigens mehr bewiesen als behauptet, denn U brauchte nicht relativ kompakt zu sein. Der Beweis für von innen reguläre Maße verläuft analog unter Benutzung von 13.19(a) (ii).

   (ii) $\Rightarrow$ (iii): Wie 13.67 (iv) $\Rightarrow$ (v)

   (iii) $\Rightarrow$ (i): Wie 13.67 (v) $\Rightarrow$ (i) mit $\mathcal{K}(X)$ anstelle von $C_b(X)$ und K anstelle von X, wo K eine kompakte Obermenge des Trägers von f mit $\mu(\partial K) = 0$ ist. Solch ein K gibt es: Ist $h \in \mathcal{K}(X)^+$ mit $h = 1$ auf $\{f \neq 0\}$, so kann man $K = \{h \geq \alpha\}$ nehmen, wo $\alpha \in (0,1)$ geeignet gewählt ist. ∎

Bemerkung. Erweitern wir (i), (ii) und (iii) in 13.69 um den Zusatz „$\mu_n(X) \to \mu(X)$", betrachten also schwache Konvergenz (vgl. 13.56), so können wir, wegen des Beweises von (i) $\Rightarrow$ (ii) oben (für beliebiges offenes U), als weitere äquivalente Bedingungen 13.67 (i), (iii), (iv), (v) hinzufügen, wohlgemerkt für lokal kompaktes X und M_{reg}^+. Dies ist die 3. Fassung des Portemanteau-Satzes.

(13.70) Definition. Eine Menge $N \subset M_{ir}^\infty$ (bzw. M_{fr}^∞) heißt **vag beschränkt**, wenn $\sup_{\mu \in N} | \int f d\mu | < \infty$ für jedes $f \in \mathcal{K}(X)$ gilt.

(13.71) Satz. Sei X lokal kompakt und sei $M^\infty = M_{ir}^\infty$ oder M_{fr}^∞. Für eine Menge $N \subset M^\infty$ ist äquivalent:

  (i) N ist vag relativ kompakt (d.h. der vage Abschluß von N ist vag kompakt).

  (ii) N ist vag beschränkt.

Beweis.

  (i) $\Rightarrow$ (ii) ist klar, denn $\mu \mapsto \int f d\mu$ ist nach Definition vag stetig.

  (ii) $\Rightarrow$ (i) M^∞ läßt sich in $\mathbb{R}^{\mathcal{K}(X)}$ einbetten vermöge der Abbildung
$F: \mu \mapsto \{\int f d\mu\}_{f \in \mathcal{K}(X)}$. Mit der Produkttopologie auf $\mathbb{R}^{\mathcal{K}(X)}$ und der vagen Topologie auf M^∞ ist F ein Homöomorphismus auf sein Bild $F(M^\infty)$. Da bei punktweiser Konvergenz die Positivität auf $\mathcal{K}(X)^+$ und lineare Relationen wie z.B. $\int (f+g)d\mu = \int f d\mu + \int g d\mu$ erhalten bleiben, ist $F(M^\infty)$ vermöge 14.28 in $\mathbb{R}^{\mathcal{K}(X)}$ abgeschlossen. Es genügt deshalb, die relative Kompaktheit von $F(N)$ in $\mathbb{R}^{\mathcal{K}(X)}$ zu zeigen. Diese ist aber evident: Nach Voraussetzung gibt es für jedes $f \in \mathcal{K}(X)$ ein abgeschlossenes Intervall A_f mit $\int f d\mu \in A_f$ für alle $\mu \in N$, d.h. $F(N)$ ist in der kompakten Menge $\prod_{f \in \mathcal{K}(X)} A_f$ enthalten. ∎

Nachbemerkung. Aus dem Beweis ersieht man, daß 13.71 ein sehr spezieller Fall eines allgemeinen Satzes über positive lineare Funktionale auf einem geordneten Vektorraum ist.

(13.72) Satz. Sei X lokal kompakt und sei $N \subset M_{reg}(X)$ eine straffe normbeschränkte Teilmenge von Maßen. Dann ist N schwach, schwach* und vag relativ kompakt.

Beweis. Als normbeschränkte Teilmenge des Dualraumes $C_0(X)'$ ist N nach dem Satz von Alaoglu A18 schwach* relativ kompakt, also auch vag relativ kompakt. Wegen 13.56 (ii) $\Rightarrow$ (iii) (gilt auch für Netze) oder 13.86 ist N auch schwach relativ kompakt. ∎

(13.73) Satz. Sei $N \subset M^+(X, \mathcal{B})$ normbeschränkt. Ist X separabel metrisierbar, so ist es auch N (mit der schwachen Topologie).

Beweis.(a) Es genügt, die Behauptung für $N = \{\mu \in M^+ \mid \|\mu\| \leq c\}$ zu zeigen. Sei X separabel metrisierbar. Werde die Topologie auf X durch die Metrik d definiert. Sei $\mathfrak{U} \subset P(X)$ eine abzählbare Basis der Topologie und sei $O_1, O_2, \ldots$ eine Abzählung der endlichen Vereinigungen von Elementen von $\mathfrak{U}$. Für $x \in X$ und $m,n \in \mathbb{N}$ sei $f_{m,n}(x) = 1 \wedge [\mathrm{nd}(x,X\backslash O_m)]$. Es gilt $f_{m,n} \in C_b(X)$ und $f_{m,n} \uparrow \chi_{O_m}$ für $n \to \infty$. Für $\mu,\nu \in N$ setzen wir $\tilde{d}(\mu,\nu) = \mid \mu(X) - \nu(X) \mid + \sum_{m,n \in \mathbb{N}} 2^{-m} \, 2^{-n} \mid \int f_{m,n} \, d\mu - \int f_{m,n} \, d\nu \mid$. Offenbar ist $\tilde{d}$ eine Halbmetrik auf N. Sind $\mu,\mu_k \in N$ mit $\tilde{d}(\mu,\mu_k) \to 0$, so gilt $\mu_k \to \mu$ schwach, wie wir nun zeigen. (Insbesondere ist der Grenzwert eindeutig bestimmt, also $\tilde{d}$ eine Metrik). Sei $U \subset X$ offen und sei $\varepsilon > 0$. Es gibt ein $m \in \mathbb{N}$ mit $O_m \subset U$ und $\mu(O_m) > \mu(U) - \varepsilon$. Wegen $f_{m,n} \uparrow \chi_{O_m}$ für $n \to \infty$ gibt es ein n mit $\int f_{m,n} \, d\mu > \mu(U) - \varepsilon$. Wegen $\tilde{d}(\mu,\mu_k) \to 0$ gilt $\mu_k(X) \to \mu(X)$ und $\liminf \mu_k(U) \geq \lim_k \int f_{m,n} \, d\mu_k = \int f_{m,n} \, d\mu > \mu(U) - \varepsilon$, also nach 13.67 (iv) $\mu_k \to \mu$ schwach. Somit ist die identische Abbildung von $(N,\tilde{d})$ nach N mit der schwachen Topologie stetig. Da die Umkehrabbildung offenbar ebenfalls stetig ist, wird die schwache Topologie auf N durch die Metrik $\tilde{d}$ definiert. Ist nun $D \subset X$ abzählbar und dicht, so liegen die (abzählbar vielen) endlichen rationalen Linearkombinationen von Dirac-Maßen δ_x, $x \in D$, nach 13.64 dicht in N. Also ist N separabel metrisierbar. ∎

(13.74) Satz. Sei $N \subset M^+(X,\mathfrak{B})$ normbeschränkt und schwach abgeschlossen. Ist X kompakt metrisierbar, so ist es auch N (mit der schwachen Topologie) .

Beweis. Als kompakter metrischer Raum ist X separabel. Also ist N nach 13.73 metrisierbar. Da X kompakt ist, ist $C_b(X) = C_0(X)$, also die schwache gleich der schwach*-Topologie. Als schwach* abgeschlossene normbeschränkte Teilmenge des Dualraums $C_0(X)' = M(X)$ ist N nach dem Satz von Alaoglu A18 kompakt. ∎

(13.75) Satz. Sei X ein metrischer Raum und sei N eine normbeschränkte und straffe Teilmenge von M(X). Dann ist N schwach relativ kompakt.
(Umgekehrt gilt: Ist zusätzlich X vollständig und separabel, also polnisch, so ist jede schwach relativ kompakte Menge von M^+ straff. (vgl. 13.83))

Beweis. Es genügt, die Behauptung für $N \subset M^+$ zu zeigen. Gemäß 13.32 können wir N als beschränkte Teilmenge von $C_b(X)'$ auffassen, weshalb N nach dem Satz von Alaoglu in der von $C_b(X)$ auf $C_b(X)'$ induzierten Topologie relativ kompakt ist. Ist φ aus dem Abschluß von N in dieser Topologie, so gilt $\varphi \in C_b(X)'$ und, wegen $N \subset M^+$, $\varphi \geq 0$. Um

$\varphi(f) = \int f d\mu$ mit einem Borel-Maß μ zu erhalten, genügt es nach 13.32 zu zeigen, daß φ ein Daniell-Integral ist. Sei also $\{f_n\}$ eine Folge in $C_b(X)$ mit $f_n \downarrow 0$. Sei $\varepsilon > 0$ und sei K kompakt mit $\nu(X \setminus K) < \varepsilon$ für alle $\nu \in N$. Nach dem Satz von Dini 13.8 gilt $f_n \to 0$ gleichmäßig auf K, also $|f_n| < \varepsilon$ auf K für $n > n_0$. Für solches n und $\nu \in N$ gilt

$$\int f_n d\nu = \int_K f_n d\nu + \int_{X \setminus K} f_n d\nu \le \varepsilon \, \|\nu\| + \|f_1\|_{sup} \cdot \varepsilon \le const \cdot \varepsilon \, ,$$

also, da φ im Abschluß von N liegt, auch $\varphi(f_n) \le const \cdot \varepsilon$ für $n > n_0$, d.h. $\varphi(f_n) \to 0$. Somit ist φ ein Daniell-Integral und es gibt nach 13.32 ein endliches Borel-Maß μ mit $\varphi(f) = \int f d\mu \; \forall f \in C_b(X)$. Da nun μ im schwachen Abschluß von N liegt, ist gezeigt, daß der Abschluß von N in $C_b(X)'$ gleich dem schwachen Abschluß in M ist. Mithin ist dieser Abschluß kompakt und damit N schwach relativ kompakt. ∎

(13.76) Folgerung. Sei X ein separabler metrischer Raum und $\{\mu_n\}$ eine straffe normbeschränkte Folge in M(X). Es gilt $\mu_n \to \mu$ schwach genau dann, wenn jede schwach konvergente Teilfolge von $\{\mu_n\}$ den schwachen Grenzwert μ hat.

Beweis. $\Rightarrow$ ist klar.

$\Leftarrow$: Gelte $\mu_n \nrightarrow \mu$. Dann gibt es eine schwache μ-Umgebung U und eine Teilfolge $\{\mu_{n'}\}$, die außerhalb von U bleibt. Nach 13.75 und 13.73 hat $\{\mu_{n'}^+\}$ eine konvergente Teilfolge $\{\mu_{n''}^+\}$. Ebenso hat $\{\mu_{n''}^-\}$ eine konvergente Teilfolge $\{\mu_{n'''}^-\}$. Somit ist $\mu_{n'''} = \mu_{n'''}^+ - \mu_{n'''}^-$ konvergent. Wegen $\mu_{n'''} \notin U$ ist der Grenzwert von μ verschieden. ∎

(13.77) Satz. Sei $N \subset M^+(X)$ eine normbeschränkte schwach abgeschlossene Menge. Ist X ein polnischer Raum (d.h. vollständig metrisierbar und separabel) , so ist es auch N mit der schwachen Topologie.

Beweis. (a) Sei X polnisch. Nach Satz A4 läßt sich X homöomorph in einen kompakten metrischen Raum Y einbetten und zwar als G_δ-Menge, d.h. es gibt offene Mengen $U_n \subset Y$ mit $X = \bigcap_n U_n$.

(b) Ist $c = \sup \{ \|\nu\| \mid \nu \in N\}$, so genügt es, die Behauptung statt für N für $N_1 = \{\mu \in M^+(X) \mid \|\mu\| \le c\}$ zu zeigen. Sei $N_2 = \{\mu \in M^+(Y) \mid \|\mu\| \le c\}$ und $N_0 = \{\mu \in N_2 \mid \mu(Y \setminus X) = 0\}$. Für $\nu \in N_1$ definieren wir $\tilde{\nu} \in N_2$ durch $\tilde{\nu}(B) = \nu(X \cap B)$ für $B \in \mathbb{B}(Y)$. Offenbar ist $\nu \mapsto \tilde{\nu}$ eine Bijektion von N_1 auf N_0. Wegen $C_b(Y)|_X \subset C_b(X)$ ist diese Abbildung stetig bezüglich der schwachen Topologien. Sie ist auch offen, denn jede gleichmäßig stetige beschränkte Funktion auf X läßt sich stetig auf den Abschluß $\overline{X}$ und dann nach Tietzes Fortsetzungssatz zu einer stetigen Funktion auf ganz Y fortsetzen, und nach dem Portemanteau-Satz 13.67 wird von den gleichmäßig stetigen beschränkten Funktionen die schwache Topologie auf $M^+(X)$ induziert.

(c) Nach 13.74 ist N_2 kompakt metrisierbar, also insbesondere polnisch. Um zu erhalten, daß N_0 und damit gemäß der in (b) erzielten Homöomorphie auch N_1 polnisch ist, genügt es, daß N_0 eine G_δ-Menge in N_2 ist. Wegen $X = \bigcap_n U_n$ gilt

$N_0 = \bigcap_n \bigcap_k \{\mu \in N_2 \mid \mu(Y \backslash U_n) < \frac{1}{k}\}$. Die Mengen $\{\mu \in N_2 \mid \mu(Y \backslash U_n) < \frac{1}{k}\}$ sind offen, weil ihre Komplemente abgeschlossen sind: Für μ, $\mu_m \in N_2$ mit $\mu_m \to \mu$ schwach und $\mu_m(Y \backslash U_n) \geq \frac{1}{k}$ $\forall m$ gilt nach 13.67 $\mu(X \backslash U_n) \geq \lim_m \sup \mu_m(X \backslash U_n) \geq \frac{1}{k}$. Somit ist N_0 eine G_δ-Menge in N_2, also polnisch und folglich N_1 polnisch. ∎

(13.78) Bemerkung. Für die Sätze 13.73, 13.74, 13.77 gibt es Umkehrungen, die aus den jeweiligen Eigenschaften von N (metrisierbar, separabel, kompakt metrisierbar, vollständig metrisierbar) die gleichen Eigenschaften für X folgern. Als Voraussetzung hierfür benötigt man, daß N alle Dirac-Maße δ_x, $x \in X$, enthält, daß X vollständig regulär ist, es also zu jedem $x \in X$ und jeder x-Umgebung V eine stetige Funktion f: $X \to [0,1]$ mit $f(x) = 1$ und $f|_{X \backslash V} = 0$ gibt, sowie daß $C_b(X)$ Punkte von X trennt, es also zu $x \neq y \in X$ ein $f \in C_b(X)$ mit $f(x) \neq f(y)$ gibt (zum Beispiel hat jedes metrisierbare X diese Eigenschaften). Dann ist die Abbildung $x \mapsto \delta_x$ ein Homöomorphismus von X auf sein Bild in M(X) (Beweis wie bei 13.66). Für die Eigenschaft „kompakt metrisierbar" benutzt man zusätzlich 13.81. Ohne topologische Voraussetzungen sind die erwähnten Umkehrungen sämtlich falsch.

Beispiele, Übungen, Ergänzungen

(13.79) Sei $a \in \mathbb{R}$. Man gebe eine Folge $\{f_n\}$ in $\mathcal{L}^1(\mathbb{R})^+$ mit $\int f_n(x)dx = 1$ $\forall n$ an, die schwach* gegen δ_a konvergiert.

(13.80) Die schwache Topologie auf $M(\mathbb{R})$ ist *nicht* die schwache Topologie im Sinne der Funktionalanalysis: Sei δ_0 das Dirac-Maß in Punkt 0. Da $\mathcal{L}^1(\mathbb{R})$ abgeschlossen in $M(\mathbb{R})$ ist und δ_0 nicht in $\mathcal{L}^1(\mathbb{R})$ liegt, gibt es nach dem Satz von Hahn-Banach A 19 ein stetiges Funktional φ: $M(\mathbb{R}) \to \mathbb{R}$ mit $\varphi|_{\mathcal{L}^1(\mathbb{R})} = 0$ und $\varphi(\delta_0) = 1$. Setzen wir $f_n = n \cdot \chi_{(0, 1/n)}$, so gilt $f_n \to \delta_0$ schwach, aber $0 = \varphi(f_n) \not\to \varphi(\delta_0) = 1$.

(13.81) (a) Sei X ein separabler metrischer Raum. Die Menge der Dirac-Maße $D = \{\delta_x | x \in X\}$ ist schwach abgeschlossen in $M(X, \mathbb{B})$.

Beweisskizze. (i) Für μ im schwachen Abschluß von D gilt $\mu(A) = 0$ oder 1 für jedes Borelsche A. (Zu $A \in \mathbb{B}$ und $\varepsilon > 0$ gibt es $B \in \mathbb{B}$ mit $\mu(\partial B) = 0$ und $|\mu(A) - \mu(B)| < \varepsilon$. Nun den Portemanteau-Satz 13.67 anwenden).

(ii) Ein Borel-Maß auf X, das nur die Werte 0 und 1 annimmt, ist ein Dirac-Maß. (Wegen der Separabilität gibt es zu $n \in \mathbb{N}$ ein $x_n \in X$, für welches die Kugel $K_{1/n}(x_n)$ Maß > 0 (also Maß = 1) hat. Die Menge $\bigcap_1^\infty K_{1/n}(x_n)$ hat Maß $\lim_{k \to \infty} \mu(\bigcap_1^k K_{1/n}(x_n)) = 1$ und enthält höchstens einen, also genau einen Punkt x. Es gilt $\mu = \delta_x$).

(b) Sei X ein metrischer Raum. Man zeige, daß die Menge D der Dirac-Maße schwach Folgen-abgeschlossen in M ist (d.h. aus $\delta_{x_n} \to \mu$ schwach folgt $\mu = \delta_x$ für ein $x \in X$).

(13.82) Sei X polnisch, also separabel vollständig metrisierbar. Sind $\mu, \mu_n \in M^+(X, \mathbb{B})$ mit $\mu_n \to \mu$ schwach, so ist die Folge $\{\mu_n\}$ straff.

Beweis (Variation der letzten Zeilen von 13.26):

(i) Sei $\{x_i \mid i \in \mathbb{N}\}$ dicht in X, sei $\varepsilon > 0$ und sei $n \in \mathbb{N}$. Da X von den offenen Kugeln $K_{1/n}(x_i)$, $i \in \mathbb{N}$, überdeckt wird, gibt es $k_n \in \mathbb{N}$ mit $\mu(X \setminus \bigcup_{i=1}^{k_n} K_{1/n}(x_i)) < \frac{\varepsilon}{2^n}$.

(ii) Wegen $\mu_n \to \mu$ schwach gilt nach dem Portemanteau-Satz
$\limsup_m \mu_m(X \setminus \bigcup_{i=1}^{k_n} K_{1/n}(x_i)) < \frac{\varepsilon}{2^n}$, also $\mu_m(X \setminus \bigcup_{i=1}^{k_n} K_{1/n}(x_i)) < \frac{\varepsilon}{2^n}$ für $m > m_0$.

(iii) Da (i) statt für μ auch für $\mu_1, \ldots, \mu_{m_0}$ durchgeführt werden kann, ergibt sich zusammen mit (ii) die Existenz von $r_n \geq k_n$ mit $\mu_m(X \setminus \bigcup_{i=1}^{r_n} K_{1/n}(x_i)) < \frac{\varepsilon}{2^n}$ für alle $m \in \mathbb{N}$.

(iv) Die Menge $K = \bigcap_n (\bigcup_{i=1}^{r_n} \overline{K}_{1/n}(x_i))$, wo $\overline{K}_{1/n}(x_i)$ die abgeschlossene Kugel bezeichnet, ist abgeschlossen und total beschränkt, also kompakt, und erfüllt $\mu_m(X \setminus K) < \varepsilon$ für alle m. ∎

(13.83) Aus 13.82 kann man folgende Umkehrung von 13.75 erhalten:

Satz. Ist X polnisch und $N \subset M^+(X, \mathbb{B})$ schwach relativ kompakt, so ist N straff.

Beweis. (a) Ist $\{x_i \mid i \in \mathbb{N}\}$ dicht in X, $\varepsilon > 0$ und $n \in \mathbb{N}$, so gibt es $r_n \in \mathbb{N}$ mit

$$\mu(X \setminus \bigcup_{i=1}^{r_n} K_{1/n}(x_i)) < \frac{\varepsilon}{2^n} \quad \text{für alle } \mu \in N,$$ denn sonst gäbe es mit Hilfe von 13.82(i)

eine induktiv definierte Folge $\{\mu_m\}$ in N und Indizes $k_1 < k_2 < \ldots$ mit

$$\mu_m(X \setminus \bigcup_{i=1}^{k_m} K_{1/n}(x_i)) < \frac{\varepsilon}{2^n}, \quad \mu_{m+1}(X \setminus \bigcup_{i=1}^{k_m} K_{1/n}(x_i)) \geq \frac{\varepsilon}{2^n}.$$ Nimmt man eine schwach

konvergente Teilfolge von $\{\mu_m\}$, so folgt aus 13.82 (iii) ein Widerspruch.

(b) Aus (a) und dem Argument von 13.82 (iv) folgt die Straffheit von N. ∎

(13.84) 13.75 zusammen mit 13.83 wird auch als Satz von Prohorov bezeichnet. Für polnisches X und unter Berücksichtigung des Arguments von 13.82 (iv) erhalten wir die ursprüngliche Form dieses Satzes:

Kompaktheitskriterium. Eine normbeschränkte Teilmenge von $M^+(X, \mathbb{B})$ ist genau dann schwach relativ kompakt, wenn es zu jedem $n \in \mathbb{N}$ und $\varepsilon > 0$ endlich viele $\frac{1}{n}$-Kugeln $K_1, \ldots, K_r$ gibt, so daß $\mu(X \setminus \bigcup_1^r K_i) < \varepsilon$ für alle $\mu \in N$ gilt.

(13.85) Ist X lokal kompakt und $N \subset M_{reg}^+(X, \mathbb{B})$ schwach relativ kompakt, so ist N straff. (Hinweis: Es genügt, Straffheit für $\{\mu \in N \mid d \leq \mu(X) \leq c\}$, wo $d, c > 0$, zu zeigen. Man kann sogar $\mu(X) = 1 \; \forall \mu \in N$ annehmen).

(13.86) Ist X lokal kompakt, so stimmen auf straffen Teilmengen von M_{reg} die vage, die schwach[*]- und die schwache Topologie überein.

(13.87) Die in diesem Kapitel 13 c für Folgen formulierten Ergebnisse und Bemerkungen gelten fast alle mit analogem (zum Teil sogar mit einfacherem) Beweis für Netze. Die Zeilen nach 13.59 sowie 13.82 gelten allerdings nicht für Netze.

14   τ - stetige Integration

τ-Stetigkeit, Bourbaki-Integral, Fortsetzung eines Bourbaki-Integrals auf $_\tau\mathcal{L}^1$, welches $\mathcal{L}^1$ enthält. Charakterisierung der $_\tau$Integrierbarkeit. Das durch ein Bourbaki-Integral $_\tau$definierte Maß $_\tau\mu$. $\mathcal{E}$-$_\tau$offene und $\mathcal{E}$-$_\tau$kompakte Mengen. Charakterisierung, äußere bzw. innere Regularität sowie Zerlegbarkeit von $_\tau\mu$ bzw. dem zugehörigen wesentlichen Maß $_\tau\mu'$. Satz von Riesz, Zerlegbarkeit für von innen reguläre bzw. fast reguläre Borel-Maße, Satz von Riesz (2. Fassung).

Wir skizzieren die Integration bezüglich τ-stetiger Funktionale. Diese Methode ist insbesondere im Fall der Vektorverbände $\mathcal{K}(X)$ und $C_0(X)$ auf einem lokal kompakten Raum X stets anwendbar. Hauptvorteile der τ-stetigen Integration sind:

(1) Es gibt mehr integrierbare Funktionen als bei σ-stetiger Integration. Trotzdem ist der Quotientenraum L^1 in beiden Fällen bis auf Isomorphie der gleiche.

(2) Das über τ-stetige Integration gewonnene Maß μ ist (anders als bei σ-stetiger Integration) stets zerlegbar. Insbesondere gilt $L^1(\mu)' = L^\infty(\mu)$. Ferner hat $L^\infty(\mu)$ stets ein Lifting, und es gilt für μ der Satz von Dunford-Pettis.

(3) Ist X lokal kompakt und gilt $\mathcal{E} = \mathcal{K}(X)$ oder $\mathcal{E} = C_0(X)$, so ist (anders als bei σ-stetiger Integration) jede Borelsche Teilmenge von X meßbar.

Im folgenden nicht ausgeführte Beweise verlaufen analog zum σ-stetigen Fall.

(14.1) Definition. Eine nichtleere Menge $\mathcal{H}$ von erweiterten reellen Funktionen auf X heißt **aufwärts gerichtet** bzw. **abwärts gerichtet**, wenn es zu $f, g \in \mathcal{H}$ ein $h \in \mathcal{H}$ mit $f \le h$ und $g \le h$ (bzw. $f \ge h$ und $g \ge h$) gibt. Ein positives lineares Funktional I auf einem reellen Funktionenraum $\mathcal{E}$ auf X heißt **τ-stetig**, wenn für jede aufwärts gerichtete Menge $\mathcal{H} \subset \mathcal{E}$ mit $\sup_{f \in \mathcal{H}} f \ge 0$ gilt: $\sup_{f \in \mathcal{H}} If \ge 0$. Wir nennen ein solches Funktional auch **Bourbaki-Integral.**

(14.2) Bemerkung: (a) Äquivalent zur τ-Stetigkeit von I ist: Für jedes $g \in \mathcal{E}$ und jede aufwärts gerichtete Menge $\mathcal{H} \subset \mathcal{E}$ mit $\sup_{f \in \mathcal{H}} f \ge g$ gilt $\sup_{f \in \mathcal{H}} If \ge Ig$.

(b) Ist $\mathcal{E}$ ein Verband, so ist die τ-Stetigkeit von I äquivalent zu den in (a) und 14.1 genannten Bedingungen mit $=$ anstelle von $\ge$. Ebenso äquivalent ist dann: Für jede abwärts gerichtete Menge $\mathcal{H} \subset \mathcal{E}$ mit $\inf_{f \in \mathcal{H}} f = 0$ gilt $\inf_{f \in \mathcal{H}} If = 0$.

(c) Jedes Bourbaki-Integral ist insbesondere ein Daniell-Integral, denn die zu einer aufsteigenden Folge gehörende Menge ist aufwärts gerichtet.

(14.3) Proposition. Ist X lokal kompakt , so ist jedes positive lineare Funktional auf $\mathcal{K}(X)$ τ-stetig.

Beweis. Sei $\mathcal{H} \subset \mathcal{K}(X)$ aufwärts gerichtet mit $\sup_{f \in \mathcal{H}} f \geq 0$. Sei $f_0 \in \mathcal{H}$, sei K der Träger von f_0 und sei $g \in \mathcal{K}(X)^+$ mit $g > 0$ auf K. Ist $\varepsilon > 0$, so gilt $\sup_{f \in \mathcal{H}} f > -\varepsilon g$ auf K. Zu $x \in K$ gibt es deshalb $f_x \in \mathcal{H}$ und eine Umgebung U_x von x mit $f_x > -\varepsilon g$ auf U_x. Endlich viele $U_{x_1}, \ldots, U_{x_n}$ überdecken K, und für $f \in \mathcal{H}$ mit $f \geq f_0, f_{x_1}, \ldots, f_{x_n}$ gilt $f \geq -\varepsilon g$, zunächst auf K, aber auch außerhalb K, denn dort ist $f \geq f_0 = 0$. Es folgt $If \geq -\varepsilon Ig$, also $\sup_{f \in \mathcal{H}} If \geq 0$, da $\varepsilon > 0$ beliebig war. $\blacksquare$

Sei im Folgenden I ein τ-stetiges positives lineares Funktional auf einem Vektorverband $\mathcal{E}$. Wir verfahren analog wie in Kapitel 2 und 4, versehen aber zur Unterscheidung die entsprechenden Symbole oder Begriffe in der Regel mit einem linksseitigen Index τ. Für beliebiges $f: X \to [0,\infty]$ setzen wir

$$(14.4) \qquad {}_\tau \bar{I}f = \inf\{ \sup_{h \in \mathcal{H}} Ih \mid \mathcal{H} \subset \mathcal{E}^+ \text{ aufwärts gerichtet, } \sup_{h \in \mathcal{H}} h \geq f \}.$$

Offenbar gilt ${}_\tau \bar{I}f \leq \bar{I}f$. Wie das Oberintegral $\bar{I}$ ist ${}_\tau \bar{I}$ isoton, positiv homogen und abzählbar subaddititv. (Für den Beweis der abzählbaren Subadditivität benutzt man: Sind $\mathcal{H}_n \subset \mathcal{E}^+$ aufwärts gerichtete Mengen, $n \in \mathbb{N}$, so ist die Menge $\mathcal{H} = \{ \sum_1^k h_n \mid k \in \mathbb{N}, h_i \in \mathcal{H}_i$ für $i = 1, \ldots k \}$ aufwärts gerichtet, und es gilt $\sum_1^\infty \sup_{f \in \mathcal{H}_n} f = \sup_{f \in \mathcal{H}} f$). Wegen der τ-Stetigkeit von I gilt ${}_\tau \bar{I}f = If$ für $f \in \mathcal{E}^+$. Für beliebiges $g: X \to \overline{\mathbb{R}}$ setzen wir ${}_\tau \|g\| = {}_\tau \bar{I}(|g|)$ und definieren die Begriffe ${}_\tau$Nullfunktion, ${}_\tau$Nullmenge, ${}_\tau$fast überall (${}_\tau$f.ü.), ${}_\tau$äquivalent ($f {}_\tau \sim g$) analog zu 2.10. Es gelten dann die Eigenschaften 2.11 (mit Zusatz ${}_\tau$ und gleichem Beweis). ${}_\tau \mathcal{L}^1$ wird definiert als der Raum aller erweiterten reellen Funktionen, die sich in ${}_\tau \| \ \|$ durch Elemente von $\mathcal{E}$ approximieren lassen. Elemente von ${}_\tau \mathcal{L}^1$ heißen ${}_\tau$integrierbar (bezüglich I). Für $f \in {}_\tau \mathcal{L}^1$ wird das ${}_\tau$Integral ${}_\tau\int fdI$ definiert durch

$$(14.5) \qquad {}_\tau\int fdI = \lim If_n, \quad \text{wo } f_n \in \mathcal{E} \text{ mit } {}_\tau\|f - f_n\| \to 0.$$

Wegen ${}_\tau\| \ \| \leq \| \ \|$ gilt $\mathcal{L}^1 \subset {}_\tau \mathcal{L}^1$ und ${}_\tau\int fdI = \int fdI$ für $f \in \mathcal{L}^1$, weshalb wir auf den Index

$_\tau$ beim Integral verzichten können. Die Eigenschaften von $_\tau\mathcal{L}^1$ und dem Integral darauf sind wie in 2.13 und 2.17, ebenso gelten die Konvergenzsätze 2.21 bis 2.30 für $_\tau\mathcal{L}^1$ (gleiche Beweise).

Ist $\mathcal{G}$ eine nichtleere Menge von erweiterten reellen Funktionen auf X, so bezeichne $\mathcal{G}^{\Uparrow}$ die Menge $\{\sup_{h\in\mathcal{H}} h \mid \mathcal{H}\subset\mathcal{G}$ aufwärts gerichtet$\}$. Für $f\in\mathcal{E}^{\Uparrow}$ und $\mathcal{H}\subset\mathcal{E}$ aufwärts gerichtet mit $\sup_{h\in\mathcal{H}} h = f$ setzen wir $_\tau If = \sup_{h\in\mathcal{H}} Ih$. Wegen der τ-Stetigkeit von I ist $_\tau I$ auf $\mathcal{E}^{\Uparrow}$ wohldefiniert. Auf $\mathcal{E}^{\uparrow}\subset\mathcal{E}^{\Uparrow}$ stimmt $_\tau I$ offenbar mit I überein (vgl. 2.31), weshalb wir auf den Index $_\tau$ bei $_\tau I$ wieder verzichten können.

(14.6) (a) Da $\mathcal{E}$ ein Verband ist, liegt mit f und g auch $f\wedge g$ in $\mathcal{E}^{\Uparrow}$. Für die Supremumsbildung gilt sogar: Ist $\mathcal{H}\subset\mathcal{E}^{\Uparrow}$ beliebig nichtleer, so folgt $\sup_{h\in\mathcal{H}} h\in\mathcal{E}^{\Uparrow}$.

(b) Ist $f\in\mathcal{E}^{\Uparrow}$, so gibt es $g\in\mathcal{E}$ und $h\in(\mathcal{E}^+)^{\Uparrow}$ mit $f = g + h$. Falls $If < \infty$ und $\varepsilon > 0$, ist eine solche Darstellung mit $Ih < \varepsilon$ möglich.

Beweis. (a) Man benutzt, daß für aufwärts gerichtete Mengen $\mathcal{H}_i\subset\mathcal{E}$, $i\in I$, auch die Mengen $\{h_1\wedge h_2 \mid h_1\in\mathcal{H}_{i_1}, h_2\in\mathcal{H}_{i_2}\}$ sowie $\{h_1\vee\ldots\vee h_n \mid n\in\mathbb{N}, h_j\in\bigcup_{i\in I}\mathcal{H}_i$ für $j = 1,\ldots, n\}$ aufwärts gerichtete Teilmengen von $\mathcal{E}$ sind, die das Supremum $(\sup_{h\in\mathcal{H}_{i_1}} h)\wedge(\sup_{k\in\mathcal{H}_{i_2}} k)$ bzw. $\sup_{i\in I}(\sup_{h\in\mathcal{H}_i} h)$ haben.

(b) Ist $\mathcal{H}\subset\mathcal{E}$ aufwärts gerichtet mit $\sup_{h\in\mathcal{H}} h = f$ und ist $g\in\mathcal{H}$ und $\mathcal{H}'$ die aufwärts gerichtete Menge der nichtnegativen Elemente von $\{h - g \mid h\in\mathcal{H}\}$, so gilt $f = g + \sup_{k\in\mathcal{H}'} k$.

Ist $Ig > If - \varepsilon$, so gilt $\sup_{k\in\mathcal{H}'} Ik < \varepsilon$. $\blacksquare$

Ist $f\in\mathcal{E}^{\Uparrow}$ und $If < \infty$, so folgt aus 14.6(b) insbesondere $f\in{_\tau\mathcal{L}^1}$, denn $_\tau\|f - g\| = {_\tau\bar{I}h} \leq Ih < \varepsilon$.

Wir definieren ein Ober- bzw. Unterintegral $_\tau I^*$ bzw. $_\tau I_*$ durch $_\tau I^* f = \inf\{Ig \mid g\in\mathcal{E}^{\Uparrow}, g \geq f\}$ und $_\tau I_* f = - {_\tau I^*}(- f)$. Für $f\in\mathcal{E}^{\Uparrow}$ gilt $_\tau I^* f = {_\tau I_* f} = If$, für nichtnegative erweiterte reelle Funktionen g gilt $_\tau I^* g = {_\tau\bar{I}g}$, wie beides leicht zu sehen. Wie in 2.33 und 2.36 erhalten wir

(14.7) Charakterisierung von $_\tau\mathcal{L}^1$ **und dem Integral.** Für f: $X \to \overline{\mathbb{R}}$ sind äquivalent:

  (i) $f \in {}_\tau\mathcal{L}^1$

  (ii) $_\tau I^* f = {}_\tau I_* f \in \mathbb{R}$

  (iii) Zu $\varepsilon > 0$ gibt es $u, v \in \mathcal{E}^{\Uparrow}$ mit $-u \le f \le v$ und $I(u + v) < \varepsilon$.

  (iv) $f \underset{\tau}{\sim} u - v$ mit $u, v \in \mathcal{E}^{\Uparrow}$, $Iu, Iv < \infty$.

Ist eine und damit jede der äquivalenten Bedingungen (i) – (iv) erfüllt, so gilt
$\int f = {}_\tau I^* f = {}_\tau I_* f = Iu - Iv$ (wenn u und v wie in (iv) sind).

Wie wir schon sahen, gilt stets $\mathcal{L}^1 \subset {}_\tau\mathcal{L}^1$. Eine Art Umkehrung hierzu ist

(14.8) Zu $f \in {}_\tau\mathcal{L}^1$ gibt es $g \in \mathcal{L}^1$ mit $g \underset{\tau}{\sim} f$.

Beweis. Sind $f_n \in \mathcal{E}$ mit $_\tau\|f - f_n\| \to 0$, so ist $\{f_n\}$ eine Cauchy-Folge bezüglich $_\tau\| \ \|$. Wegen $|f_n - f_m| \in \mathcal{E} \subset \mathcal{L}^1 \subset {}_\tau\mathcal{L}^1$ gilt $\|f_n - f_m\| = \int |f_n - f_m| = {}_\tau\|f_n - f_m\|$, d.h. $\{f_n\}$ ist eine Cauchy-Folge bezüglich $\| \ \|$. Es gibt also nach 2.23 ein $g \in \mathcal{L}^1$ mit $\|g - f_n\| = {}_\tau\|g - f_n\| \to 0$. Wegen $_\tau\|f - g\| \le {}_\tau\|f - f_n\| + {}_\tau\|f_n - g\| \to 0$ folgt $f \underset{\tau}{\sim} g$. ∎

Bezeichnen wir den Quotientenraum $_\tau\mathcal{L}^1/{}_{\tau\sim}$ mit $_\tau L^1$, so folgt aus 14.8 $_\tau L^1 \cong L^1$.

Wenn man τ-stetige Integration im Falle eines Funktionenraumes $\mathcal{E}$ durchführen möchte, der kein Verband ist, so gilt sinngemäß 2.38.

Definieren wir $_\tau\mathfrak{J} = \{A \subset X \mid \chi_A \in {}_\tau\mathcal{L}^1\}$, so ist $_\tau\mathfrak{J}$ ein Ring, und offenbar gilt $\mathfrak{J} \subset {}_\tau\mathfrak{J}$. Die Menge $_\tau\mathfrak{M} = \{B \subset X \mid B \cap A \in {}_\tau\mathfrak{J}$ für jedes $A \in {}_\tau\mathfrak{J}\}$ der (I-)$_\tau$**meßbaren Mengen** ist eine σ-Algebra. Durch

$$_\tau\mu(A) = \begin{cases} \int \chi_A & \text{wenn } A \in {}_\tau\mathfrak{J} \\ \infty & \text{sonst} \end{cases}$$

wird ein Maß $_\tau\mu$ auf $_\tau\mathfrak{M}$ definiert. In Analogie zu 4.4 nennen wir $_\tau\mu$ das **durch I** $_\tau$**definierte Maß.**

Für den Rest dieses Kapitels sei $\mathcal{E}$ (und damit $_\tau\mathcal{L}^1$) ein Stonescher Verband. Für jedes $\alpha > 0$ und $f \in {}_\tau\mathcal{L}^1$ gilt dann $\{f > \alpha\} \in {}_\tau\mathfrak{J}$ (Beweis wie in 4.9), woraus die

$_\tau\mathfrak{M}$-Meßbarkeit $_\tau$integrierbarer Funktionen folgt. Ferner gilt

$_\tau\mu(A) = _\tau\bar{I}\chi_A = _\tau I^*\chi_A \ \forall A \in {_\tau\mathfrak{M}}$, d.h. aus $_\tau I^*\chi_A < \infty$, $A \in {_\tau\mathfrak{M}}$ folgt $A \in {_\tau\mathfrak{I}}$. Ist nämlich $f \in \mathcal{E}^{\Uparrow}$ mit $f \geq \chi_A$ und $If < \infty$, so gilt $f \in {_\tau\mathcal{L}^1}$, also $\{f \geq 1\} \in {_\tau\mathfrak{I}}$ und deshalb $A = A \cap \{f \geq 1\} \in {_\tau\mathfrak{I}}$.

(14.9)   Es gilt $\mathfrak{M} \subset {_\tau\mathfrak{M}}$.

Beweis. Sei $A \in \mathfrak{M}$ und $B \in {_\tau\mathfrak{I}}$. Nach 14.8 gibt es $g \in \mathcal{L}^1$ mit $g \ {_\tau\sim} \ \chi_B$. Für $B' = \{g = 1\}$ gilt $B' \in \mathfrak{I}$ und $_\tau\mu(B \Delta B') \leq {_\tau\mu}(\{\chi_B \neq g\}) = 0$, also $\chi_B \ {_\tau\sim} \ \chi_{B'}$. Es folgt $\chi_{A \cap B} \ {_\tau\sim} \ \chi_{A \cap B'} \in \mathcal{L}^1$, da $A \cap B' \in \mathfrak{I}$. Also ist $\chi_{A \cap B} \in {_\tau\mathcal{L}^1}$, d.h. $A \cap B \in {_\tau\mathfrak{I}}$ und somit $A \in {_\tau\mathfrak{M}}$. $\blacksquare$

(14.10) Nachbemerkung. Ist μ wie in 4.4, so stimmen μ und $_\tau\mu$ gemäß der Zeile nach 14.5 auf $\mathfrak{I}$, aber nicht notwendig auf $\mathfrak{M}$ überein (denn es kann Mengen $A \in ({_\tau\mathfrak{I}} \cap \mathfrak{M}) \setminus \mathfrak{I}$ geben).

(14.11) Wie früher gilt der Satz von Stone: $_\tau\mathcal{L}^1 = \mathcal{L}^1[_\tau\mu]$ mit Gleichheit der Integrale, was übrigens auch zeigt, daß jedes $_\tau\mathcal{L}^1$ auch ein „gewöhnliches" $\mathcal{L}^1$ ist.

(14.12) Jedes $f \in \mathcal{E}^{\Uparrow}$ ist $_\tau\mathfrak{M}$-meßbar.

Beweis. Es genügt $\{f > \alpha\} \in {_\tau\mathfrak{M}}$ für $f \in \mathcal{E}^{\Uparrow}$, $\alpha < 1$ zu zeigen (für $\alpha \geq 1$ betrachte man $\{\frac{f}{2\alpha} > \frac{1}{2}\}$). Sei $A \in {_\tau\mathfrak{I}}$ und sei $g \in \mathcal{E}^{\Uparrow}$ mit $Ig < \infty$, $g \geq \chi_A$. Wegen $f \wedge g \in \mathcal{E}^{\Uparrow}$ $I(f \wedge g) \leq Ig < \infty$ gilt $f \wedge g \in {_\tau\mathcal{L}^1}$ und somit $\{f \wedge g > \alpha\} \in {_\tau\mathfrak{I}}$. Wegen $\alpha < 1$ und $g \geq \chi_A$ folgt nun $\{f > \alpha\} \cap A = \{f \wedge g > \alpha\} \cap A \in {_\tau\mathfrak{I}}$. Also gilt $\{f > \alpha\} \in {_\tau\mathfrak{M}}$ nach Definition. $\blacksquare$

(14.13) Definition. Für $\alpha > 0$ und $f \in \mathcal{E}^{\Uparrow}$, $g \in \mathcal{E}^{\Downarrow} \overset{\text{def}}{=} -\mathcal{E}^{\Uparrow}$ heiße die Menge $\{f > \alpha\}$ $\mathcal{E}$-$_\tau$**offen**, die Menge $\{g \geq \alpha\}$ $\mathcal{E}$-$_\tau$**kompakt**. (Es genügt, sich auf $\alpha = 1$ zu beschränken, denn man kann $\frac{f}{\alpha}$ und $\frac{g}{\alpha}$ statt f und g betrachten).

(14.14) Bemerkung. Ist X lokal kompakt und $\mathcal{E} = \mathcal{K}(X)$ oder $\mathcal{C}_0(X)$, so stimmen die offenen bzw. kompakten Mengen gerade mit den $\mathcal{E}$-$_\tau$offenen bzw. $\mathcal{E}$-$_\tau$kompakten Mengen überein (Übung 14.34). Da nach 14.12 die beiden letzteren stets in $_\tau\mathfrak{M}$ liegen, ist in diesem Fall also die Borelsche σ-Algebra $\mathfrak{B}(X)$ in $_\tau\mathfrak{M}$ enthalten.

(14.15) Charakterisierung $\mathcal{E}$-$_\tau$offener Mengen. Eine Menge $U \subset X$ ist genau dann $\mathcal{E}$-$_\tau$offen, wenn ihre charakteristische Funktion χ_U in $\mathcal{E}^{\Uparrow}$ liegt.

Beweis. (a) Gilt $\chi_U \in \mathcal{E}^{\Uparrow}$, so ist $U = \{\chi_U > \frac{1}{2}\}$ nach Definition $\mathcal{E}$-$_\tau$offen.

(b) Für beliebiges $f > -\infty$ und $f_n \overset{\text{def}}{=} n(f \wedge (1 + \frac{1}{n}) - f \wedge 1)$ gilt $f_n \uparrow \chi_{\{f>1\}}$, wie schon im Beweis von 4.9 benutzt. Bei festem n ist f_n isoton in f (d.h. aus $f \le g$ folgt $f_n \le g_n$). Ist nun $f \in \mathcal{E}^{\Uparrow}$ das Supremum einer aufwärts gerichteten Menge $\mathcal{H} \subset \mathcal{E}$, so ist $\mathcal{H}' = \{h_n \mid h \in \mathcal{H}, n \in \mathbb{N}\} \subset \mathcal{E}$ aufwärts gerichtet mit Supremum $\chi_{\{f>1\}}$. Also gilt $\chi_{\{f>1\}} \in \mathcal{E}^{\Uparrow}$. Da jede $\mathcal{E}$-$_\tau$offene Menge U in der Form $\{f > 1\}$ mit einem $f \in \mathcal{E}^{\Uparrow}$ geschrieben werden kann, folgt $\chi_U \in \mathcal{E}^{\Uparrow}$. ∎

Nachbemerkung. Das gleiche Argument, auf Folgen vereinfacht, liefert:

$$U \text{ ist } \mathcal{E}\text{-offen} \Leftrightarrow \chi_U \in \mathcal{E}^{\uparrow}.$$

(14.16) Charakterisierung $\mathcal{E}$-$_\tau$kompakter Mengen. Eine Menge $K \subset X$ ist genau dann $\mathcal{E}$-$_\tau$kompakt, wenn ihre charakteristische Funktion χ_K in $\mathcal{E}^{\Downarrow}$ liegt.

Beweis. Analog wie in 14.15, unter Verwendung von

$$f_n \overset{\text{def}}{=} n\,(f \wedge 1 - f \wedge (1 - \tfrac{1}{n})) \downarrow \chi_{\{f \ge 1\}}. \quad \blacksquare$$

Nachbemerkung. Das gleiche Argument, auf Folgen vereinfacht, liefert:

$$K \text{ ist } \mathcal{E}\text{-kompakt} \Leftrightarrow \chi_K \in \mathcal{E}^{\downarrow}.$$

(14.17) (a) Das System $\mathfrak{O}$ der $\mathcal{E}$-$_\tau$offenen Mengen ist abgeschlossen unter endlichem Durchschnitt und beliebiger (auch überabzählbarer) Vereinigung. Ist $\mathfrak{U} \subset \mathfrak{O}$ aufwärts gerichtet, d.h. gibt es zu $U, V \in \mathfrak{U}$ ein $W \in \mathfrak{U}$ mit $U \cup V \subset W$, so gilt

$$_\tau\mu(\bigcup_{U \in \mathfrak{U}} U) = \sup_{U \in \mathfrak{U}} \,_\tau\mu(U).$$

(b) Das System $\mathfrak{K}$ der $\mathcal{E}$-$_\tau$kompakten Mengen ist abgeschlossen unter endlicher Vereinigung und beliebigem Durchschnitt. Ist $\mathfrak{H} \subset \mathfrak{K}$ abwärts gerichtet, d.h. gibt es zu $H,K \in \mathfrak{H}$ ein $L \in \mathfrak{H}$ mit $H \cap K \supset L$, so gilt

$$_\tau\mu(\bigcap_{H \in \mathfrak{H}} H) = \inf_{H \in \mathfrak{H}} {}_\tau\mu(H).$$

Beweis. (a) folgt aus 14.6 (a) und 14.15 zusammen mit dem folgenden Satz 14.18. Analog ergibt sich (b). ∎

Bemerkung: Es sei noch erwähnt, daß für $K \in \mathfrak{K}$ stets $_\tau\mu(K) < \infty$ gilt (denn ist $f \in \mathcal{E}^+$ mit $f \geq \chi_K$, so gilt $_\tau\mu(K) \leq \int fd_\tau\mu = If < \infty$).

(14.18) Satz von der erweiterten monotonen Konvergenz für $\mathcal{E}^{\Uparrow}$. Sei $\mathcal{H} \subset \mathcal{E}^{\Uparrow}$ aufwärts gerichtet. Für $f = \sup_{h \in \mathcal{H}} h$ gilt $f \in \mathcal{E}^{\Uparrow}$ und $If = \sup_{h \in \mathcal{H}} Ih$.

Beweis. Nach 14.6 gilt $f \in \mathcal{E}^{\Uparrow}$. Offenbar gilt $If \geq \sup_{h \in \mathcal{H}} Ih$, es bleibt $\leq$ zu zeigen. Sei

$\mathcal{H}' = \{k \in \mathcal{E} \mid$ Es gibt $h \in \mathcal{H}$ mit $k \leq h\}$. Da $\mathcal{H}$ aufwärts gerichtet ist, ist es auch $\mathcal{H}'$. Da

$h = \sup_{\substack{k \in \mathcal{E} \\ k \leq h}} k$ für jedes $h \in \mathcal{H}$ gilt (ja sogar für jedes $h \in \mathcal{E}^{\Uparrow}$), gilt $\sup_{k \in \mathcal{H}'} k = f$, und somit

$$If = \sup_{k \in \mathcal{H}'} Ik \leq \sup_{h \in \mathcal{H}} Ih. \quad ∎$$

Man überzeugt sich, daß 4.15 und 4.17 sinngemäß mit Zusatzindex $_\tau$ gelten. Insbesondere gilt für beliebiges $A \in {}_\tau\mathfrak{M}$

$$(14.19) \qquad\qquad {}_\tau\mu(A) = \inf \{ {}_\tau\mu(U) \mid U \in \mathfrak{G}, U \supset A\},$$

und für $A \in {}_\tau\mathfrak{J}$

$$(14.20) \qquad\qquad {}_\tau\mu(A) = \sup\{ {}_\tau\mu(K) \mid K \in \mathfrak{K}, K \subset A\}.$$

14.20 gilt auch für $A \in \mathfrak{G}$: Wegen 14.15 ist $_\tau\mu(A) = {}_\tau I^* \chi_A = I\chi_A = \sup\{If \mid f \in \mathcal{E}^+, f \leq \chi_A\}$. Da für solche f $If \leq \sup_n {}_\tau\mu\{f \geq \frac{1}{n}\} \leq {}_\tau\mu(A)$ gilt, folgt 14.20 für $\mathcal{E}$-$_\tau$offenes A.

(14.21) Für das zu $_\tau\mu$ gehörige wesentliche Maß $_\tau\mu'$ gilt wie in 4.17 $_\tau\mu'(A) = {_\tau}I_*\chi_A =$ $\sup\{_\tau\mu'(K) \mid K\in\mathfrak{K}, K\subset A\}$ $\forall A\in{_\tau}\mathfrak{M}$. Analog zu 4.5 nennen wir $_\tau\mu'$ das **durch I** $_\tau$**definierte wesentliche Maß**. Wegen $_\tau\mu' = {_\tau}\mu$ auf $_\tau\mathfrak{J}$ gilt $\mu = \mu' = {_\tau}\mu = {_\tau}\mu'$ auf $\mathfrak{J}$ (vgl. 14.10) und außerdem für $_\tau\mu'$ der Satz von Stone 14.11 in der schwachen Form: $\mathcal{E}\subset\mathcal{L}^1[_\tau\mu']$ und $\mathrm{I}f = \int f\mathrm{d}_\tau\mu'$ für $f\in\mathcal{E}$ (vgl. 4.12). Ferner erhalten wir wegen $_\tau\mathrm{I}^* = {_\tau}\mathrm{I}_* = \mathrm{I}$ auf $\mathcal{E}^{\Uparrow}$ aus 14.15 und 14.16, daß $_\tau\mu' = {_\tau}\mu$ auf $\mathfrak{G}$ und $\mathfrak{K}$ gilt.

(14.22) Definition. Eine Menge $A\in{_\tau}\mathfrak{J}$ heißt $_\tau\mu$-**voll**, wenn für jedes $U\in\mathfrak{G}$ mit $A\cap U\neq\emptyset$ notwendig $_\tau\mu(A\cap U) > 0$ gilt (anders gesagt: wenn aus $U\in\mathfrak{G}$, $\mu(A\cap U) = 0$ stets $A\cap U = \emptyset$ folgt).

(14.23) Lemma. Jede Menge $A\in{_\tau}\mathfrak{J}$ mit $_\tau\mu(A) > 0$ enthält eine $_\tau\mu$-volle $\mathcal{E}$-$_\tau$kompakte Menge K mit $_\tau\mu(K) > 0$.

Beweis. Wegen 14.20 gibt es ein $K\in\mathfrak{K}$ mit $K\subset A$ und $_\tau\mu(K) > 0$. Sei $\mathfrak{U} = \{U\in\mathfrak{G} \mid {_\tau}\mu(K\cap U) = 0\}$. Für jedes $U\in\mathfrak{U}$ gilt $\chi_{K\setminus U} = (\chi_K - \chi_U)\vee 0\in(\mathcal{E}^{\Downarrow} - \mathcal{E}^{\Uparrow})\vee 0\subset\mathcal{E}^{\Downarrow}$, d.h. $K\setminus U$ ist $\mathcal{E}$-$_\tau$kompakt. Das System $\mathfrak{H} = \{K\setminus U \mid U\in\mathfrak{U}\}$ ist abwärts gerichtet, und nach 14.17 (b) gilt $K_0 \overset{\text{def}}{=} \bigcap_{H\in\mathfrak{H}} H \in \mathfrak{K}$ und $_\tau\mu(K_0) = \inf {_\tau}\mu(K\setminus U) = {_\tau}\mu(K) > 0$. Offenbar ist K_0 $_\tau\mu$-voll, denn aus $U\in\mathfrak{G}$, $_\tau\mu(K_0\cap U) = 0$ folgt wegen $_\tau\mu(K\setminus K_0) = 0$ auch $_\tau\mu(K\cap U) = 0$, also $U\in\mathfrak{U}$ und somit $K_0\cap U = \emptyset$. $\blacksquare$

(14.24) Zerlegungssatz von Godement-Bourbaki-Kölzow. Das Maß $_\tau\mu$ ist zerlegbar. Genauer gesagt: es gibt ein aus $_\tau\mu$-vollen $\mathcal{E}$-$_\tau$kompakten Mengen bestehendes zerlegendes System $\mathfrak{C}$ für $_\tau\mu$.

Beweis. Ist $\mathrm{I} = 0$, so leistet $\mathfrak{C} = \{\emptyset\}$ das Gewünschte. Sei also $\mathrm{I}\neq 0$. Nach 14.23 und dem Zornschen Lemma gibt es eine maximale Familie $\mathfrak{C}$ paarweise disjunkter $_\tau\mu$-voller $\mathcal{E}$-$_\tau$kompakter Teilmengen von X mit $_\tau\mu$-Maß > 0. Für $B\in\mathfrak{C}$ gilt $_\tau\mu(B) < \infty$ nach der Bemerkung vor 14.18. Ist $A\in{_\tau}\mathfrak{J}$, so gibt es nach 14.19 $U\in\mathfrak{G}$ mit $A\subset U$, $_\tau\mu(U) < \infty$. Gilt $B\cap U\neq\emptyset$ für ein $B\in\mathfrak{C}$, so ist $_\tau\mu(B\cap U) > 0$, denn B ist $_\tau\mu$-voll. Es kann also höchstens abzählbar viele $B_i\in\mathfrak{C}$ mit $B_i\cap U\neq\emptyset$ geben. Wegen $A\subset U$ gilt das Entsprechende für A statt U. Nun ist $A\setminus(\cup B_i)$ eine $_\tau\mu$-Nullmenge, denn sonst gäbe es nach dem Lemma 14.23 ein $_\tau\mu$-volles $\mathcal{E}$-$_\tau$Kompaktum $K\subset A\setminus(\cup B_i)$ mit $_\tau\mu(K) > 0$, was der Maximalität von $\mathfrak{C}$ widerspräche. $\blacksquare$

(14.25) Folgerung. Für das von einem τ-stetigen positiven linearen Funktional I auf einem Stoneschen Verband herrührende Maß $_\tau\mu$ auf $_\tau\mathfrak{M}$ gilt stets

$$L^1(_\tau\mu)' \cong L^\infty(_\tau\mu).$$

(14.26) Bemerkung. (a) Das System $\mathbb{C}$ aus 14.24 ist auch ein zerlegendes System für das zu $_\tau\mu$ gehörige wesentliche Maß $_\tau\mu'$. Folglich gilt auch 14.25 für $_\tau\mu'$.

(b) Ist X lokal kompakt und $\mathcal{E} = \mathcal{K}(X)$, so folgt aus 14.14, der Bemerkung nach 14.17, 14.19, 14.20 für $A\in\mathbb{U}$ und 14.21, daß die Einschränkung von $_\tau\mu$ bzw. $_\tau\mu'$ auf $\mathfrak{B}(X)$ ein fast reguläres bzw. von innen reguläres Borel-Maß ist. Nach 14.24 bzw. (a) ist das Maß zerlegbar, insbesondere gilt $(L^1)' \cong L^\infty$.

(14.27) Bemerkung. Für ein beliebiges Maß ν folgt aus der Dualität $L^1(\nu)' = L^\infty(\nu)$ nicht notwendig die Zerlegbarkeit von ν (vgl. [Fm], S. 163). Dagegen ist die Zerlegbarkeit von ν äquivalent zu einer Reihe von Eigenschaften (vgl. [Kl]), von denen wir hier nur die beiden wichtigsten erwähnen:

(i) $L^\infty(\nu)$ hat ein **Lifting**, d.h. es gibt einen Algebrenhomomorphismus $T: L^\infty(\nu) \to \mathcal{L}^\infty_{\mathfrak{e}}(\nu)$ mit $T(f\,\tilde{}\,)\in f\,\tilde{}\ \forall f\,\tilde{}\in L^\infty(\nu)$. Anders gesagt: man kann aus jeder Klasse $f\,\tilde{}$ ein Element $T(f\,\tilde{}\,)$ so auswählen, daß $T: f\,\tilde{}\ \mapsto T(f\,\tilde{}\,)$ linear und multiplikativ ist. T ist dann automatisch positiv, d.h. aus $f \geq 0$ lokal f.ü. folgt $Tf\,\tilde{}\ \geq 0$ (überall).

(ii) Für ν gilt der **Satz von Dunford-Pettis:** Ist F ein beliebiger Banach-Raum, F' sein Dualraum, so ist der Dualraum $L^1_F(\nu)'$ in kanonischer Weise isometrisch isomorph zum Raum $L^\infty_{F'}(\nu)$ der Klassen von $\mathcal{L}^\infty$-Funktionen mit Werten in F' (vgl. [Kl]). Es gilt also eine vektorwertige Version des Dualitätssatzes $L^1(\nu)' \cong L^\infty(\nu)$.

Insbesondere gelten (i) und (ii) oben für die Maße $_\tau\mu$ und $_\tau\mu'$. Schließlich wollen wir noch aus dem Satz von Stone 14.11 und 14.26(b) für lokalkompaktes X und $\mathcal{E} = \mathcal{K}(X)$ oder $\mathcal{C}_0(X)$ den Satz von Riesz folgern.

(14.28) Satz von Riesz. Sei X lokal kompakt. Für ein Borel-Maß μ und $f\in\mathcal{K}(X)$ sei $\varphi_\mu(f) \overset{\text{def}}{=} \int f d\mu$. Die Abbildung $\varphi: \mu \mapsto \varphi_\mu$ ist positiv linear, isoton und bijektiv von der Menge der fast regulären [bzw. von innen regulären] Borel-Maße auf X auf die Menge der positiven linearen Funktionale auf $\mathcal{K}(X)$.

Beweis. Die Surjektivität von φ wird durch 14.3, 14.11 und 14.26(b) gesichert. Wir zeigen die Injektivität: Sei μ fast regulär oder von innen regulär und sei $If = \int f d\mu$ für $f\in\mathcal{K}(X)$. Ist K kompakt und U offen mit $U \supset K$, so gibt es ein $f\in\mathcal{K}(X)^+$ mit $\chi_K \leq f \leq \chi_U$,

also $\mu(K) \leq If \leq \mu(U)$. Durch Supremumsbildung über alle kompakten $K \subset U$ erhalten wir wegen der inneren Regularität auf offenen Mengen $\mu(U) = \sup\{If \mid f \in \mathcal{K}(X), f \leq \chi_U\}$. Entspechend folgt durch Infimumsbildung über alle offenen $U \supset K$ wegen der äußeren Regularität auf kompakten Mengen (vgl. 13.19(ii)) $\mu(K) = \inf\{If \mid f \in \mathcal{K}(X), f \geq \chi_K\}$. Somit ist der Wert von μ auf jeder offenen wie auch jeder kompakten Menge eindeutig durch I festgelegt. Ist μ fast regulär bzw. von innen regulär, so gilt
$\mu(A) = \inf\{\mu(U) \mid U \supset A,\ U$ offen$\}$ bzw. $\mu(A) = \sup\{\mu(K) \mid K \subset A,\ K$ kompakt$\}$ für Borelsches A, d.h. μ ist durch I eindeutig bestimmt. ∎

(14.29) Folgerung. Ist X lokal kompakt, so läßt sich jedes von innen reguläre Baire-Maß auf genau eine Weise zu einem von innen regulären Borel-Maß auf X fortsetzen.

Beweis. (a) Die Eindeutigkeit der Fortsetzung folgt aus 14.28, weil Borel-Maße, die auf den Baire-Mengen übereinstimmen, das gleiche Funktional auf $\mathcal{K}(X)$ definieren, denn jedes $f \in \mathcal{K}(X)^+$ ist ja isotoner Limes der Baire-Treppenfunktionen $f_n = \sum_{k=1}^{n2^n} 2^{-n}\chi_{\{f > k2^{-n}\}}$.

(b) Existenz der Fortsetzung: Sei ν ein von innen reguläres Baire-Maß, $If \overset{\text{def}}{=} \int f d\nu$ für $f \in \mathcal{K}(X)$ und $_\tau\mu'$ das durch $_\tau\mu'(A) = {_\tau}I_* \chi_A$, $A \in {_\tau}\mathfrak{M}$, definierte wesentliche Maß (vgl. 14.21). Wir zeigen, daß ν durch $_\tau\mu'$ fortgesetzt wird, also $_\tau\mu'|_{\mathfrak{B}}$ die gesuchte Fortsetzung ist.

(i) Ist B relativ kompakt Bairesch, so gilt $B \in \mathfrak{I} \subset {_\tau}\mathfrak{I}$, also $_\tau\mu'(B) = \mu'(B) = \nu(B)$ wegen 14.21, 13.1 und 13.14).

(ii) Ist A beliebig Bairesch und $K \subset A$ kompakt, so gibt es ein relativ kompaktes Bairesches B mit $K \subset B \subset A$ (z.B. sei $B = A \cap \{f \geq 1\}$, wo $f \in \mathcal{K}(X)$ mit $f = 1$ auf K), also $_\tau\mu'(K) \leq {_\tau}\mu'(B) = \nu(B) \leq \nu(A)$ wegen (i). Durch Supremumsbildung über K folgt $_\tau\mu'(A) \leq \nu(A)$. Die entgegengesetzte Ungleichung ist wegen der inneren Regularität von ν und (i) klar. Also setzt $_\tau\mu'$ das Maß ν fort. ∎

(14.30) Folgerung. Jedes fast reguläre [bzw. von innen reguläre] Borel-Maß auf einem lokal kompakten Raum ist zerlegbar.

Dies folgt aus 14.26 und 14.28. ∎

(14.31) Satz von Riesz (2. Fassung). Sei X lokal kompakt. Für ein reguläres beschränktes signiertes Borel-Maß μ und $f \in C_0(X)$ sei $\varphi_\mu(f) = \int f d\mu$. Die Zuordnung $\varphi: \mu \mapsto \varphi_\mu$ ist ein isometrischer Isomorphismus vom Raum $M_{reg}(X, \mathfrak{B})$ aller regulären beschränkten signierten Borel-Maße auf X auf den Dualraum $C_0(X)'$.

Beweis. Wie in 13.7, mit gerichteten Systemen statt Folgen und 14.11 statt 4.11. ∎

Übungen, Beispiele, Ergänzungen

(14.32) Ist X lokal kompakt, so ist jedes positive lineare Funktional φ auf $C_0(X)$ τ-stetig. (Siehe den Hinweis zu 1.14. Anderer Hinweis: φ ist normstetig (allg. Theorie). Nun 13.8).

(14.33) Ist μ das durch ein τ-stetiges positives lineares Funktional $_\tau$definierte Maß, so ist das Funktional I_μ auf $\mathcal{E}_\mu$ nicht notwendig τ-stetig. Ein Beispiel hierfür ist das Lebesgue-Maß λ auf $\mathbb{R}$ (vgl. 14.37). Ist $\mathcal{F}$ das System der endlichen Teilmengen von $[0,1]$, so ist $\{\chi_F \mid F\in \mathcal{F} \}$ eine aufwärts gerichtete Menge in $\mathcal{E}_\lambda$ mit Supremum $\chi_{[0,1]}$. Es gilt aber
$$\sup \{I_\lambda \chi_F \mid F\in \mathcal{F} \} = \sup\{\lambda(F) \mid F\in \mathcal{F} \} = 0 \neq 1 = \lambda([0,1]) = I_\lambda \chi_{[0,1]}.$$

(14.34) Man zeige: Ist X lokal kompakt und $\mathcal{E} = \mathcal{K}(X)$ oder $C_0(X)$, so stimmen die offenen bzw. kompakten Mengen in X mit den $\mathcal{E}$-$_\tau$offenen bzw. $\mathcal{E}$-$_\tau$kompakten überein.

(14.35) Sei I ein Bourbaki-Integral auf dem Stoneschen Verband $\mathcal{E}$ auf X. Sei $X_0 = \{x\in X \mid$ es gibt $f\in \mathcal{E}$ mit $f(x) \neq 0\}$. Man zeige: die von $\mathcal{E}$ auf X_0 induzierte Topologie stimmt mit dem System $\circledB$ der $\mathcal{E}$-$_\tau$offenen Mengen überein.

(14.36) Man zeige: Eine Funktion f: $X \to \overline{\mathbb{R}}$ auf dem lokal kompakten Raum X liegt genau dann in $\mathcal{K}(X)^{\Uparrow}$, wenn f unterhalbstetig ist (d.h. $\{f > c\}$ für jedes $c\in \mathbb{R}$ offen ist) und es ein $g\in \mathcal{K}(X)$ mit $g \leq f$ gibt. Zum Beispiel gilt $\chi_U\in \mathcal{K}(X)^{\Uparrow}$ für jede offene Menge $U \subset X$, während für $X = \mathbb{R}$ die Funktionen $\chi_\mathbb{Q}$ und $f(x) = x$ nicht in $\mathcal{K}(\mathbb{R})^{\Uparrow}$ liegen.

(14.37) Man zeige: Ist X lokal kompakt und hat eine abzählbare Basis der Topologie , so gilt $\chi_U\in \mathcal{K}(X)^{\uparrow}$ für jede offene Menge U. Mit Hilfe von 14.36 und Lebesguescher Approximation folgt $\mathcal{K}(X)^{\Uparrow} = \mathcal{K}(X)^{\uparrow}$. Wegen 14.7 (iii) liefert in diesem Fall die τ-stetige Integration nichts Neues. Insbesondere ist zum Beispiel $_\tau\mathcal{L}^1(\mathbb{R}, \mathcal{K}(\mathbb{R})$, Riemann-Integral) $= \mathcal{L}^1(\ldots)$ der übliche Raum der Lebesgue-integrierbaren Funktionen mit dem Lebesgue-Integral.

(14.38) Sei X lokal kompakt und $K \subset X$ kompakt. Man zeige: Es gilt $\chi_K\in \mathcal{K}(X)^{\downarrow}$ genau dann, wenn K eine abzählbare Umgebungsbasis hat.

(14.39) Sei X lokal kompakt. Habe $p \in X$ keine abzählbare Umgebungsbasis und sei

If = f(p) $\forall f \in \mathcal{K}(X)$. Man zeige:

    (a) Die Menge $\{p\}$ ist Borelsch aber nicht Bairesch. Es gilt sogar $\{p\} \in \mathfrak{B} \setminus \mathfrak{M}$.

    (b) Jede Baire-Menge, die p enthält, muß überabzählbar sein.

(14.40) Statt aufwärts bzw. abwärts gerichteten Mengen in diesem Kapitel kann man natürlich auch isotone bzw. antitone Netze benutzen. Dies ist nur eine Frage der Formulierung.

Anhang

Einige Definitionen und Tatsachen aus Topologie und Funktionalanalysis werden angegeben. Der Leser kann die fehlenden Beweise selbst ausführen oder in einem Buch über Topologie bzw. Funktionalanalysis nachlesen.

Topologische Räume

(A 1) Sei X eine Menge. Ein Mengensystem $\mathfrak{T} \subset P(X)$ heißt eine **Topologie** auf X, wenn gilt:

 (i) $\emptyset \in \mathfrak{T}$ sowie $X \in \mathfrak{T}$,

 (ii) $A, B \in \mathfrak{T} \Rightarrow A \cap B \in \mathfrak{T}$,

 (iii) für jedes Teilsystem $\mathfrak{S} \subset \mathfrak{T}$ gilt $\bigcup_{S \in \mathfrak{S}} S \in \mathfrak{T}$.

Ist $\mathfrak{T}$ eine Topologie auf X, so heißt X oder genauer das Paar $(X, \mathfrak{T})$ ein **topologischer Raum**, die Elemente von $\mathfrak{T}$ heißen **offen**, ihre Komplemente in X heißen **abgeschlossen**. Für $B \subset X$ heißt die größte offene Teilmenge von B der **offene Kern von B** oder das **Innere von B** und wird mit $\overset{\circ}{B}$ bezeichnet. Die kleinste B enthaltende abgeschlossene Menge heißt der **Abschluß von B** und wird mit $\overline{B}$ bezeichnet. Gilt $\overline{B} = X$, so heißt B **dicht** in X. Eine Menge $V \subset X$ heißt **Umgebung** eines Punktes $x \in X$ bzw. einer Menge $A \subset X$, wenn $x \in \overset{\circ}{V}$ bzw. $A \subset \overset{\circ}{V}$ gilt, es also ein offenes U mit $x \in U \subset V$ bzw. $A \subset U \subset V$ gibt. Eine Menge $\mathfrak{U}$ von Umgebungen eines Punktes $x \in X$ bzw. einer Menge $A \subset X$ heißt **Umgebungsbasis** von x bzw. A, wenn es zu jeder Umgebung V von x bzw. A ein $U \in \mathfrak{U}$ mit $U \subset V$ gibt. Eine Menge $K \subset X$ heißt **kompakt**, wenn es zu jedem K überdeckenden System offener Mengen ein endliches Teilsystem gibt, welches K überdeckt. Jede abgeschlossene Teilmenge einer kompakten Menge ist kompakt. Ist X Hausdorffsch (siehe A2) und $K \subset X$ kompakt, so ist K abgeschlossen. Eine Menge, deren Abschluß kompakt ist, heißt **relativ kompakt**. Eine Menge heißt σ**-kompakt**, wenn sie die Vereinigung abzählbar vieler kompakter Mengen ist. Eine Menge heißt $\mathbf{G_\delta}$**-Menge**, wenn sie der Durchschnitt abzählbar vieler offener Mengen ist. Sind $x, x_n \in X$, so heißt x **Häufungswert** der Folge $\{x_n\}$, wenn es zu jeder Umgebung V von x und jedem $n \in \mathbb{N}$ ein $k > n$ mit $x_k \in V$ gibt. Ist $K \subset X$ kompakt, so hat jede Folge in K einen Häufungswert in K. Sind $x, x_n \in X$, so heißt die Folge $\{x_n\}$ **konvergent gegen x** und x heißt **Grenzwert** von $\{x_n\}$ (in Zeichen: $x_n \to x$ oder $\lim_{n \to \infty} x_n = x$), wenn es zu jeder Umgebung U von x ein $n_0 \in \mathbb{N}$ mit $x_n \in U \ \forall n > n_0$ gibt. Hat die Folge $\{x_n\}$ (mindestens) einen Grenzwert, so heißt sie **konvergent**. Ist X Hausdorffsch (siehe A2), so ist der Grenzwert einer konvergenten Folge eindeutig bestimmt.

(A 2) Eine Topologie auf X bzw. der dadurch definierte topologische Raum heißt **Hausdorffsch** oder **separiert**, wenn voneinander verschiedene Punkte von X disjunkte Umgebungen besitzen. Ein topologischer Raum heißt **lokal kompakt**, wenn er Hausdorffsch ist und jeder Punkt eine kompakte Umgebung besitzt. Hieraus folgt, daß jede Umgebung eines Punktes $x \in X$ eine kompakte Umgebung von x enthält. Eine Topologie bzw. der dadurch definierte topologische Raum X heißt (vollständig) **metrisierbar**, wenn es eine Metrik auf X gibt (bezüglich der X vollständig ist), so daß die durch diese Metrik definierte Topologie die ursprüngliche Topologie auf X ist (vgl. A5 - A8). Ein topologischer Raum X heißt **separabel**, wenn seine Topologie eine **abzählbare Basis** besitzt, d.h. wenn es ein abzählbares System $\mathfrak{S}$ offener Mengen gibt, so daß jede offene Menge sich als Vereinigung von Elementen aus $\mathfrak{S}$ schreiben läßt. Für metrisierbares X ist dies äquivalent zu der Tatsache, daß X eine abzählbare dichte Teilmenge besitzt. Ein separabler vollständig metrisierbarer Raum heißt **polnisch**.

(A 3) Sind $\mathfrak{S}$ und $\mathfrak{T}$ Topologien auf X, so heißt $\mathfrak{S}$ **gröber** oder auch **kleiner** als $\mathfrak{T}$, wenn $\mathfrak{S} \subset \mathfrak{T}$ gilt.

Seien Y,Z topologische Räume. Eine Abbildung f: $Y \to Z$ heißt **stetig im Punkt** $a \in Y$, wenn es zu jeder Umgebung V von f(a) eine Umgebung U von a mit $f(U) \subset V$ gibt. Ist f in jedem Punkt von Y stetig, so heißt f **stetig**. Genau dann ist f stetig, wenn das Urbild jeder offenen Menge in Z offen in Y ist. Eine stetige bijektive Abbildung, deren Umkehrabbildung ebenfalls stetig ist, heißt ein **Homöomorphismus**.

Sei X eine Menge, I eine Indexmenge und f_i: $X \to X_i$ für jedes $i \in I$ eine Abbildung in einen topologischen Raum X_i. Die gröbste Topologie auf X, welche alle f_i stetig macht, heißt die von $\{f_i \mid i \in I\}$ **induzierte Topologie** auf X. Die offenen Mengen dieser Topologie sind beliebige Vereinigungen von endlichen Durchschnitten von Mengen der Form $f_i^{-1}(U)$, wo $i \in I$ und U offen in X_i ist.

Ist insbesondere $X = \prod_{j \in I} X_j$ und sind p_i: $\prod_{j \in I} X_j \to X_i$ die kanonischen Projektionen, so heißt die von den p_i, $i \in I$, induzierte Topologie die **Produkttopologie** auf $\prod_{j \in I} X_j$. Der **Satz von Tychonoff** besagt, daß $\prod_{j \in I} X_j$ mit der Produkttopologie kompakt ist, wenn alle X_j, $j \in I$, kompakt sind.

Ist X eine Teilmenge eines topologischen Raumes Y und ist f: $X \to Y$ die Inklusionsabbildung $x \mapsto x$, so heißt die von f induzierte Topologie die **relative Topologie** auf X. Die offenen Mengen dieser Topologie sind die Mengen $U \cap X$, wo U offen in Y ist. Insofern ist jede Teilmenge eines topologischen Raumes in kanonischer Weise selbst ein topologischer Raum. Sind X,Y topologische Räume und ist f: $X \to Y$ ein

Homöomorphismus von X auf sein Bild $f(X) \subset Y$ (mit der relativen Topologie auf $f(X)$), so sagen wir, X sei durch f homöomorph in Y eingebettet.

(A 4) Satz. (a) Ist X ein separabler metrischer Raum, so läßt sich X homöomorph in einen kompakten metrischen Raum, nämlich $[0,1]^{\mathbb{N}}$, einbetten. Ist X darüber hinaus vollständig, also polnisch, so ist das Bild von X bei dieser Einbettung eine G_δ-Menge.

(b) Eine G_δ-Menge in einem vollständig metrisierbarem Raum ist selbst (als topologischer Raum mit der relativen Topologie) vollständig metrisierbar.

(Vgl. [Ke], S. 125 u. S. 207).

Satz von Baire. Siehe A20.

Metrische Räume

(A 5) Sei X eine nichtleere Menge. Eine **Halbmetrik** auf X ist eine Funktion
$d: X \times X \to [0,\infty)$ mit den Eigenschaften

> (i) $d(x,x) = 0$ $\forall x \in X$,
>
> (ii) $d(x,y) = d(y,x)$ $\forall x,y \in X$,
>
> (iii) $d(x,z) \leq d(x,y) + d(y,z)$ $\forall x,y,z \in X$ (Dreiecksungleichung).

Gilt zusätzlich

> (iv) $d(x,y) = 0 \Rightarrow x = y$

so heißt d eine **Metrik** auf X. Ist d eine Halbmetrik bzw. Metrik auf X, so heißt (X,d) ein **halbmetrischer** bzw. **metrischer Raum**. Wenn klar ist, welche (Halb-)Metrik gemeint ist oder wenn die Nennung von d unwichtig ist, spricht man auch kurz von einem (halb-)metrischen Raum X.

(A 6) Eine Folge $\{x_n\}$ in X heißt **konvergent** bezüglich einer Halbmetrik d, wenn sie im topologischen Raum X mit der durch d definierten Topologie (vgl. A8) konvergent ist. Konvergenz von $\{x_n\}$ gegen x ist gleichbedeutend mit $d(x,x_n) \to 0$. Eine konvergente Folge kann mehrere Grenzwerte haben. Genau dann ist der Grenzwert jeder bezüglich d konvergenten Folge eindeutig bestimmt, wenn d eine Metrik ist, also (iv) erfüllt.

(A 7) Jede konvergente Folge $\{x_n\}$ in einem halbmetrischen Raum (X,d) ist insbesondere eine **Cauchy-Folge** bezüglich d, d.h. zu jedem $\varepsilon > 0$ gibt es ein $n_0 \in \mathbb{N}$ mit $d(x_n,x_m) < \varepsilon \ \forall \ n,m > n_0$. Wenn umgekehrt jede Cauchy-Folge bezüglich d konvergiert, heißt (X,d) **vollständig**. Notwendig und hinreichend für die Konvergenz einer Cauchy-Folge ist die Existenz einer konvergenten Teilfolge.

(A 8) Durch eine Halbmetrik auf X wird in kanonischer Weise eine Topologie auf X definiert: eine Menge $U \subset X$ heißt offen, wenn für jedes $x \in U$ ein $\varepsilon > 0$ mit

$$K_\varepsilon(x) \overset{\text{def}}{=} \{y \in X \mid d(x,y) < \varepsilon\} \subset U$$ existiert. Man nennt $K_\varepsilon(x)$ die (offene) **Kugel** mit Radius ε und Zentrum x. Die offenen Mengen bilden eine Topologie auf X. Topologische Begriffe wie Abschluß oder Dichtheit im halbmetrischen Raum beziehen sich auf diese Topologie. Der Abschluß $\overline{A}$ einer Menge $A \subset X$ ist dann die Menge $\{x \in X \mid$ es gibt $x_n \in A$ mit $x_n \to x\}$. Insbesondere ist A genau dann dicht in X, wenn jedes $x \in X$ Grenzwert einer Folge in A ist.

(A 9) Eine Teilmenge B eines halbmetrischen Raumes X ist genau dann relativ kompakt (d.h. ihr Abschluß ist kompakt), wenn jede Folge in B eine (in X) konvergente Teilfolge hat. Eine Teilmenge $A \subset X$ heißt **total beschränkt**, wenn A für jedes $\varepsilon > 0$ mit endlich vielen Kugeln $K_\varepsilon(x_1), \ldots, K_\varepsilon(x_n)$ überdeckt werden kann. Ist X vollständig, so ist eine Teilmenge von X genau dann total beschränkt, wenn sie relativ kompakt ist.

(A 10) Eine Abbildung $f \colon X \to Y$ zwischen halbmetrischen Räumen ist genau dann stetig in einem Punkt $a \in X$, wenn $f(x_n) \to f(a)$ für jede Folge $\{x_n\}$ in X mit $x_n \to a$ gilt. Äquivalent dazu ist: Zu jedem $\varepsilon > 0$ gibt es $\delta > 0$ mit $d_Y(f(a),f(x)) < \varepsilon$ für alle $x \in X$ mit $d_X(a,x) < \delta$. Auf einem kompaktem metrischen Raum X ist jede stetige Funkiton $f \colon X \to \mathbb{R}$ gleichmäßig stetig, d.h. zu $\varepsilon > 0$ gibt es $\delta > 0$, so daß $|f(x) - f(y)| < \varepsilon$ für alle $x,y \in X$ mit $d(x,y) < \delta$ gilt.

Normierte Räume

(A 11) Sei $\mathbb{K} = \mathbb{R}$ oder $\mathbb{C}$ und sei V ein Vektorraum über $\mathbb{K}$. Eine Abbildung $\| \ \| \colon V \to \mathbb{K}$ heißt eine **Halbnorm** auf V, wenn folgendes gilt:

    (i) $\|v\| \geq 0 \quad \forall v \in V$.

    (ii) $\|\lambda v\| = |\lambda| \, \|v\| \quad \forall \lambda \in \mathbb{K}$, $v \in V$, wobei $|\lambda|$ den Betrag von λ in $\mathbb{K}$ bezeichnet.

    (iii) $\|v + w\| \leq \|v\| + \|w\| \quad \forall v,w \in V$.

Gilt zusätzlich

    (iv) $\|v\| = 0 \Rightarrow v = 0$,

so heißt $\| \ \|$ eine **Norm** auf V. Ein Vektorraum mit einer Halbnorm (bzw. Norm) heißt ein **halbnormierter** (bzw. **normierter**) **Raum**. Ein normierter Raum, der als metrischer Raum mit der Metrik $d(v,w) = \|v - w\|$ vollständig ist, heißt ein **Banach-Raum**. Ist A eine Algebra über $\mathbb{K}$ und $\| \ \|$ eine Norm, die A zu einem Banach-Raum macht und außerdem $\|ab\| \leq \|a\| \, \|b\|$ erfüllt, so heißt A (mit der Norm $\| \ \|$) eine **Banach-Algebra**.

(A 12) Ist W ein Vektorraum über $\mathbb{K}$ und $(\ |\ )$: $W \times W \to \mathbb{K}$ eine Abbildung mit

   (i) $(w\ |\ w) \geq 0 \quad \forall w \in W$,

   (ii) $(w\ |\ w) = 0 \Rightarrow w = 0$,

   (iii) $(\alpha v + w\ |\ z) = \alpha(v\ |\ z) + (w\ |\ z) \qquad \forall \alpha \in \mathbb{K}, \ v,w,z \in W$,

   (iv) $(v\ |\ w) = \overline{(w\ |\ v)} \quad \forall v,w \in W$,

wobei der Querstrich $^{-}$ die Komplexkonjugation bedeutet (im Fall $\mathbb{K} = \mathbb{R}$ also die identische Abbildung), so heißt $(\ |\ )$ ein **Skalarprodukt** auf W. Durch $\|w\| = (w\ |\ w)^{1/2}$ wird dann eine Norm auf W definiert. Ein Banach-Raum, dessen Norm auf solche Weise von einem Skalarprodukt herrührt, heißt ein **Hilbert-Raum**.

(A 13) Ist $(V, \|\ \|)$ ein (halb-)normierter Raum, so wird durch $d(u,v) = \|u - v\|$ eine (Halb-)Metrik auf V definiert. Aussagen über Cauchy-Folgen, Konvergenzaussagen und topologische Aussagen in V beziehen sich, wenn nicht anders spezifiziert, auf diese Halbmetrik d. Für Konvergenz bezüglich d sagt man auch **Normkonvergenz**, die durch d definierte Topologie nennt man **Normtopologie** (aus Bequemlichkeit auch dann, wenn $\|\ \|$ nur eine Halbnorm ist).

(A 14) Ist $(V, \|\ \|_V)$ ein halbnormierter Raum und $N = \{v \in V|\ \|v\|_V = 0\}$, so ist N ein Teilraum von V, also $V/_N$ ein Vektorraum. Durch $\|v + N\| = \|v\|_V$ für $v \in V$ wird auf $V/_N$ eine Norm definiert. $V/_N$ wird der zu V gehörige normierte (oder auch: separierte) Raum genannt. Genau dann ist $V/_N$ vollständig, wenn V es ist.

(A 15) Eine Abbildung T: $V \to W$ zwischen halbnormierten Räumen V,W heißt **isometrisch**, wenn $\|Tv\|_W = \|v\|_V$ für alle $v \in V$ gilt. Ist T außerdem ein Vektorraumisomorphismus von V auf W, so heißt T ein **isometrischer Isomorphismus** von V auf W. In diesem Fall heißen V und W zueinander **isometrisch isomorph**.

Eine lineare isometrische Abbildung zwischen normierten Räumen ist stets injektiv.

(A 16) Sei V ein halbnormierter Raum. Für eine lineare Abbildung φ: $V \to \mathbb{K}$ sind äquivalent:

   (i) φ ist stetig, d.h. aus $\|v - v_n\| \to 0$ folgt folgt $|\varphi(v) - \varphi(v_n)| \to 0$.

   (ii) φ ist beschränkt, d.h. es gibt $0 \leq C < \infty$ mit $|\varphi(v)| \leq C\|v\|$ für alle $v \in V$.

Die Menge der stetigen linearen Abbildungen von V nach $\mathbb{K}$ ist ein Vektorraum über $\mathbb{K}$, genannt der stetige **Dualraum von V**, und wird mit V' bezeichnet. Für $\varphi \in V'$ gibt es eine kleinste Konstante C, die (ii) erfüllt und die man mit $\|\varphi\|_{V'}$ oder einfach $\|\varphi\|$ bezeichnet. Die Abbildung $\| \ \|: \varphi \mapsto \|\varphi\|$ ist eine Norm auf V'. Der Dualraum V' ist also in natürlicher Weise ein normierter Raum, ja sogar ein Banach-Raum (die Vollständigkeit von V' folgt aus der von $\mathbb{K}$). Für $\varphi \in V'$ gilt $\|\varphi\| = \sup_{\|v\| \leq 1} |\varphi(v)| = \sup_{\|v\| = 1} |\varphi(v)| = \sup_{v \neq 0} \dfrac{|\varphi(v)|}{\|v\|}$.

(A 17) Seien V, W halbnormierte Räume über $\mathbb{K}$ und sei $F: v \mapsto F_v$ eine lineare isometrische und surjektive Abbildung von V auf den Dualraum W'. Setzen wir
$M = \{ v \in V |\ \|v\|_V = 0 \}$ und $N = \{ w \in W |\ \|w\|_W = 0 \}$, so erhalten wir einen isometrischen Isomorphismus $\widetilde{F}: v + M \mapsto \widetilde{F}_{v+M}$ von $V/_M$ auf $(W/_N)'$ durch die Definition
$\widetilde{F}_{v+M}(w + N) = F_v(w)$.

(A 18) Satz von Alaoglu. Sei V ein normierter Raum, V' sein Dualraum. Die abgeschlossene Einheitskugel $\{ \varphi \in V' \ |\ \|\varphi\| \leq 1 \}$ ist kompakt in der von V auf V' induzierten Topologie (das ist die gröbste Topologie auf V', für welche die Punktauswertungen p_v: $\varphi \mapsto \varphi(v)$ für alle $v \in V$ stetig sind).

Für den Beweis des Satzes benutzt man ähnliche Argumente wie im Beweis von 13.71.

(A 19) Satz von Hahn-Banach. Sei U ein linearer Teilraum eines halbnormierten Raumes V. Ist $\varphi: U \to \mathbb{K}$ linear mit $|\varphi(u)| \leq C \|u\| \ \forall u \in U$, so gibt es $\phi \in V'$ mit
$\phi|_U = \varphi$ und $|\phi(v)| \leq C \|v\| \ \forall v \in V$ (vgl. [Y], S. 102).

Aus diesem Satz läßt sich relativ einfach folgende Version folgern:

Satz von Hahn-Banach (2. Fassung). Sind U, V wie oben und liegt $v \in V$ nicht im Abschluß von U, so gibt es $\Psi \in V'$ mit $\Psi|_U = 0$, $\Psi(v) = 1$.

(A 20) Bairescher Kategoriensatz. Sei X lokal kompakt oder vollständig metrisierbar und sei $\{A_n\}$ eine Folge abgeschlossener Teilmengen von X. Ist das Innere von $\bigcup_1^\infty A_n$ nichtleer, so gibt es ein A_n mit nichtleerem Innerem (vgl. [Ke], S. 200).

Literaturhinweise

Die folgenden Hinweise auf benutzte Literatur betreffen zum Teil auch wohlbekannte Tatsachen.

Kap. 1:   [Kn 1], [Kn 2], [Lt 1], [Lt 2]

Kap. 2:   {Kn 1], [Kn 2], [Lt 1], [Lt 2]. Der Beweis von 2.35 stammt aus [Kn 1]. Beispiel 2.68 (b) wurde mir von J. Linke mitgeteilt.

Kap. 3:   [Ba 1], [Ha], [HS]. 3.42 - 45 ist [Ba 1] entnommen.

Kap. 4:   [Ba 1], [Fl].

Kap. 6:   [Ba 1], [Fl].

Kap. 7:   [Ha].

Kap. 8:   [Ba 1], [Ha].

Kap. 9:   [Fl], [Fr], [Ha], [Kl], [Z].

Kap. 10:   [Ba 1], [Ha], [He], [Y].

Kap. 11:   [Ba 1], [Fl], [Ha], [HR], [Ka]. 11.13/14 folgt [Ka].

Kap. 12:   [Ba 2], [Fl], [Ha], [He], [HS], [S].

Kap. 13a: [Ba 1], [Ha], [HR].

Kap. 13b: [Ba 1].

Kap. 13c: [Ba 2], [Bi], [P]. Der Beweis von 13.67 wie auch von 13.77 stammt aus [P], der sich seinerseits auf Billingsley bzw. Varadarajan bezieht.

Kap. 14:   [Fl], [Kn 2], [Lt 2]. Dieses Kapitel folgt weitgehend [Fl].

Literaturverzeichnis

[Ba 1]   H. Bauer, Wahrscheinlichkeitstheorie und Grundzüge der Maßtheorie,
             Berlin-New York 1974.

[Ba 2]   H. Bauer, Maß- und Integrationstheorie, Berlin-New York 1992.

[BCR]   C. Berg, J.P.R. Christensen, P. Ressel, Harmonic Analysis on Semigroups,
             New York-Berlin-Heidelberg-Tokyo 1984.

[Bi 1]   P. Billingsley, Convergence of probability measures,
             New York-London-Sydney-Toronto 1968.

[Bi 2]   P. Billingsley, Probability and measure,
             New York-Chichester-Brisbane-Toronto 1979.

[Bo]   N. Bourbaki, Intégration, Chap. I-IV, Paris 1965.

[D]   J. Dieudonné, Un exemple d'espace normal non susceptible d'une structure
             uniforme d'espace complet, *C.R. Acad. Sc. Paris* **209** (1939), 145 - 147.

[Fl]   K. Floret, Maß- und Integrationstheorie, Stuttgart 1981.

[Fm]   D.H. Fremlin, Decomposable measure spaces,
             Z. f. Wahrscheinlichkeitstheorie **45** (1978), 159 - 167.

[Ha]   P.R. Halmos, Measure theory, New York-Heidelberg-Berlin 1974.

[He]   E. Henze, Einführung in die Maßtheorie, Mannheim 1971.

[HR]   E. Hewitt-K.A. Ross, Abstract Harmonic Analysis I,
             Berlin-Göttingen-Heidelberg 1963.

[HS]   E. Hewitt- K. Stromberg, Real and abstract analysis,
             Berlin-Heidelberg-New York 1965.

[Ka]   S. Kakutani, Notes on infinite product measure spaces I,
             Proc. Imp. Acad. Tokyo **19** (1943), 148 - 151.

[Ke]   J.L. Kelley, General Topology, New York-Heidelberg-Berlin 1955.

[Kl]   D. Kölzow, Differentiation von Maßen, Berlin-Heidelberg-New York 1968.

[Kn 1]   H. König, Integraltheorie ohne Verbandspostulat,
             Math. Ann. **258** (1982), 447 - 458.

[Kn 2]   H. König, Daniell-Stone Integration without the lattice condition and its
             application to uniform algebras, Research Report, Australian National University,
             Canberra 1988.

[Lk]   C. Leinenkugel, A Daniell-Stone approach to the general Denjoy integral,
         Proc. AMS **114** (1992), 39 - 52.

[Lt1]   M. Leinert, Daniell-Stone integration without the lattice condition,
         Archiv Math. **38** (1982), 258 - 265.

[Lt2]   M. Leinert, Plancherel's Theorem and integration without the lattice condition,
         Archiv Math. **42** (1984), 67 - 73.

[P]   K. R. Parthasarathy, Probability measures on metric spaces,
         New York-London 1967.

[S]   S. Saks, Theory of the integral, Warszawa-Lwów 1937.

[Si]   W. Sierpinski, Oeuvres choisies, Warszawa 1975/76.

[SJ]   E. Sparre Andersen and B. Jessen, On the introduction of measures in
         infinite product sets, *Det Kgl. Danske Vid. Selskab* **25** (1948), 3 - 8.

[So]   R. M. Solovay, A model of set-theory in which every set of reals is Lebesgue measurable,
         Ann. Math. **92** (1970), 1- 56

[T]   F. Topsoe, Compactness in spaces of measures, *Studia Math.* **36** (1970), 195-212.

[Wa]   S. Wagon, The Banach-Tarski Paradox, Cambridge 1994.

[We]   A. J. Weir, General integration and measure, London 1974.

[Y]   K. Yoshida, Functional analysis, Berlin-Heidelberg-New York 1978.

[Z]   A. C. Zaanen, Integration, Amsterdam 1967.

Symbolverzeichnis

(Falls als Verweis nur eine Kapitelnummer angegeben ist, so findet sich das zugehörige Symbol am Anfang des Kapitels vor dem ersten Unterpunkt.)

$\mathfrak{A}$	3.10
$\widehat{\mathfrak{A}}$	5.12
$\mathfrak{A}(\Gamma)$	3.1
$\bigotimes_{i \in I} \mathfrak{A}_i$	11.15
A^y, A_x	11.34
$\mathfrak{B}$	3.3
$\overline{\mathfrak{B}}$	3.25
$\mathfrak{B}_0$	3.24
$\mathfrak{B}_s$	13.31
$\mathfrak{B}(X)$	13
$\mathfrak{B}_0(X)$	13
$\mathcal{C}(\mathbb{R})$	1.13
$\mathcal{C}_0(\mathbb{R})$	1.14
$\mathcal{C}_b(\mathbb{R})$	1.13
$\mathcal{C}_0(X)$	13.6
$\mathcal{C}_b(X)$	13.6
δ_p	3.14
$\mathcal{E}$	1.4
$\mathcal{E}^+$	0
$\mathcal{E}^{\uparrow}$	2.31
$\mathcal{E}^{\Uparrow}$	14.6
$\mathcal{E}_\mu$	4.7
$\mathcal{E}_\mu \otimes \mathcal{E}_\nu$	11
f^y	11.7
f^+, f^-	0
$|f|$	0
F_μ	12
$f\mu$	7.2
$\|f\|$	2.7
$_\tau\|f\|$	14.4
$\|f\|_p$	9.1
$f \sim g$	2.10
$f \underset{\tau}{\sim} g$	14.4
$f \underset{\mathrm{lok}}{\sim} g$	9.22
$f \ast g$	13.45
$f \vee g, f \wedge g$	0

$f_n \uparrow f,\ f_n \downarrow f$	0	$\int f\, d\mu$	4.7
$f_n \xrightarrow{f.glm} f$	10.10	$\mathfrak{K}$	14.17
$f_n \xrightarrow{lok.f.glm} f$	10.10	$\mathcal{K}(\mathbb{R})$	1.12
$f_n \xrightarrow{lok\,\mu} f$	10.1	$\mathcal{K}(X)$	13
$f_n \xrightarrow{\mu} f$	10.1	$\mathfrak{L}$	6.31
φ_μ	13.1	$\ell(A)$	1.6
$\mathfrak{J}$	4.1	$\ell^1,\ \ell^1(\mathbb{N})$	2.58
$_\tau\mathfrak{J}$	14.8	ℓ^p	9.26
I	1.9	ℓ^∞	9.26
$\bar{I}$	2.6	$\mathcal{L}^1$	2.12
$_\tau\bar{I}$	14.4	$_\tau\mathcal{L}^1$	14.4
I^*, I_*	2.31	$\mathcal{L}^1_e$	2.12
$_\tau I^*, {}_\tau I_*$	14.6	$\mathcal{L}^1(X,E,I)$	2.12
I_μ	4.7	$\mathcal{L}^1[a,b]$	2.50
$\int f$	2.15	$\mathcal{L}^1[\mu]$	4.7
$\int_E f$	2.20	$\mathcal{L}^p[\mu]$	9.33
$\int f\, dF$	12.7	$\mathcal{L}^p[\mu], \mathcal{L}^p_e(\mu)$	9.1
$\int f\, dI$	2.15	$\mathcal{L}^\infty, \mathcal{L}^\infty_e(\mu)$	9.8
$_\tau\int f\, dI$	14.5	L^1	2.14
		$_\tau L^1$	14.8

Stichwortverzeichnis

(Falls als Verweis nur eine Kapitelnummer angegeben ist, so findet sich das zugehörige Stichwort
am Anfang des Kapitels vor dem ersten Unterpunkt. A1, A2, … u.s.w. bezieht sich auf den
Anhang.)